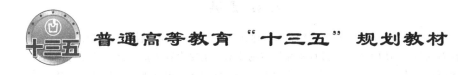

普通高等教育"十三五"规划教材

矿物加工过程检测与控制技术

邓海波　高志勇　编著

北　京

冶金工业出版社

2023

内 容 提 要

本书注重理论与生产实际结合，详细阐述了基础的过程检测与控制原理，以及最新的与矿物加工有关的过程检测与控制技术，主要内容包括：过程检测与控制技术概述、传感器、矿物加工工艺检测系统、传统控制技术基础、工业控制计算机系统和先进控制执行技术、矿物加工工艺过程控制系统、工矿企业生产管理中的自动化系统应用。各章主要公式均有计算例题，章末附有习题和参考文献，便于学生掌握所学知识。

本书除可用作大专院校矿物加工工程和矿物资源工程专业的教材外，还可供相关专业的技术人员和管理人员参考。

图书在版编目（CIP）数据

矿物加工过程检测与控制技术/邓海波，高志勇编著 . —北京：冶金工业出版社，2017.1（2023.1 重印）
普通高等教育"十三五"规划教材
ISBN 978-7-5024-7379-2

Ⅰ . ①矿…　Ⅱ . ①邓…　②高…　Ⅲ . ①选矿—自动检测—高等学校—教材　②选矿—过程控制—高等学校—教材　Ⅳ . ①TD9

中国版本图书馆 CIP 数据核字（2016）第 295474 号

矿物加工过程检测与控制技术

出版发行	冶金工业出版社	电　话	(010)64027926
地　址	北京市东城区嵩祝院北巷 39 号	邮　编	100009
网　址	www.mip1953.com	电子信箱	service@ mip1953.com

责任编辑　杨　敏　美术编辑　吕欣童　版式设计　彭子赫
责任校对　卿文春　责任印制　禹　蕊
北京建宏印刷有限公司印刷
2017 年 1 月第 1 版，2023 年 1 月第 3 次印刷
787mm×1092mm　1/16；15 印张；362 千字；227 页
定价 36.00 元

投稿电话　(010)64027932　投稿信箱　tougao@cnmip.com.cn
营销中心电话　(010)64044283
冶金工业出版社天猫旗舰店　yjgycbs.tmall.com
（本书如有印装质量问题，本社营销中心负责退换）

前　言

矿物加工过程检测与控制是采用仪表、自动装置、电子计算机等技术和设备，对矿物加工生产设备状态和生产工艺状况参数实行监测，对生产流程和产品质量进行控制，以实现预期的技术和经济目标的过程，亦可称为矿物加工自动化。

在大学理工科专业开设"过程检测与控制"课程的原因，是基于大学理工科学生未来将主要服务于生产企业，日常生产中除了将面对本专业主体技术领域的问题外，还将面对诸多的分支技术领域问题，如通过自动化技术的应用来提高企业的技术指标、劳动生产率和经济效益。这些问题需要由一定的自动化技术知识储备和专业技能相结合来解决。

相应的，教育部高等学校地矿学科教学指导委员会将"矿物加工过程检测与控制"课程列入了矿物加工工程专业指导性培养方案。学习"矿物加工过程检测与控制"课程的意义在于：

（1）该课程是矿物加工工程专业学科的组成部分；

（2）该课程是粉碎工程、浮选、物理分选、化学分选、粉体固结与造块等专业课程的平行课；

（3）该课程是现代工程技术人员知识素质构成中必不可少的组成部分；

（4）符合面向21世纪技术创新时代的中国社会和工矿企业对计算机应用技术的需要。

需要特别指出的是，一般理工科专业开设过程检测与控制技术类型课程的目的，是为了培养懂得该技术在本专业有何用和如何用的专业人才，而非自动化专业人才。同理，矿物加工专业开设过程检测与控制技术课程的目的，是为了培养懂得该技术在本专业有何用和如何用的矿物加工专业人才，而非自动化专业人才。因此，在课程设置学时和教材方面，矿物加工过程检测与控制技术与自动化专业的相关教材理所当然地应有较大的不同，并应具有相应的专业特色。

基于以上考虑，作者依托自身的矿物加工工程专业背景、诸多的科研实践和多年的教学经验编写了本教材。本教材特色鲜明，与以往同类教材的不同之处主要体现为：

（1）按检测原理分类，介绍了各种传感器的结构与应用；

（2）结合生产实际，按工艺检测对象分类介绍了矿物加工专业工艺检测系统的原理与方法；

（3）按传统控制技术基础、工业控制计算机系统和先进控制执行技术分章节，以先进、够用为度，介绍了基础的控制原理和最新的控制技术构成；

（4）按矿物加工工艺过程分类介绍了过程控制技术在本专业的具体应用和相关案例；

（5）按理工科通才培养模式，分类介绍了工矿企业生产管理自动化系统的应用和相关案例；

（6）相应大幅删减了自动控制调节理论内容，如环节微分方程、传递函数、串级调节、稳定性判定等的介绍，以及控制系统的具体软件编程和算法编程方法的介绍，对自动化理论和原理方面有进一步了解需求的读者，可进一步阅读自动化专业的相关教材；

（7）由于矿物加工数学模型有专门课程和相应教材，与此相关的内容也作了大幅精简，对此有兴趣的读者可进一步阅读矿物加工数学模型的相关教材；

（8）注重理论性与实用性的教学结合，各章针对检测与控制方法原理公式编写了一系列相应的计算例题，促使学生将理性知识、感性认识和应用能力进行综合融汇；

（9）绘制了众多的检测与控制调节设备的结构图片，图文并茂，增加读者的阅读兴趣与理解；

（10）逐章编列了习题，注明了参考资料的出处，方便读者深入研讨。

感谢中南大学矿物加工工程专业多届本科同学在讲义试用过程中提出了许多改进意见。

感谢中南大学 2015 精品教材项目对本教材的支持。

由于作者水平所限，书中不妥之处，恳请读者指正。

作　者

2016 年 7 月

目　　录

过程检测与控制技术概述

1.1 检 测 技 术

1.1.1 检测技术的基本相关词语

为了便于理解与讨论，参照《现代汉语词典》，对检测技术的基本相关词语释义如下：

观察：对现象在自然条件下进行考察，是搜集科学事实获取感性知识的基本途径，也是发展和检验科学理论的基础。但这种考察不是盲目的行为，而是把视觉积极调动起来"观"，让思维积极活动起来"察"，观其特点，察其异同，目的是发现其中具普遍性的现象以及现象间的联系，最后为理论研究提供有关的事实基础。

试验：为了察看某事的结果或某物的性能而从事某种活动。

理论：人们关于事物知识的理解和论述。亦指在某一活动领域（如工程学）中联系实际推演出来的概念或原理，或经过对事物的长期观察与总结，对某一事物过程中的关键因素的提取而形成的一套简化的描述事物演变过程的模型。

实验：对已经认定的科学定理和试验结果进行验证性的试验。

观测：对自然现象进行观察或测定。

检测：检查测定。

检查：为了发现问题而用心查看。

测定：经测量后确定结果；测量的结果。

测量：对事物作出量化描述。

误差：测量值与真值之差异。

检测技术：利用各种物理化学效应，选择合适的方法和装置，将生产、科研、生活中的有关信息通过检查与测量的方法赋予定性或定量结果的过程。

自动检测技术：能够自动地完成整个检测处理过程的技术。

1.1.2 测量

1.1.2.1 测量的范畴

测量是指按照某种规律，用数据来描述观察到的现象，即对事物作出量化描述。测量是对非量化实物的量化过程。测量过程包含 4 个要素：

（1）测量的客体，即测量对象。

（2）计量单位，我国的基本计量制度是国际单位制。

（3）测量方法：测量自然界事物的仪器和方法。

（4）测量的准确度：指测量结果与真值的一致程度。

1.1.2.2　计量单位

A　计量

计量是指实现单位统一、量值准确可靠的活动。从定义中可以看出，它属于测量，源于测量，而又严于一般测量，它涉及整个测量领域，并按法律规定，对测量起着指导、监督、保证的作用。计量与其他测量一样，是人们理论联系实际，认识自然、改造自然的方法和手段。它是科技、经济和社会发展中必不可少的一项重要的技术基础。

B　中国"度量衡"制度的发展

计量在中国历史上称为"度量衡"。中国古代用人体的某一部分或其他的天然物、植物的果实作为计量标准，如"布手知尺"、"掬手为升"、"取权为重"、"过步定亩"、"滴水计时"来进行计量活动。公元前221年中国第一个统一的封建王朝秦帝国建立，原来各国不一致的度量衡制度在秦始皇时期首次被统一起来，奠定了国家统一和发展的基础。

东汉（公元25～220年）末年，用来测量路程的记里鼓车的出现，是计量的重大进步。唐朝（公元618～907年）制造的"四级补偿式浮箭漏刻"是目前记录最早的精准计时器。元朝（公元1206～1368年）初期杆秤出现并广泛应用。清朝康熙年间（公元1661～1722年）新制定营造尺、天平、铜砝码。

1949年新中国成立后，立法确定我国的基本计量制度是国际单位制。

C　国际单位制

国际单位制又称公制或米制，是一种十进制进位系统，是现在世界上最普遍采用的标准度量衡单位系统。国际单位制源自18世纪末科学家的努力，最早于法国大革命时期的1799年被法国作为度量衡单位。国际单位制于1960年第十一届国际计量大会通过并推荐各国采用，其简称为SI。

国际单位制由质量（千克，kg）等7个基本单位构成，除质量外如今全都不以实物参考物为依据，见表1-1。SI导出单位是由SI基本单位或辅助单位按定义式导出的，其数量很多。

表1-1　国际单位制（SI）的7个基本单位

物理量名称	物理量符号	单位名称	单位符号
长度	l	米	m
质量	m	千克（公斤）	kg
时间	t	秒	s
电流	I	安（培）	A
热力学温度	T	开（尔文）	K
物质的量	$n,(\nu)$	摩（尔）	mol
发光强度	$I,(I_v)$	坎（德拉）	cd

1.1.2.3　测量方法

测量方法是指人们定量认识自然界事物的仪器和方法。例如，要知道某块金属的质量，可以用天平这种仪器来测量，而天平法就是一种测量质量的方法。

测量方法依据测量对象和所需获取测量结果的不同，有很多种。一般的分类方法包括以下几种：

（1）直接测量。直接测量是直接得到被测量值的测量。

（2）间接测量。通过直接测量与被测参数有已知函数关系的其他量而得到该被测参数量值的测量，需对被测量与其他实测量进行一定函数关系的辅助计算。

（3）静态测量。测量时被测对象呈相对静止状态。

（4）动态测量（在线测量、载流测量）。测量时被测对象呈运动或工作状态。动态测量是测量方法的发展方向。

1.1.2.4 测量误差

A 测量误差产生的原因、分类和表示方法

在测量时，测量结果与实际值之间的差值称为误差。真实值或称真值是客观存在的，是在一定时间及空间条件下体现事物的真实数值，但很难确切表达。测得值是测量所得的结果。这两者之间总是或多或少存在一定的差异，这就是测量误差。

每一个物理量都是客观存在的，在一定的条件下具有不以人的意志为转移的客观大小，人们将它称为该物理量的真值。进行测量是想要获得待测量的真值。然而测量要依据一定的理论或方法，使用一定的仪器，在一定的环境中，由具体的人进行。由于实验理论上存在着近似性，方法上难以很完善，实验仪器灵敏度和分辨能力有局限性，周围环境不稳定等因素的影响，测量结果和被测量真值之间总会存在或多或少的偏差，这种偏差就叫做测量值的误差。

误差产生的原因可归结为以下几方面：测量装置误差、环境误差、测量方法误差、人员误差。

测量误差主要分为三大类：系统误差、随机误差、粗大误差。一般说来，系统误差是我们需要了解其产生原因和予以整体修正的；随机误差是正常的，但我们需了解其分布区间，通过多次测量取统计值予以修正；粗大误差是错误，必须避免。

测量误差的表示方式可分为绝对误差和相对误差。

B 绝对误差

绝对误差是测得值减去被测量的真值，即

$$\Delta = x - L \tag{1-1}$$

式中 Δ——绝对误差；

 x——测量值；

 L——真值。

采用绝对误差表示测量误差，不能很好说明测量质量的好坏。例如，在温度测量时，若绝对误差 $\Delta = 1℃$，对人体体温（约 37℃）测量来说是不允许的；而对测量钢水温度（约 1500℃）来说却是一个极好的测量结果。

C 相对误差

相对误差是绝对误差对被测量真值之比的百分率。即

$$\delta = \frac{\Delta}{L} \times 100\% \tag{1-2}$$

式中 δ——相对误差，一般用百分数给出；

Δ——绝对误差；

L——真值。

相对误差可以比较确切地反映测量的准确程度，一般的测量仪器都会标出相对误差大小。

1.1.3 检测技术与科学技术发展

1.1.3.1 检测技术与科学技术发展的关系

检测技术是利用各种物理化学效应，选择合适的方法和传感器装置，将生产、科研、生活中的有关信息，通过检查与测量的方法获得定性或定量结果的过程。

检测技术代表了人类了解认识自然界事物的能力。检测技术同时也反映了人类能动地改造自然界事物建立人工工程体系的能力，以及这些人工工程体系的运行规律和状况。

因此，检测技术的水平和发展，在相当大的程度上影响了科学技术发展的速度和深度。先进的检测技术已成为科学技术发展的基本工具和促进因素。

反过来，科学技术的发展，又会催生对先进的检测技术的需求，诞生更先进的检测技术。

总而言之，检测技术与科学技术发展的关系是相辅相成的。我们可以以望远镜与天文学的发展、显微镜与生物学的发展、电子显微镜与材料学的发展为例来说明。

1.1.3.2 望远镜与天文学的发展

天文学是一种观测科学。在古代，人类只能用肉眼观察星空，天文学仅仅只是一种描述和假说，甚至更多的是神话。

1608 年，荷兰眼镜匠汉斯·利帕什（Hans Lippershey）制成了世界上第一架望远镜（telescope）。1609 年，意大利科学家伽利略（Galileo）展示了第一架按照科学原理制造出来的 40 倍折射望远镜，并将其指向星空，其光路原理如图 1-1（a）所示。望远镜的使用，引发了天文学的革命，开创了天文学研究的新时代。

1611 年开普勒（Johannes Kepler）发明了另一种折射望远镜，如图 1-1（b）所示。

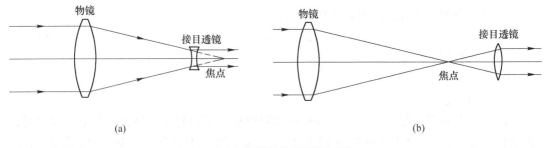

(a)   (b)

图 1-1 望远镜的光路原理图

（a）伽利略型；（b）开普勒型

1668 年牛顿（Isaac Newton）制成了第一架反射望远镜。

1814 年，夫琅禾费（Fraunhofer）在将太阳光传输到光谱仪的狭缝上时，发现了光谱中的暗线，并对此作了详细的研究。光谱望远镜使我们能精确研究天体的物理状态和化学成分，标志着天体物理学的诞生。

1931 年，央斯基（Karl Guthe Jansky）用天线阵接收到了来自银河系中心的无线电波，射电天文学从此诞生。20 世纪 60 年代天文学的四大发现：类星体、脉冲星、微波背景辐射、星际有机分子，都是射电天文学研究所取得的成果。目前世界上最大的单口径射电望远镜是中国 2016 年建成的 500m 直径球面射电望远镜 FAST，其固定安放在贵州平塘县的山洼地中。

1957 年，苏联成功发射了第一颗人造地球卫星，空间望远镜开创了空间观测和太阳系探测的全波段天文学新时代。1990 年发射的哈勃空间望远镜帮助科学家更深地了解宇宙。

1.1.3.3 显微镜与生物学的发展

显微镜（microscope）原理与望远镜相同，是由一个透镜或几个透镜的组合而构成的一种光学仪器，主要用于将微小物体放大，使人的肉眼能够看到。1611 年，开普勒（Johannes Kepler）提出复合式显微镜。1674 年，列文虎克（Leeuwenhoek）发明了能放大 300 倍的显微镜，并用其观察微观世界，清楚地看见了细胞、原生动物和细菌。目前光学显微镜的分辨率约 200nm。

显微镜是人类最伟大的发明物之一，其结构原理如图 1-2 所示。在它发明出来之前，人类关于周围世界的观念局限在用肉眼，或者靠手持透镜帮助肉眼所看到的东西。显

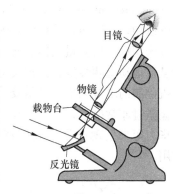

图 1-2　显微镜的结构原理

微镜把一个全新的世界展现在人类的视野里。人们第一次看到了数以千计的"新的"微小动物和植物，以及从人体到植物纤维等各种生物体的内部精细构造。显微镜促成了"细胞学说"和微生物学的诞生。

显微镜也是矿物加工专业观察矿石工艺矿物学结构和球团矿相结构的重要工具。

1.1.3.4 电子显微镜与材料学的发展

电子显微镜（electron microscope，EM）有与光学显微镜相似的基本结构特征，它将电子流作为一种新的光源，使物体成像。高速电子的波长比可见光的波长短，故电子显微镜的分辨率（约 0.2nm）远高于光学显微镜。

1938 年，Ruska 发明了第一台透射电子显微镜（TEM），随后扫描电子显微镜（scanning electron micro-scope，SEM）问世，如图 1-3 所示。结合各种电镜样品制备技术，采用 SEM 可对材料样品进行多方面的结构与功能关系的深入研究。

1981 年，格尔德·宾宁（G. Binnig）和海因里希·罗雷尔（H. Rohrer）在 IBM 苏黎世实验室发明了扫描隧道显微镜（scanning tunneling microscope，STM），如图 1-4 所示。STM 作为一种扫描探针显微技术工具，可以让科学家观察和定位单个原子在物质表面的排列状态和与表面电子行为有关的物化性质。此外，扫描隧道显微镜在低温下

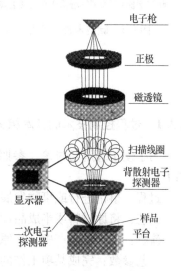

图 1-3　扫描电子显微镜
（SEM）的原理

（4K）可以利用探针尖端精确操纵原子，因此它在纳米材料科技研究中既是重要的测量工具，又是加工工具。扫描隧道显微镜在表面科学、材料科学、生命科学等领域的研究中有着重大的意义。

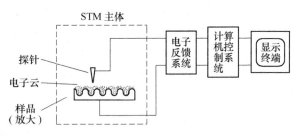

图1-4　扫描隧道显微镜（STM）原理

1985 年 发 明 的 原 子 力 显 微 镜（atomic force microscope，AFM），是一种可以用来研究包括绝缘体在内的固体材料表面结构的分析仪器，其可获得材料表面原子级分辨图像，可测量固体表面、吸附体系等。它主要由带纳米探针尖的微悬臂（图1-5）、微悬臂运动检测装置、监控其运动的反馈回路、使样品进行扫描的压电陶瓷扫描器件、计算机控制的图像采集、显示及处理系统组成，如图1-6所示。原子力显微镜结构与扫描隧道显微镜非常接近，但并非利用电子隧穿效应，而是检测原子之间的接触、原子键合、范德华力等来呈现样品的表面特性。原子力显微镜在研究矿物加工浮选理论中有着重要作用。

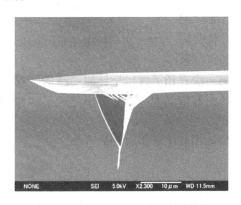

图1-5　碳纳米管原子力显微镜探针

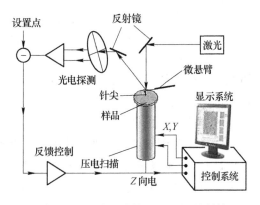

图1-6　原子力显微镜（AFM）的结构

1.2　过程控制技术

1. 2. 1　过程控制技术的基本相关词语

为了便于理解与讨论，参照《现代汉语词典》对过程控制技术的基本相关词语释义如下：

过程：事情进行或事物发展所经过的程序。

工艺：将原材料或半成品加工成产品的工作、方法、技术等。

流程：工业品生产中，从原料到制成成品各项工序安排的程序。也叫工艺流程。

工艺参数：完成某项工作的工艺操作的一系列基础数据或者指标。

调节：数量上或程度上调整，使适合要求。在控制技术中，调节的概念定义为通过系统状态的反馈自动校正系统的误差，使诸如速度、温度、电压或位置等参量保持恒定或在给定范围之内的过程。调节须以反馈为基础。

　　反馈：泛指发出的事物返回发出的起始点并产生影响。

　　控制：掌握住不使任意活动越出范围。控制包括开环控制和闭环控制，调节属于闭环控制。

　　过程控制：对工艺过程的温度、压力、流量、成分、电压、几何尺寸等物理量和化学量进行的控制，全称工艺过程控制。主要作用是保证生产过程稳定，防止发生事故；保证产品质量；节约原料、能源，降低成本；改善劳动条件，提高劳动生产率。

　　控制仪表：自动控制被控变量的仪表。它将测量信号与给定值比较后，对偏差信号按一定的控制规律进行运算，并将运行结果以规定的信号输出。

　　自动控制：是指在没有人直接参与的情况下，利用外加的控制装置或仪表，使机器、设备或生产过程的某个工作状态或参数自动地按照预定的规律运行。自动控制是相对人工控制概念而言的。

　　智能控制：在无人干预的情况下能自主地驱动智能机器实现控制目标的自动控制技术。

　　自动化：采用具有自动控制，能自动调节、检测、加工的机器设备、仪表，按规定的程序或指令自动进行作业的技术措施。其目的在于增加产量、提高质量、降低成本和劳动强度、保障生产安全等。自动化程度已成为衡量现代国家科学技术和经济发展水平的重要标志之一。

1.2.2　过程控制技术发展过程

　　过程控制技术亦称为自动化技术。过程控制技术经历了由人工控制到模拟仪表控制、计算机控制，以及近年来发展迅速的智能控制等阶段。

　　随着科学技术与工业生产的发展，自动控制技术逐渐应用到近代工业中。1681年，法国物理学家、发明家巴本（D. Papin）发明了用做安全调节装置的锅炉压力调节器。1765年，俄国人普尔佐诺夫（I. Polzunov）发明了蒸汽锅炉水位调节器等。1788年，英国人瓦特（J. Watt）在他改进发明的蒸汽机上使用了离心飞球调速器，如图1-7所示，解决了蒸汽机的速度控制问题，引起了人们对控制技术的重视。

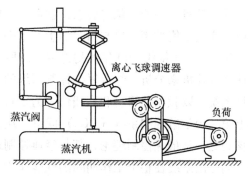

图 1-7　瓦特离心飞球调速器对蒸汽机转速的控制

　　蒸汽机借助于离心飞球调速器而使其本身的转速保持稳定，这种离心飞球调速器就是世界上最早的自动控制装置，并一直沿用下来。以后的100多年人们曾经试图改善离心飞球调速器的准确性，却常常导致控制系统产生振荡。

　　1868年，英国物理学家麦克斯韦（J. C. Maxwell）通过对调速系统线性常微分方程的建立和分析，解释了瓦特蒸汽机速度控制系统中出现的剧烈振荡的不稳定问题，提出了简单的稳定性代数判据，开辟了用数学方法研究控制系统的途径。

1850 年，法国的物理学家莱昂·傅科发明了陀螺仪，其结构原理如图 1-8 所示。1914 年，美国人斯佩雷（Sperry）制成了电动陀螺稳定装置，成为自动驾驶仪的雏形。

1880 年，发电厂和电网出现，世界进入电气时代。

1940 年，美国贝尔实验室的布莱克提出了负反馈的概念。

1940 年，贝尔实验室的帕金森（Parkinson）发明了高炮防空火力控制的自动伺服系统。

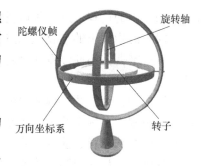

图 1-8　陀螺仪结构

20 世纪 40 年代，美国数学家维纳（N. Weiner）设计了微分分析仪（模拟机），尼可尔斯（N. B. Nichols）做了 PID（比例-积分-微分调节规律）调节器，他在模拟机上做了大量的仿真实验，列出了 PID 的整定表，即 PID 过程参数应该怎么整定，控制系统才稳定。

1948 年，维纳出版了《控制论——关于在动物和机器中控制与通讯的科学》。书中论述了经典控制理论（自动调节原理）的一般方法，推广了反馈的概念，为控制理论这门学科奠定了基础。我国著名科学家钱学森将控制理论应用于工程实践，并于 1954 年出版了《工程控制论》。

从近代过程控制采用的理论与技术手段来看，可以粗略地把它划为三个阶段。

20 世纪 70 年代以前是初级阶段，包括人工控制，以早期称为自动调节原理的经典控制理论为主要基础。经典控制理论主要用于解决反馈控制系统中控制器的分析与设计的问题，它采用常规气动、液动和电动仪表，如单元组合式 DDZ，对生产过程中的温度、流量、压力、液位等工艺参数进行控制，在诸多控制系统中，以单回路结构、PID 调节器为主，同时针对不同的对象与要求，创造了一些专门的控制系统。这阶段的主要任务是稳定系统，实现定值控制。这与当时的生产水平是相适应的。

20 世纪 70 年代~90 年代初是发展阶段，以现代控制理论为主要基础，利用现代数学方法和计算机来分析、综合复杂控制系统的新理论，适用于多输入、多输出，时变的或非线性系统。以微型计算机和高档仪表为工具，对较复杂的工业过程进行控制。1975 年，世界上第一台集散控制系统（DCS）问世，从而揭开了过程控制崭新的一页。现代控制理论的核心之一是最优控制理论，其与经典控制理论以稳定性和动态品质为中心的设计方法不同，而是以系统在整个工作期间的性能作为一个整体来考虑，寻求最优控制规律，因而可以大大改善系统的性能。这阶段的建模理论、在线辨识和实时控制已突破前期的形式，继而涌现了大量的先进控制系统和高级控制策略。这阶段的主要任务是克服干扰和模型变化，满足复杂的工艺要求，提高控制质量。

20 世纪 90 年代初至今是高级阶段。过程控制朝综合化、智能化方向发展，即计算机集成制造系统（CIMS）：以智能控制理论为基础，以计算机及网络为主要手段，对企业的经营、计划、调度、管理和控制全面综合，实现从原料进库到产品出厂的自动化、整个生产系统信息管理的最优化。

近年来，随着计算机和互联网技术的迅猛发展，控制技术向智能化方向进展迅速。

1.3 矿物加工工艺与过程检测、控制技术

1.3.1 选矿工艺与选矿自动化技术

1.3.1.1 选矿工艺

选矿 (ore dressing) 是采矿的后续工序，目前国内外均把该学科专业称为矿物加工 (mineral processing)。选矿是应用物理、化学或其他方法对矿石进行加工处理，将矿石中的有用矿物与脉石分开，或将多种有用矿物相互分开，使有用成分富集并达到冶炼或其他进一步加工利用要求的生产过程。

主要的选矿方法有浮选、重选、磁选、电选和化学选矿，其基本原理如下所述。

浮选 (flotation) 是通过添加特定浮选药剂造成不同矿物颗粒间表面润湿性差异，使目的矿物颗粒表面具备疏水性，从而黏附于气泡上浮，并与其他矿物分离的一种选别技术。浮选方法可应用于大多数矿石种类，如有色金属硫化矿、化工矿、煤矿等。主要的浮选设备有浮选机、浮选柱。

重选 (gravity concentration) 是利用不同物料颗粒间的密度差异进行分离的技术，适用于有用矿物与脉石间密度差异较大的矿石，如金矿、钨矿、锡矿、煤矿等。主要的重选设备有跳汰、摇床、螺旋溜槽、重介质选矿机和离心选矿机。

磁选 (magnetic separation) 是利用不同物料颗粒间的磁性差异进行分离的技术。弱磁选主要应用于矿物磁性强的磁铁矿、磁黄铁矿分选，主要设备为弱磁选机 ($0.05 \sim 0.2T$)；强磁选主要用于矿物磁性弱的赤铁矿、锰矿、黑钨矿等的分选，主要设备为强磁选机 ($0.8 \sim 1.8T$)。

化学选矿 (chemical mineral processing) 是基于物料组分化学性质的差异，利用化学方法改变物料性质组成，然后用其他方法使目的组分富集的资源加工工艺，它包括化学浸出与化学分离两个主要过程，本质上与湿法冶金 (hydrometallurgy) 相同。化学选矿因需添加酸、碱、盐等浸出剂，成本较高，主要用于分选单纯依靠常规分选方法得不到满意结果的复杂的物料，如金矿的氰化浸出提取、氧化铜矿的酸浸出—萃取—电积、离子型稀土矿的盐浸提取、铀矿的碱浸提取、难选赤铁矿的磁化焙烧分选等等。

矿石的选矿处理过程是在选矿厂中完成的。一般包括以下 3 个最基本的工艺过程：

(1) 分选前的准备作业。包括原矿（原煤）的破碎、筛分、磨矿、分级等工序。该过程的目的是使有用矿物与脉石矿物单体分离，使各种有用矿物相互间单体解离，并获得适合分选工艺与设备的矿石粒度和便于流动输送的悬浮矿浆。

(2) 分选作业。借助于浮选、重选、磁选、电选和其他选矿方法将有用矿物同脉石分离，并使有用矿物相互分离，获得最终选矿产品精矿和废弃尾矿。

(3) 选后产品的处理作业。包括各种精矿、尾矿产品的脱水、细粒物料的沉淀浓缩、过滤、干燥和洗水澄清循环复用等。

常见的选矿生产流程如图 1-9 所示。

1.3.1.2 选矿工艺过程参数与主要技术指标

选矿厂的主要工艺变量有矿量、品位、磨矿细度、矿浆浓度、矿浆酸碱度、药剂量、

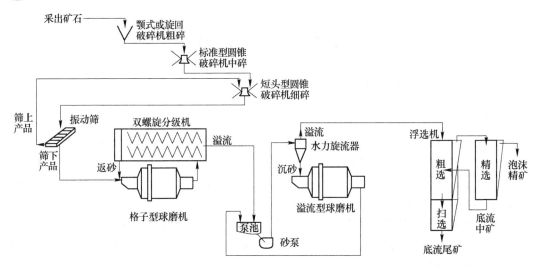

图1-9　常见的"三段一闭路破碎、两段磨矿、一粗一扫一精浮选"选矿生产流程

矿仓料位、浮选机液位、水量、电耗、球耗等。

选矿厂最重要的技术指标是选矿回收率和精矿品位。对单一有用组分矿石，有

$$\gamma = \frac{\alpha - \vartheta}{\beta - \vartheta} \times 100\% \tag{1-3}$$

$$\varepsilon = \frac{\beta\gamma}{\alpha} = \frac{\beta(\alpha - \vartheta)}{\alpha(\beta - \vartheta)} \times 100\% \tag{1-4}$$

式中　γ——精矿产率，精矿产物与原矿质量之比，%；

ε——选矿回收率，回收进入精矿中的有价成分质量与原矿中的有价成分质量之比，%；

β——精矿品位，精矿中有价成分含量（质量分数），%；

α——原矿品位，原矿中有价成分含量（质量分数），%；

ϑ——尾矿品位，尾矿中有价成分含量（质量分数），%。

【例1-1】　某铜矿，2014年实际采出矿石含铜品位 $\alpha = 0.80\%$ ，选出铜精矿含铜品位 $\beta = 20\%$ ，尾矿品位 $\vartheta = 0.10\%$ 。计算其选矿回收率 ε 和精矿产率 γ 。

解：选矿回收率　$\varepsilon = \frac{\beta(\alpha - \vartheta)}{\alpha(\beta - \vartheta)} \times 100\% = \frac{20 \times (0.8 - 0.1)}{0.8 \times (20 - 0.1)} \times 100\% = 87.94\%$

精矿产率　$\gamma = \frac{\alpha - \vartheta}{\beta - \vartheta} \times 100\% = \frac{0.8 - 0.1}{20 - 0.1} \times 100\% = 3.52\%$

1.3.1.3　选矿自动化技术

选矿自动化（automation of mineral processing）是在选矿生产中，采用仪表、自动装置、电子计算机等技术和设备，对选矿生产设备状态和选矿生产流程状况参数实行监测、模拟、控制，并对生产进行管理的技术。

选矿自动化技术包括选矿过程参数测试、过程控制，以及选矿生产的计算机管理。选矿自动化技术综合应用了传感器技术、电子技术、自动控制理论、通信技术及电子计算机科学等多方面的成就，其发展与这些学科的发展密切相关。

选矿自动化技术还必须以生产技术经济要求为依据。随着矿产资源和矿石品位日趋贫

化，矿山的经济规模趋向大型化，相应采矿和选矿设备趋向于大型化和智能化，对设备的效率和可靠性要求日趋提高。同时，选矿自动化还必须以选矿工艺流程要求为依据。随着矿产资源日趋"贫、细、杂"，选矿工艺流程不断发展，相应对工艺过程参数的稳定及各段产品的质量提出了更高的要求。这些发展过程促进了选矿自动化技术的发展，使其成为选矿厂正常生产的必要手段和提高选矿厂综合效益的有效途径。

选矿自动化系统按其功能可分为自动操纵系统、自动检测系统、自动调节系统和生产调度管理系统。

1.3.2 团矿工艺与团矿自动化技术

1.3.2.1 团矿工艺

团矿亦是重要的矿物资源加工技术，一般位于选矿之后。选矿工序所得的粉状精矿主要提供给冶金工业作为原料。为高温冶金（主要是生铁高炉、铅鼓风炉）提供的炉料，必须有一定的粒度大小、适宜的粒度分布和机械强度，否则冶金炉将难以保持良好的燃烧还原工作状况。因此，过大的炉料需破碎，过小的粉末需造块，以适应高温冶炼的需要。团矿，亦称造块（agglomeration），是在不完全熔化的条件下，将粉状物料（主要是选别精矿）变成块状物料的过程。

造块在将粉状物料变成块状物料的同时，还可以调整熟料的化学成分、矿物组成，一些冶金反应可以在造块过程中先行完成（如碳酸盐的分解、结晶水的脱除、某些造渣反应等），使熟料的冶金性质（如机械强度、还原性能、膨胀性能、粉化性能，软熔性能等）更好地满足冶炼加工的要求。造块方法主要有烧结法与球团法。

烧结法（sinter）是将粉状物料（如粉矿和精矿）制粒后，进行高温固结，在不完全熔化的条件下烧结成块的方法。烧结工艺流程如图 1-10 所示。

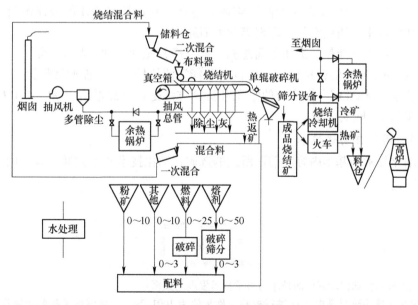

图 1-10　烧结工艺流程

球团法（pellet）是将细粒物料（尤其是细精矿）造球后，再经高温固结的方法。所得产品称为球团矿，呈球形，粒度均匀，具有高强度和高还原性。

1.3.2.2　团矿工艺过程参数与技术指标

烧结厂的主要工艺参量有烧结机速度、风量、料量配比、水量、燃料量等。球团厂的主要工艺参量有配料、磨矿粒度、混合强度、造球原料水分、焙烧温度、焙烧时间、冷却速度等。

烧结球团厂的技术指标主要有以下几个。

A　造块设备利用系数

造块设备利用系数指在造块设备单位容量、单位时间内生产成品矿的质量。

$$造块设备利用系数 = \frac{q}{F} \tag{1-5}$$

式中　q——造块设备台时产量，t/h；

F——造块设备有效容量，带式烧结机、球团带式焙烧机、球团竖炉，以单位面积表示，m^2；回转窑球团以单位容积表示，m^3。

B　烧结、球团成品率

烧结成品率为干烧结料（其中包括返矿）的成品烧结矿产出率；球团成品率为干球团料（其中包括返矿）的成品球团矿产出率。

$$P = \frac{Q_2}{Q_1} \times 100\% \tag{1-6}$$

式中　P——烧结料或球团料的成品率，%；

Q_2——成品烧结矿或球团矿的质量，t；

Q_1——干烧结料或干球团料的质量，t。

C　造块工序能耗

造块工序能耗是生产1t造块产品所需的总能耗。它包括造块用的固体燃料、点火煤气、电能消耗以及水、压缩空气、蒸汽等动力消耗。

$$造块工序能耗 = 造块车间总能耗量（净）/造块车间产品总产量 \tag{1-7}$$

$$造块车间总能耗量（净）= 车间各种能源消耗量 - 二次能源回收量 \tag{1-8}$$

能耗单位是kg标准煤。标准煤的定义和折算方法是：发热量为$7000 \times 4.186kJ/kg$的任何能源，相当于1kg标准煤。

1.3.2.3　团矿自动化技术

团矿自动化技术的基本内容与前面所述的选矿自动化技术基本共通，有关内容可参阅本书第6章。

习　　题

1-1　什么是检测技术？如何理解检测技术与科学技术发展的关系？

1-2　用1kg标准计量砝码对某电子秤进行校验，称量值为1001.0g，计算该电子秤的绝对误差和相对误差。

1-3　为什么我们在表示测量装置的测量误差时，主要标识相对误差？

1-4　阅读本章参考文献 [3]，了解原子力显微镜在选矿研究中的应用，撰写学习心得。

1-5　过程控制技术的定义及其发展历程。

1-6　选矿工艺过程包含哪些主要工序？各工序的主要工艺参数有哪些？

1-7　测得某铁矿原矿品位 Fe 31.0%、精矿品位 Fe 62.0%、尾矿品位 Fe 11.0%，计算精矿 Fe 回收率 ε、精矿产率 γ、富集比。

1-8　团矿工艺过程包含哪些主要工序？各工序的主要工艺参数有哪些？

参 考 文 献

[1] 中国社会科学院语言研究所. 现代汉语词典 [M]. 第六版. 北京：商务印书馆，2012.

[2] 苏定强. 望远镜和天文学：400 年的回顾与展望 [J]. 物理，2008，37 (12)：836 ~ 843.

[3] 刘新星，胡岳华. 原子力显微镜及其在矿物加工中的应用 [J]. 矿冶工程，2000，20 (1)：32 ~ 35.

[4] 王广雄. 自动控制发展的历程 [EB/OL]. 中央电视台科教频道《百家讲坛》[2003-03-17]. http://www.CCTV.com/.

[5] 开明科学人. 谷歌的 AlphaGo，靠什么击败人类棋手？[EB/OL]. 果壳网 [2016-01-28]. http://www.guokr.com/.

[6] 胡岳华，冯其明. 矿物资源加工技术与设备 [M]. 北京：科学出版社，2006.

2 传 感 器

2.1 传感器结构与分类

2.1.1 传感器结构

传感器（transducer）是一种检测装置，它能感受到被测量的信息，并能将感受到的信息按一定规律变换成为电信号或其他所需形式的信息输出，以满足信息的传输、处理、存储、显示、记录和控制等要求。传感器一般由敏感元件、转换元件、变换电路和辅助电源4部分组成，如图2-1所示。

图 2-1　传感器（变送器）结构框图

输出为规定的标准信号的传感器也称为变送器。

传感器实际上在自然界广为存在。自然界的生物传感器对于生物的个体生存、种群延续和物种进化均具有至关重要的作用；同时，物种进化又推动了各种生物传感器的极致发展，如鹰的眼睛、蝙蝠的耳朵、狗的鼻子、蛇的舌头，等等。

以人类为例，人的感觉器官——眼、耳、鼻等，可以将自然界中事物的特征及其变化现象——色、声、味等，变换为相应的神经电信号传输给大脑；然后经过脑的分析、判断发生指令，使手脚等执行器官产生相应的行动。

在自动控制中，对被调量、控制变量等有关参数的测量是非常重要的，参数的检测是自动调节系统的眼睛。人工制造的传感器的作用与人的感觉器官相类似，它将被测对象的声、力、温度等及其变化转换为可测信号，传送给测量装置的中间变换器，供中间变换器作进一步的处理，以便最后得到所需要的测量数据。常将人工制造的传感器的功能与人类5大感觉器官相比拟：

（1）视觉——光学传感器；

（2）听觉——声音传感器；

（3）嗅觉——气味传感器；

（4）味觉——化学传感器；

（5）触觉——压力、温度、流动传感器。

在现代工业生产尤其是自动化生产过程中，要用各种传感器来监视和控制生产过程中的各个参数，使设备工作在正常状态或最佳状态，并使产品达到最好的质量。因此可以说，没有众多的优良的传感器，现代化生产也就失去了基础。

2.1.2 敏感元件、转化元件和传感器分类

2.1.2.1 敏感元件

敏感元件指能够灵敏地感受被测变量（物理、化学、生物等）并做出响应的元件。敏感元件是传感器中能直接感受被测量的部分。不同的传感器，其敏感元件是不同的。如应变式压力传感器的敏感元件是一个弹性膜片。

敏感元件可以按输入的物理量来命名，如热敏元件、光敏元件、气敏元件、力敏元件、磁敏元件、湿敏元件、声敏元件、放射线敏感元件、色敏元件和味敏元件等。

2.1.2.2 转化元件

转化元件指传感器中能将敏感元件输出转换为适于传输和测量的电信号部分。它是传感器的重要组成部分，它的前一环节是敏感元件。但有些传感器的敏感元件与转化元件是合并在一起的，如压电式传感器等。一般传感器的转化元件需要辅助电源。

2.1.2.3 传感器分类与命名

传感器可依据敏感元件原理分为三类：

（1）物理类，基于力、热、光、电、磁和声等物理效应。

（2）化学类，基于化学反应的原理。

（3）生物类，基于酶、抗体和激素等分子识别功能。

传感器也可按照其构成敏感元件的类型分类，命名没有非常严格的规定，习惯上一般将敏感元件类型置于传感器名称前面，功能置于名称后面，如压电式压力传感器、变极距型电容式压力传感器，等等。

2.2 传感器原理

传感器原理一般是指传感器中的敏感元件原理。

工业生产上实际应用的传感器中的敏感元件类型多为物理类，如膨胀式、弹性式、压电式、电阻式、电磁感应式、电容式、声波式、电磁波式、射线式、核辐射式敏感元件。

2.2.1 膨胀式

膨胀式测温传感器是人类最早发明应用的传感器类型，它主要是应用液体、气体和固体热胀冷缩的物理性质测量温度，将温度变化转变为测温敏感元件的尺寸或体积变化，表现为位移。

2.2.1.1 液体膨胀式

液体受热后体积膨胀与温度的关系为

$$V_{t1} - V_{t2} = V_{t0}(d - d')(t_1 - t_2) \tag{2-1}$$

式中 V_{t0}——液体在温度为0℃时的体积；

V_{t1}——液体在温度为 t_1 时的体积；

V_{t2}——液体在温度为 t_2 时的体积；

d, d'——分别为液体和盛放液体容器的体膨胀系数。

液体膨胀式传感器有红色酒精温度计（图2-2），测量范围为 $-114 \sim 78$℃，安全性好。

水银温度计测量范围为 –38 ~ 300℃，精度比红色酒精温度计高一些，但存在汞金属毒性的安全性问题，摔碎后很难处理，无法回收。欧盟已于 2009 年禁用水银温度计，禁用水银温度计已成全球趋势。

2.2.1.2　固体膨胀式

固体膨胀式传感器的感温元件是双金属片，它是利用两种热膨胀系数不同的金属片焊接组合而成，其中，膨胀系数较高的称为主动层；膨胀系数较低的称为被动层。

如图 2-3 所示，将双金属片一端固定，一端自由。当温度升高时，膨胀系数大的金属片伸长量大，致使整个双金属片向膨胀系数小的金属片一面弯曲。温度越高，弯曲程度越大。也就是说，双金属片的弯曲程度与温度的高低有对应的关系，从而可用双金属片的弯曲程度来指示温度。

图 2-2　红色酒精温度计

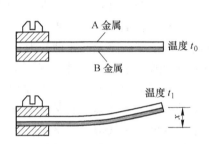

图 2-3　双金属膨胀式传感器原理

双金属片主动层的材料主要有锰镍铜合金、镍铬铁合金、镍锰铁合金和镍等。被动层的材料主要是镍铁合金，镍含量为 34% ~ 50%。

为提高测温灵敏度，通常将较长的双金属片制成螺旋卷形状。

2.2.2　弹性式

弹性敏感元件是传感器中由弹性材料制成的敏感元件。在传感器的工作过程中常采用弹性敏感元件把力、压力、力矩、振动等被测参量转换成应变量或位移量，然后再通过各种转换元件把应变量或位移量转换成电量。弹性敏感元件在传感器中占有很重要的地位。

弹性敏感元件的基本特性可用刚度和灵敏度来表征。刚度是对弹性敏感元件在外力作用下变形大小的定量描述，即产生单位位移所需要的力（或压力）。灵敏度是刚度的倒数，它表示单位作用力（或压力）使弹性敏感元件产生形变的大小。

弹性敏感元件的形式有弹簧、弹簧管（波登管）、膜片、膜盒、波纹管、薄壁半球等。常用的膜片形式参见图 2-19 和图 2-20。波登管是利用管的弯曲变化测量压力的弹性敏感元件，参见后面图 3-120。

图 2-4 是弹簧测力计（弹簧秤）的结构，其原理遵循胡克定律，即在弹簧的弹性限度范围内，弹簧伸长或压缩的长度与受到的拉力或压力成正比。

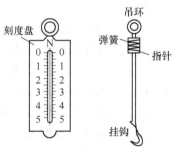

图 2-4　弹簧秤的结构

$$F = kx \qquad (2\text{-}2)$$

式中　F——弹簧的弹力（弹力是弹簧发生形变时对施力物的作用力），N；

　　　x——弹簧伸长或缩短的长度，mm；

　　　k——弹簧的弹性系数，与弹簧材料、长短、粗细等有关，N/mm。

2.2.3　压电式

　　某些物质，当沿着一定方向对其加力而使其变形时，在一定表面上将产生电荷，当外力去掉后，又重新回到不带电状态，这种现象称为压电效应，如图2-5（a）所示。

　　如果在这些物质的极化方向施加电场，这些物质就在一定方向上产生机械变形或机械应力，当外电场撤去时，这些变形或应力也随之消失，这种现象称为逆压电效应，或称为电致伸缩效应，如图2-5（b）所示。

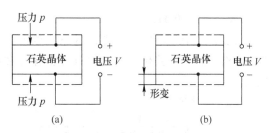

图2-5　压电效应和电致伸缩效应
（a）压力产生电压差；（b）电压产生形变

　　明显呈现压电效应的敏感功能材料叫压电材料。压电材料有压电单晶体，如石英、酒石酸钾钠等；多晶压电陶瓷，如钛酸钡、锆钛酸铅、铌镁酸铅等，又称为压电陶瓷。

　　压电式传感器是目前最常见的压敏元件。压电式传感器还可用于测力和测加速度。

　　利用逆压电效应（电致伸缩效应），可产生和探测声波。用逆压电效应制造的变送器和扬声器可用于电声和超声波工程领域。

2.2.4　电阻式

　　电阻式传感器是将被测量，如位移、形变、力、加速度、湿度、温度等物理量，转换成电阻值的一种器件。主要有电阻应变式、压阻式、热电阻、热敏、气敏、湿敏等电阻式传感器件。

2.2.4.1　电阻应变片

　　电阻应变片是目前最常见的力敏元件。传感器中的电阻应变片具有金属的应变效应，即在外力作用下产生机械形变，从而使电阻值随之发生相应的变化。应变片主要有金属和半导体两类。金属电阻应变片有金属丝式（见图2-6）、箔式、薄膜式等。

2.2.4.2　压阻式

　　所谓压阻效应，是指当半导体受到应力作用时，由于应力引起能带的变化，能谷的能量移动，使其电阻率发生变化的现象。它是 C. S. 史密斯在1954年对硅和锗的电阻率与应力变

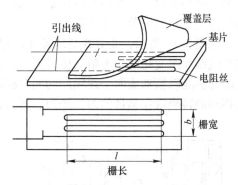

图2-6　金属丝式电阻应变片

化特性进行测试时发现的。半导体的压阻效应已经应用到工程技术中，采用集成电路工艺制造的硅压阻元件（或称压敏元件），可把力信号转化为电信号，其体积小、精度高、反应快、便于传输。图2-7所示是压阻式传感器的结构。

2.2.4.3　热电阻

热电阻是热敏元件，热电阻测温是基于金属导体的电阻值随温度的增加而增加这一特性来进行温度测量的。热电阻大都由纯金属材料制成，如铂和铜，也有用镍、锰和铑等材料制造的。

2.2.5　电磁感应式

2.2.5.1　电磁式

图 2-8 所示是电磁式转数计的结构原理。电磁式传感器一般采用永磁体制造，结构简单、价格低。电磁式传感器是将被测量在导体中感生的磁通量变化，转换成输出信号变化的传感器。

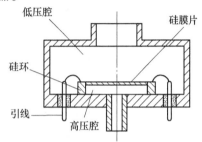

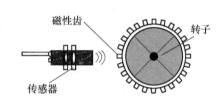

图 2-7　压阻式传感器的结构　　　　　　　图 2-8　电磁式转速表的结构

2.2.5.2　电感式差动变压器

电感式差动变压器传感器利用电磁感应把被测的物理量，如位移、压力、流量、振动等，转换成线圈的互感系数的变化，再由电路转换为电压或电流的变化量输出，以实现非电量到电量的转换。

如图 2-9（a）所示，螺线管式差动变压器由螺管线圈和与被测物体相连的柱型衔铁构成，其工作原理基于线圈磁力线泄漏路径上磁阻的变化；如图 2-9（b）所示，衔铁随被测物体移动改变了线圈的电感量，输出 e_y 的变化反映了衔铁移动的位置 x。这种传感器的量程大、结构简单，便于制作。

如图 2-10 所示，变隙式变压器式传感器是利用变压器作用原理把被测位移转换为初、次级线圈互感变化的变磁阻式传感器。它由两个或多个带铁芯的线圈构成，初、次级线圈间的互感能随衔铁或两个线圈间的相对移动而改变。变隙式变压器式传感器主要用于测量位移和能转换成位移量的力、张力、压力、压差、加速度、应变、流量、厚度、比重、转

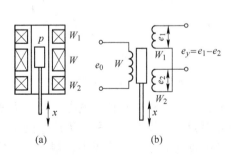

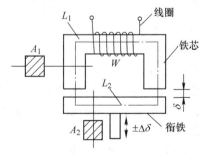

图 2-9　螺线管式差动变压器　　　　　　图 2-10　变隙式差动变压器

矩等参量。

2.2.5.3　霍尔式

霍尔效应在 1879 年被 E. H. 霍尔发现，它定义了磁场和感应电压之间的关系。这种效应和传统的感应效果完全不同。

如图 2-11 所示，在磁感应强度为 B、方向为 Z 的磁场中有一个与 B 垂直的霍尔半导体片，恒定电流 I 沿 X 方向通过该片。在洛仑兹力的作用下，I 的电子流在通过霍尔半导体时向垂直于 B 和 I 的一侧偏移，使该片在 Y 方向上产生电位差 U_R，这就是所谓的霍尔电压。

霍尔电压随磁场强度的变化而变化，磁场越强，电压越高，反之亦然。霍尔电压值很小，通常只有几个毫伏，但经集成电路中的放大器放大，就能使该电压放大到足以输出较强的信号。

霍尔传感器是根据霍尔效应制作的一种磁场传感器。霍尔传感器的直接应用是直接检测出受检测对象本身的磁场或磁特性。霍尔传感器的间接应用是在检测受检对象上人为设置磁场，用这个磁场来作被检测信息的载体，通过它，将许多非电、非磁的物理量，如力、力矩、压力、应力、位置、位移、速度、加速度、角度、角速度、转数、转速以及工作状态发生变化的时间等，转变成电量来进行检测和控制。图 2-12 所示是霍尔式转数仪的结构。

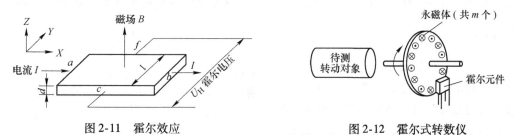

图 2-11　霍尔效应　　　　　　　　　图 2-12　霍尔式转数仪

2.2.6　电容式

电容式传感器是将被测的机械量，如位移、压力等转换为电容量变化的传感器。它的敏感部分就是具有可变参数的电容器。其最常用的形式是由两个平行电极组成、极间以空气为介质的电容器。

图 2-13 所示是单只变极距型电容压力传感器结构示意，压强变化使弹性膜片动极板与固定球面极板之间的距离变化，导致电容量变化，从而测出压强。

图 2-14 所示是变面积型电容式角位移传感器的结构，由两个绝缘的半圆板电极组成，

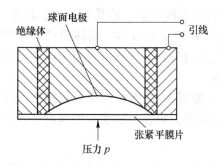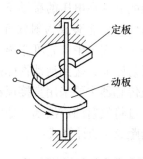

图 2-13　单只变极距型电容压力传感器　　　图 2-14　变面积型电容式角位移传感器

定板固定，动板转动使电容量发生变化，从而测出角位移变化。反过来，转动动板也可以方便精细地改变其电容量，常用于收音机中的可变电容。

如图 2-15 所示，电容式物位计由两个绝缘的同轴圆柱极板内电极和外电极组成，在两筒之间充以介电常数为 ε_1 的电介质时，两圆筒间的电容量 C 为

$$C = \frac{2\pi\varepsilon_1 h}{\ln\dfrac{D}{d}} + \frac{2\pi\varepsilon_0(H-h)}{\ln\dfrac{D}{d}} \tag{2-3}$$

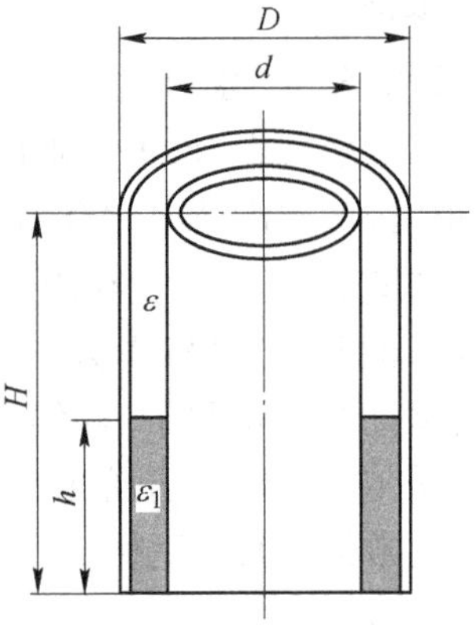

式中　　H——两筒相互重合部分的长度，m；

　　　　D——外筒电极的直径，m；

　　　　d——内筒电极的直径，m；

　　　　h——圆筒中间电介质的高度，m；

　　　　ε_1——圆筒中间电介质的介电常数，F/m；

　　　　ε_0——真空中的介电常数，$\varepsilon_0 = 8.854 \times 10^{-12}\mathrm{F/m}$。

图 2-15　圆筒形
电容式物位计

在实际测量中 H、D、d、ε_1、ε_0 是基本不变的，故测得电容 C 即可知道物位 h 的高低。

2.2.7　声波式

2.2.7.1　多普勒效应

多普勒效应原理如图 2-16 所示，即物体辐射的波长因为波源和观测者的相对运动而产生变化。在运动的波源前面，波被压缩，波长变得较短，频率变得较高（蓝移）；在运动的波

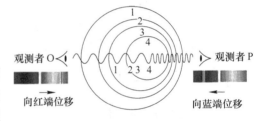

图 2-16　多普勒效应原理

源后面，会产生相反的效应，波长变得较长，频率变得较低（红移）。波源速度越高，产生的效应越大。根据波红（蓝）移的程度，可以计算出波源循着观测方向运动的速度。

2.2.7.2　超声波式

人类耳朵能听到的声波频率为 20 ~ 20000Hz。频率高于 20000Hz 的声波称为"超声波"。通常用于医学诊断和测量的超声波频率为 1 ~ 30MHz。

为避免对人体产生噪声影响，工业上的声波式传感器大多数为超声波式传感器。超声波传感器是利用超声波的特性研制而成的传感器。超声波是一种振动频率高于声波的机械波，其由换能晶片在电压的激励下发生振动产生，它具有频率高、波长短、绕射现象小，特别是方向性好、能够成为射线而定向传播等特点。超声波对液体、固体的穿透本领很大，在不透明的固体中，它可穿透几十米的深度。超声波碰到杂质或分界面会产生显著反射，形成反射回波，碰到活动物体能产生多普勒效应。

超声波传感器主要采用直接反射式的检测模式。如图 2-17 所示，位于传感器前面的被检测物通过将发射的声波部分地发射回传感器的接收器，可参照第 3 章的速度公式推算出被测物的距离 s 的计算式：

$$s = \frac{1}{2}v_\mathrm{B}t \tag{2-4}$$

式中   s——超声波传感器与反射物体距离，m；

　　　v_s——音速，m/s，空气中的音速在 0.1MPa 和 15℃的条件下约为 340m/s；

　　　t——超声波脉冲从发射到反射回来接收到的传输时间，s。

还有部分超声波传感器采用对射式的检测模式。如图 2-18 所示，一套对射式超声波传感器包括一个发射器和一个接收器，两者之间持续保持"收听"。位于接收器和发射器之间的被检测物会阻断接收器接收发射的声波，从而传感器将产生开关信号。

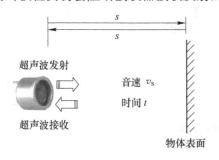

图 2-17　直接反射式超声波传感器测距原理

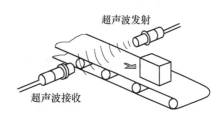

图 2-18　对射式超声波传感器

2.2.7.3　声音

声音传感器主要用于测量适宜人耳听觉频率范围 100～4000Hz 内的声音。声音传感器的作用相当于一个话筒（麦克风）。它用来接收声波，显示声音强度大小，测量声强范围 45～120dB；同时还可显示声音的振动图像和波形。

图 2-19 所示是动圈式话筒的结构，它是在一个膜片的后面粘贴一个由漆包线绕成的线圈，也叫音圈。在膜片的后面安装一个环形的永磁体，并将线圈套在永磁体的一个极上，线圈的两端用引线引出。动圈式话筒是利用电磁感应原理做成的，外来声音使膜片振动，带动线圈振动，线圈在磁场中切割磁感线，将声音信号转化为电信号。

图 2-20 所示是目前应用最为普遍的电容式麦克风（话筒）的结构，常见的手机内置话筒就是这种。其中驻极体话筒又是电容话筒中最常见的。电容式声音传感器内置一个对声音敏感的电容式驻极体话筒，以超薄的金属或镀金的塑料薄膜制成驻极体振动薄膜感应音压。声波使话筒内的薄膜振动，导致电容变化，并产生与之对应变化的微小电压，这一电压随后经由电子电路耦合转化获得实用的输出阻抗及灵敏度。

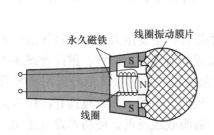

图 2-19　动圈式话筒的结构

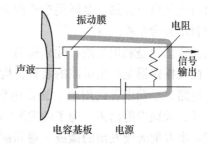

图 2-20　电容式话筒的结构

2.2.7.4　声呐

声呐是利用水下声波对水中目标进行探测和定位识别，或在水中进行通信的技术和设备。声呐是英语 sound navigation and ranging（声波导航和测距）的字头缩写 sonar 的音译。

在水中，雷达波和无线电波衰减极快，难以应用。声呐属于水中的声遥感技术，由于其原理与雷达相似，所以又称声波雷达，在军事、渔业、航运中有极重要的作用。

如图 2-21 所示，声呐分为两种：主动声呐、被动声呐。主动声呐是靠自身发射声波，即发出声音，来探测目标，被动声呐是只接收目标发出的声音（如噪声）来发现目标，自身不发射声波。

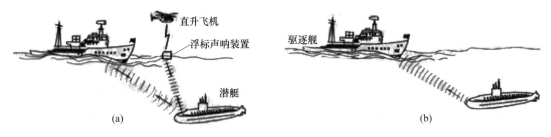

图 2-21　主动声呐和被动声呐
（a）主动声呐；（b）被动声呐

从理论上讲，次声波、声波、超声波都可以在声呐中使用。被动式声呐频率范围一般为 3Hz～97kHz；主动式声呐工作频率起始略高，一般约为 3～97kHz。

声呐传感器原理与超声波传感器原理是相同的。

2.2.8　电磁波式

2.2.8.1　无线电波式

无线电波是指频率为 3kHz～300MHz 的电磁波，即波长大于 1m 的电磁波，其中波长 1～100m 者称为短波，波长 100～1000m 者称为中波。

无线电波传感器主要用于通信领域，工业上应用较少。

2.2.8.2　微波式

微波是指频率为 300MHz～300GHz 的电磁波，即波长在 1mm～1m 之间的电磁波，是分米波、厘米波、毫米波的统称。微波频率比一般的无线电波频率高，其基本性质通常呈现为穿透、反射、吸收 3 个特性，如微波可穿越玻璃和塑料而几乎不被吸收；水和食物等会吸收微波使自身发热；金属类东西则会反射微波。利用这些特性，可实现物体的测速定位、物料水分含量检测等。

微波传感器是利用微波特性来检测一些物理量的器件，主要由微波振荡器和微波天线组成。微波振荡器是产生微波的装置，构成微波振荡器的器件有速调管、磁控管或某些固体元件电路，小功率者仅用电子振荡电路。由微波振荡器产生的振荡信号需用波导管传输，并通过天线发射出去。为了使发射的微波具有一致的方向性，天线应具有特殊的构造和形状。由发射天线发出的微波，遇到被测物体时将被吸收或反射，使功率发生变化。若利用接收天线接收通过被测物体或由被测物反射回来的微波，并将它转换成电信号，再由测量电路处理，就可实现微波检测。

应用多普勒微波探头做人体运动检测，已用于自动门，如图 2-22 所示。民用多普勒微波传感器主要工作于 C 波段（5.8GHz）、X 波段（10.525～10.687GHz）和 K 波段

（24.125GHz），其发射功率均小于10mW，都在国际电联规定的无需申请使用频点的ISM频段。探测方向图有全向和定向，根据天线增益和发射功率的不同，探测范围在0.1~50m。

图2-22 自动门用多普勒微波探头传感器

雷达，是英文radar的音译，源于radio detection and ranging的缩写，意思为"无线电探测和测距"，即用无线电的方法发现目标并测定它们的空间位置。常用频段为24GHz和77GHz，因为在大气中衰弱不厉害。雷达传感器由可产生大功率微波的振荡器和专用接受天线构成，价格较高，故仅在军事、测绘、交通领域应用较多。工业和民用多采用功能相近而价格较低的超声波传感器等，如目前普遍应用的汽车倒车雷达多采用超声波传感器。

2.2.8.3 光电式

光是人类眼睛可以看见的一种电磁波，也称为可见光谱。可见光的波长在380~760nm之间。

光电式传感器（photoelectric transducer）是基于光电效应的传感器，在受到可见光照射后即产生光电效应，将光信号转换成电信号输出。它除能测量光强之外，还能利用光线的透射、遮挡、反射、干涉等测量多种物理量，如尺寸、位移、速度、温度等。光电式传感器有光敏电阻、光电池、光电二极管和光电三极管等类型。

如图2-23所示，以光电式传感器中的激光传感器为例，它由激光器、激光检测器和测量电路组成。激光传感器工作时，先由发射激光二极管（laser diode）通过带缝隙旋转盘（光电编码盘）对准目标发射激光脉冲，经目标反射后激光向各方向散射。部分散射光返回到传感器接收器，被

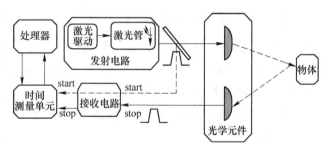

图2-23 激光传感器测距

光学系统接收后成像到雪崩光电二极管APD（avalanche photo diode）上，将微弱的光信号放大转化为相应的电信号。常见的是激光测距，它通过记录并处理从光脉冲发出到返回被接收所经历的时间，即可测定目标距离。激光传感器必须能同时极其精确地测定传输时间，因为光速极快。

2.2.9 射线式

2.2.9.1 X射线式

X射线是由于原子中的电子在能量相差悬殊的两个能级之间的跃迁而产生的粒子流，是波长介于紫外线和γ射线之间的电磁波。其波长很短，约介于0.001~10nm之间。产生X射线的方法是用加速后的电子撞击金属靶。图2-24所示是X射线射线管的结构。

　　X射线具有很强的穿透能力，其穿透能力与不同物质的密度有关，如骨骼与软组织可在 X 光照片中清晰显现。医学上可用于人体 X 光照片检测。

　　利用物质受 X 射线照射时电离电荷的多少可测定 X 射线的照射量，制成 X 射线测量仪器。

　　X 射线量的干涉、折射作用，可用于制作 X 射线显微镜。

　　X 射线的波长和晶体内部原子面之间的间距相近，晶体可以作为 X 射线的空间衍射光栅，即一束 X 射线照射到物体上时，受到物体中原子的散射，每个原子都产生散射波，这些波互相干涉，结果就产生衍射。衍射波叠加的结果使射线的强度在某些方向上加强，在其他方向上减弱。分析衍射结果，便可获得物质晶体结构和物质类型。图 2-25 所示是 X 射线穿过样品后的衍射现象及检测。

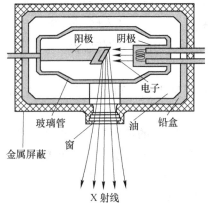
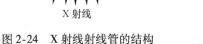

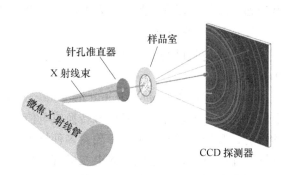

图 2-24　X 射线射线管的结构　　　　图 2-25　X 射线穿过样品后的衍射现象及检测

　　X 射线照射到某些化合物，如磷、钨酸钙时，可使物质发生荧光（可见光或紫外线），荧光的强弱与 X 射线量成正比，这是 X 荧光射线应用于成分检测的基础，见图 3-36。

2.2.9.2　放射线式（同位素式）

　　放射线式传感器又称为同位素传感器，包括放射源、探测器和信号转换电路。

　　A　放射源

　　放射源由金属容器包裹一定种类的放射性同位素构成，表面需有放射源警告标识，如图 2-26（a）所示。

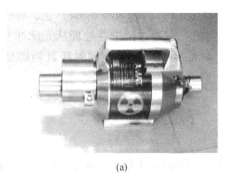

(a)　　　　　　　　　　　　　　　　　　(b)

图 2-26　放射源及放射性警告标识

（a）放射源；（b）放射性警告标识

放射性同位素在衰变过程中会放出带有一定能量的粒子（或称射线），包括 α 粒子、β 粒子、γ 射线和中子射线。工业常用的放射性同位素有：

（1）钴 60（^{60}Co，半衰期 5.27a，β 和 γ 射线辐射体）；

（2）镅 241（^{241}Am，半衰期 432.6a，α 射线辐射体）；

（3）铯 137（^{137}Cs，半衰期 30.17a，γ 射线辐射体）。

放射源的质量标准主要包括源的辐射强度，放射源单位时间内发生衰变的原子核数称为其放射性活度，单位是 Bq。

放射源金属包壳材料常用不锈钢，内部衬铅屏蔽辐射。放射源的密封性能应满足国家标准。国家标准规定，所有放射性工作场所及放射源的包装容器上都必须有放射性警告标识，如图 2-26（b）所示。

放射源属国家严格管制的物品，使用前需经环保和安全部门审批，使用中需定期检查，防止辐射危害和流失。

B 射线的种类与作用

各种射线的主要作用如下：

（1）α 粒子易使气体电离，常用于测量气体成分、压力、流量或其他参数。

（2）β 粒子在气体中射程可达 20m，可测量材料的厚度和密度。

（3）γ 射线是一种电磁辐射，能穿过几十厘米厚的固体物质，因此广泛应用于金属探伤、测厚、流速、料位和密度的测量。

（4）中子射线常用于测量湿度、含氢介质的料位或成分。

C 辐射探测器

辐射探测器也称为放射性探测器，是利用核辐射在气体、液体或固体中引起的电离效应、发光现象、物理或化学变化进行核辐射探测的元件。最常用的主要有气体电离探测器、半导体探测器和闪烁探测器三大类。

以闪烁探测器为例，它是由闪烁体、光的收集部件和光电转换器件组成的辐射探测器。当粒子进入闪烁体时，闪烁体的原子或分子受激产生荧光；利用光导和反射体等光的收集部件使荧光尽量多地射到光电转换器件的光敏层上并打出光电子；这些光电子可直接或经过倍增后，由输出极收集而形成电脉冲。

D 工作原理

以图 2-27 所示的 γ 射线密度仪为例。放射性同位素铯 137（^{137}Cs）产生的 γ 射线具有穿透物质的能力。当一束 γ 射线通过被测物体后，射线被物体吸收，使其强度减弱，射线强度的衰减与物体的密度之间存在下列关系

$$I = I_0 e^{-\lambda L \rho} \qquad (2\text{-}5)$$

式中　I——透射 γ 射线强度，Bq；

I_0——入射 γ 射线强度，Bq；

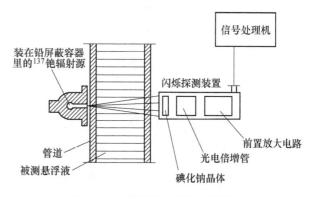

图 2-27　γ 射线密度仪的工作原理

λ——吸收系数，与物体性质有关；

L——透射物体厚度，m；

ρ——透射物体密度，kg/m^3；

e——自然对数的底，e = 2.7183。

对式（2-5）取自然对数，有

$$\rho = \frac{1}{\lambda L}\ln\frac{I_0}{I} \tag{2-6}$$

式（2-6）中，当吸收系数 λ、透射物体厚度 L 固定后，透射 γ 射线强度 I 仅与透射检测物体的密度 ρ 相关。若待检测物体为矿浆悬浮液，则 I 与矿浆悬浮液的密度 ρ_p 相关。

习　　题

2-1　传感器的结构与作用是什么？

2-2　如何对传感器命名？

2-3　请设想如何将膨胀式和弹性式传感器的输出信号转换为标准电信号。

2-4　简述电感式差动变压器传感器如何将位置变化转换为电信号。

2-5　请简述超声波传感器的原理。其测量速度和测量距离的方式有何区别？

2-6　请简述放射线式传感器原理与放射源的管理要求。

参 考 文 献

［1］刘爱华，满宝元. 传感器原理与应用技术［M］. 北京：人民邮电出版社，2010.

［2］田裕鹏，姚恩涛，李开宇. 传感器原理［M］. 第三版. 北京：科学出版社，2011.

3 矿物加工工艺检测系统

3.1 工艺检测系统概述

检测系统是传感器的扩展和具体实用化。

工艺检测系统是利用各种传感器原理制成的检测仪表，对生产工艺过程的各种参数进行检测的方法和仪表的体系总称。常见的工艺参数有速度、质量、成分、酸碱度、粒度、浓度、水分、流量、物位、温度、压强等。

矿物加工是矿业行业领域的一个专业，包括选矿方向和团矿方向。选矿由破碎、磨矿、浮选、磁选、重选、化学选矿、脱水过滤等工艺单元构成；团矿由烧结、造球、干燥、焙烧等工艺单元构成。

应当指出，工艺单元是构成现代工业企业生产流程的基本模块。各种行业和专业的某些工艺单元过程参数检测和使用设备具有相似共通性，影响通用工艺单元过程的操作因素也具有相似共通性。

例如，选矿、团矿、冶金、化工、水泥等专业领域，都需要对原料进行入库计量和成分分析，对产品进行出厂计量和成分品质分析。

又例如，用于焙烧工艺的回转窑设备，在球团矿、化学选矿、冶金、化工、水泥等专业领域都有应用。回转窑的操作影响因素，如焙烧温度、焙烧时间、物料组分、给料量、还原添加剂配比、还原气相组成等，都是类似的；其检测方法和仪表设备也都是类似的。

因此，检测通用工艺单元过程的工作参数的仪表设备，具有通用性或通用原理。本章的内容主要涉及在矿物加工工艺中常用的参数检测方法和仪表，这些内容也完全可以延伸应用到其他具有共性的专业工艺领域。

3.2 速 度 检 测

3.2.1 移动速度检测

速度检测是物料计量和设备运转的基础。

速度是表征动点在某瞬时运动快慢和运动方向的矢量，其定义式为：

$$v = \frac{s}{t} \tag{3-1}$$

式中　　v——动点速度，m/s；

　　　　s——动点位移，m；

　　　　t——移动时间，s。

外界观测者对高速移动物体如汽车的测速多采用雷达多普勒效应测速（图 2-16）。汽车自身测速多采用霍尔测速方法测车轮转速换算（图2-12）。

对于测量精度要求较高的低速移动物体，如测量皮带运输机上物料的瞬时输送量，一般通过速度变换器和测速单元测定皮带的速度，测速传感器多采用托辊式测速传感器。如图3-1所示，托辊式测速传感器采用弱磁式齿轮结构，随皮带移动的滚轮带动速度变换器中带有分齿的磁性旋转轮，在永磁线圈上感应出频率信号f，显然频率信号f由皮带移动速度决定。

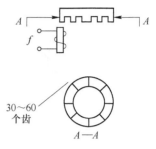

图3-1　速度变换器的原理

3.2.2　转动转速检测

3.2.2.1　转速、线速度与传动比

A　转速

转速是指做圆周运动的物体在单位时间内沿圆周绕圆心转过的圈数，其定义式为

$$n = \frac{r}{t} \tag{3-2}$$

式中　n——转速，r/s，或r/min；

r——物体在时间t内沿圆周绕圆心转过的圈数；

t——转动时间，s或min。

电动机的额定转速是指在额定功率条件下的转速，通常出厂时，作为产品的主要参数，标注在产品的明显部位。

B　线速度

线速度是物体上任一点对定轴作圆周运动时的速度，其定义式为

$$v = \pi D n \tag{3-3}$$

式中　v——动点线速度，m/s或m/min；

D——动点对应的旋转直径，m；

n——转速，r/s或r/min；

π——圆周率，$\pi \approx 3.1416$。

选矿设备中，浮选机的搅拌强度主要由其叶轮的周边线速度决定。

【例3-1】　某铜矿浮选试验采用实验室型浮选机，其转速$n_1 = 2800$r/min、叶轮直径$D_1 = 45$mm，求其叶轮的周边线速度。若需将试验结果的叶轮周边线速度条件按1:1比例对应应用到工业实践上，设计某型工业浮选机叶轮直径$D_2 = 400$mm，求该工业浮选机的转速n_2。

解：（1）因为1mm$= 10^{-3}$m，1min$= 60$s，

所以　　　　$v = \pi D_1 n_1 = 3.1416 \times 45 \times 10^{-3} \times 2800 \div 60 = 6.60$m/s

（2）因为$v = \pi D_1 n_1 = \pi D_2 n_2 = 6.60$m/s

所以　　　　$n_2 = \dfrac{v}{\pi D_2} = \dfrac{6.60}{3.1416 \times 400 \times 10^{-3}} = 5.25r/s= 315$r/min

C　传动比

传动比是在机械传动系统中，其始端主动轮与末端从动轮的转速或角速度的比值。

图 3-2 所示为选矿厂各种设备常用的三角皮带传动方式。设传动中无滑动，为同步传动，则主动轮线速度等于从动轮线速度，其传动比计算式为

$$i = \frac{n_1}{n_2} = \frac{D_2}{D_1} \qquad (3-4)$$

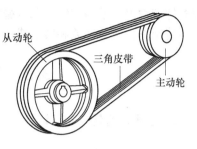

图 3-2　三角皮带轮传动

式中　i——传动比；

　　　n_1——主动轮转速，r/min；

　　　n_2——从动轮转速，r/min；

　　　D_1——主动轮直径，mm；

　　　D_2——从动轮直径，mm。

【例 3-2】　同例 3-1，设计某工业浮选机的转速 $n_2 = 315$r/min。若采用的工业三相异步电动机的额定转速为 1440r/min，采用三角皮带轮传动，求所需传动比。

解：$i = \frac{n_1}{n_2} = \frac{1440}{315} = 4.571$

3.2.2.2　离心式转速表

如图 3-3 所示，离心式转速表是根据角速度与惯性离心力的非线性关系制成的。它的主要部件是离心摆和测量弹簧，与转轴偏置的重荷 P 在轴旋转时产生的离心力 Q 与转轴的角速度 ω 的平方成正比。测量弹簧在离心力作用下产生变形，弹簧的伸长或缩短与作用在弹簧上的力成正比。此变形通过放大机构使指针转动，在度盘上指示出转轴角速度的大小。这种转速表结构简单、体积小、造价低，所以应用较广。它的测量范围为 30～24000r/min，测量误差为 ±1%。

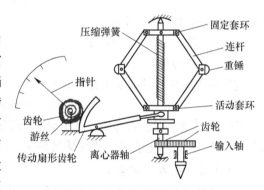

图 3-3　离心式转速表的结构图

对照图 1-7，显然，离心式转速表的结构原理与传统的机械离心式飞球调速器是相通的。

3.2.2.3　磁电式转速表

如图 2-8 所示，磁电式转速表的传感器主要由永磁铁和感应线圈组成，永磁铁通过转轴与待测转动设备连接。当永磁铁被带动旋转后，在线圈中产生感应电流，并通过导线传输给指示器，经过降压整流后带动广角度电流表指示出被测转速。

3.2.2.4　光电式转速表

如图 3-4 所示，光电式转速表是由装在轴上的带孔或缝隙的旋转盘（光电编码盘）、光源和光接收器等组成，输入轴与被测轴相连接。光源发出的

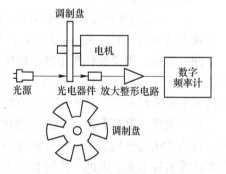

图 3-4　光电式转速表的结构

光通过缝隙旋转盘照射到光敏器件上，使光敏器件感光并产生电脉冲。转轴连续转动，光

敏器件就输出一系列与转速及带缝隙旋转盘上缝隙数成正比的电脉冲数。在指示缝隙数一定的情况下，该脉冲数和转速成正比。

3.3　物料质量检测（计量）

3.3.1　质量、重量与物料计量

3.3.1.1　质量

质量是构成国际单位制的 7 个基本单位之一。在国际单位制中，质量的基本单位是 kg（千克）。最初规定 $1000cm^3$（即 $1dm^3$）的纯水，在 4℃ 时的质量为 1kg。1779 年，人们据此用铂铱合金制成一个标准千克原器，存放在法国巴黎国际计量局中。现代国际标准规定 1kg 是 18×14074481 个 ^{12}C 原子的质量。

质量是物体所含物质的数量，其不随物体的形状和空间位置的改变而改变，是物质的基本属性之一，通常用 m 表示。质量的计算公式可表示为

$$m = \rho V \tag{3-5}$$

式中　　m——物体质量，kg；

　　　　ρ——物体密度，kg/m^3；

　　　　V——物体体积，m^3。

质量的表示单位还有 g（克）和 t（吨），其与 kg（千克）的换算关系为

$$1kg = 1000g = 0.001t$$

汉语中质量一词还有品质、成分含量的意思，质量检测常还指品质、品位检测（参见本书 3.4 节）。为避免混淆，物质质量检测（物质数量检测）一般可简称为计量。

3.3.1.2　重力（重量）

重力是物体受地球万有引力作用后力的度量，由于地心吸引力作用，而使物体具有向下的力，叫做重力，也叫重量。因地心吸引力的强弱在地球上的纬度和高度大小各有不同，物体重量也微有差别，在两极比在赤道大，在高处比在低处小。重力的定义式为

$$G = mg \tag{3-6}$$

式中　　G——物体所受到的重力，N；

　　　　m——物体质量，kg；

　　　　g——重力加速度，在海平面，$g = 9.8m/s^2$。

重力的单位有时还采用 kgf（千克力）和 tf（吨力），$1kgf = 9.8N$；$1tf = 9.8kN$。

同一物体，用弹簧秤测出的是物体的重量，用天平或杆秤测出的是物体的质量，在静止或匀速直线运动的条件下，两者测量的结果在数值上是相等的。所以，在日常生活中，人们常常对质量和重量是不加以区别的。

由于质量、万有引力、重力（物体作用在支持物上的力），都有自己明确的定义和称呼，直接利用这些概念足以很好地分析和解决有关的实际问题，在这种情况下，保持重量概念已无实际意义。因此，国际计量大会建议在科学用语中取消重量概念。考虑到日常生活中重量实质上是质量的事实，故把日常生活中的重量看作是质量的同义词或惯用语。

中国根据国务院命令，从 1986 年 1 月 1 日起大中小学教材一律使用法定计量单位，

重量这一概念也停止使用。

3.3.1.3 物料计量

如前所述，计量是指实现单位统一、量值准确可靠的活动。

物料计量，是指生产中测量获取原料和产品的物质数量的活动。物质数量通常用质量 m 表示，生产中 m 的单位通常为 t。

矿物加工工厂原料矿石及产品的准确计量和取样，是矿物加工生产流程技术管理、金属平衡管理和经济核算的先决条件。矿量表示单位通常有 t、t/d、t/h。

3.3.2 人工测定计量

3.3.2.1 人工测定摆式给矿机的给矿量

摆式给矿机的结构如图 3-5 所示，其给矿量的测定计算为

$$Q = \frac{60nq}{1000} \qquad (3-7)$$

式中　Q——给矿量（湿），t/h；

　　　n——每分钟摆次，次/min；

　　　q——每摆一次下落的湿矿量，多次平均值，kg。

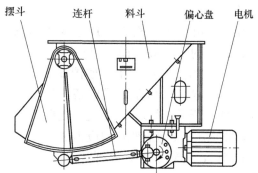

图 3-5　摆式给矿机

3.3.2.2 人工测定皮带运输机的给料量

预先准备一块长度为 0.5m 的木刮板，每小时测一次。先停止皮带运输机，然后在不同点刮取 2～4 段皮带运输机上的物料，称重，计算式为

$$Q = \frac{60vq}{1000L} \qquad (3-8)$$

式中　Q——给矿量（湿），t/h；

　　　v——皮带运输机的速度，m/min；

　　　q——刮取样总质量，kg；

　　　L——刮取皮带总长度，m。

3.3.3 电子皮带秤

3.3.3.1 结构原理

电子皮带秤可准确检测计量入选矿石质量，是选矿技术管理和生产管理的重要设备，目前已在各选矿厂广泛应用。电子皮带秤由秤架、测速传感器、压力传感器、电子皮带秤控制显示仪表等组成，其精度高、计量准确，能对固体物料进行连续动态计量，可计量瞬时量和累积量，其外形结构和原理框图如图 3-6 所示。

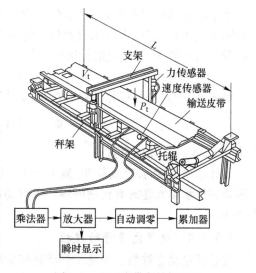

图 3-6　电子皮带秤结构原理

秤架安装于输送机架上，当皮带机上的物料通过时，物料质量通过计量托辊作用于压力传感器，产生一个正比于皮带载荷 P_t 的电压信号。速度传感器直接连在大直径测速滚筒上，提供一系列脉冲，每个脉冲表示一个皮带运动单元，脉冲的频率正比于皮带速度 V_t。称量仪表从力传感器和速度传感器接收信号，通过积分运算得出一个瞬时流量值和累积质量值，并分别显示出来。

3.3.3.2 压力传感器

压力传感器俗称"压头"，其主要类型有压电式、压磁式、位移式、应变电阻式。目前应用最广的是应变电阻式（图2-6），其原理是利用应变电阻片的电阻随荷重不同而变化的特性，将压力值转变为电信号。应变电阻片中的电阻丝受外力作用后，其长度和截面会发生变化，因而其电阻也将随外力的变化而变化。

压头可由4个（或8个）应变片组成，其中的 R_1、R_4 直贴在压头上，而 R_3 和 R_2 横贴在压头上，如图3-7（a）所示，这4个电阻组成电桥，如图3-7（b）所示。如果 $u_入$ 不变，则电桥的输出电压 $u_出$ 与应变片的应力成正比，此时 $u_出$ 值代表皮带秤上的静压力。

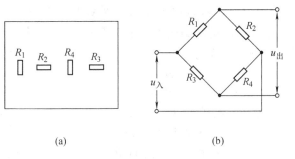

图3-7　应变电阻片式压头结构
（a）应变片排列；（b）检测电桥电路

3.3.3.3 测速传感器和矿量积算显示

为了测量皮带上矿石的累计输送总量 W，还必须通过速度变换器和测速单元测定皮带的速度。常用的是托辊式测速传感器（图3-1）。将由皮带移动速度决定的频率信号 f 作为测量电桥的输入电势 $u_入$（图3-7（b）），则在电桥上作用着两个变量：

（1）随荷重变化的应变电阻 R_i；

（2）随皮带移动速度变化的 $u_入$。

测量电桥的输出电势 $u_出$ 是皮带运输机上瞬时矿量 W_t 的函数。为了便于控制，常把电桥的输出电压 $u_出$ 经放大单元放大后，变换为 $0 \sim 10mA$ 的标准信号电流 I_t 输出。此时皮带上矿量的瞬时值 W_t 与输出的标准电流信号 I_t 成正比，即

$$W_t = KI_t \tag{3-9}$$

对式（3-9）进行积分计算，在 $0 \sim t$ 时间内，皮带输送矿量的累计总量 W 为

$$W = C\int_0^t W_t \mathrm{d}t = K\int_0^t I_t \mathrm{d}t \tag{3-10}$$

式中　C，K——比例常数。

累计总量 W 和瞬时流量 W_t 显示方式有仪表显示、计算机屏幕显示和现场LED大屏幕显示等。显示单元还具有自动调零、半自动调零、自检故障、数字标定、流量控制、打印等功能。

3.3.3.4 电子皮带秤的校核

皮带秤是动态称量，现场工作状态经常变化，实际上是皮带在不断变化。尽管皮带输送机都装有恒定皮带张力的自动调节装置，但这种自动调节装置只能减少皮带张力变化而

不能使之不变。故电子皮带秤必须定期检验才能维持称量准确度。

皮带秤动态称量时有两个重要指标：一是动态零点（使用零点 Zero）；二是称量量程。影响电子皮带秤称量的主要因素是动态零点的变化。所谓动态零点是指电子皮带秤空载运转时其读数应为零。为了便于日常维护，结合生产过程中实际情况，动态零点应以 7d 为考核周期，其误差不得超过该秤的允许值。

称量量程通常采用在空转电子皮带秤上用滚动砝码或循环链码校核标定，如图 3-8 所示。电子皮带秤实物检验周期通常为一个月。电子皮带秤的精度要求标准见表 3-1。

图 3-8　电子皮带秤校核滚动链码

表 3-1　电子皮带秤的精度标准
（摘自 GB/T 7721—2007）

准确度等级	累计载荷质量的百分数/%	
	首次检定、后续检定	现场检测
0.5	0.25	0.5
1.0	0.5	1.0
2.0	1.0	2.0

3.3.4　核子皮带秤

图 3-9 所示是核子秤的结构。核子秤的工作原理是基于核源（铯 137 等）发射的 γ 射线穿过被测介质时，其强度的衰减服从指数规律，即当 γ 射线能量一定时，其强度的衰减与介质的组分、密度和射线方向上的厚度呈指数关系。通过对载有物料时的射线强度进行连续测量，并与空皮带时的射线强度测量比较，以及对皮带的运行速度进行测量，然后通过计算机系统的计算，可直接显示单位载荷、瞬时流量、累积量等工艺参数。

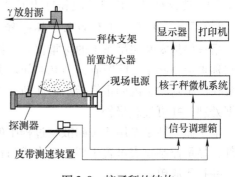

图 3-9　核子秤的结构

核子皮带秤流量在 20%~100% 负荷范围内，计量精度在 ±1% 以内，与表 3-1 基本相同。核子皮带秤精度低于电子皮带秤，但其具备了电子皮带秤所不具备的特点。由于核子皮带秤是非接触测量，其精度与皮带张力、跑偏、振动、冲击等因素无关，安装调整也不涉及皮带机，故能在高温、高粉尘、腐蚀性气体等恶劣工况下工作。

3.3.5　其他计量衡器

3.3.5.1　地中衡

地中衡是可将汽车和所载货物一同称重的杠杆秤，如图 3-10 所示。地中衡广泛用于选矿厂购入原矿、产出精矿、购入原材料的计量。地中衡按结构和功能可分为机械式、机电结合式和电子式 3 类，以机械式为最基本型。机械式和机电结合式的秤体安放在地下的基坑里，秤体表面与地面持平。电子式的秤体直接放在地面上或架在浅坑上，秤体表面高于地面，两端带有坡度，可移动使用，又称为无基坑汽车衡。

电子式地中衡依称量可由 4~6 个传感器组成一次转换元件分布在承重台下方，构成一个传感器系统。为使 4 个传感器共用一个电源和提高抗干扰能力，4 组电桥接成并联方式。电子式地中衡计量时用键盘操作，具有自动调零、停电保护（在规定时间内存储内容不消失）、超载

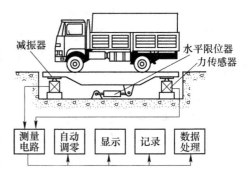

图 3-10　电子式地中衡

报警等功能，并可打印称重值、日期及时刻、车号、总重、皮重、净重等。其准确度高，具有数据处理运算等功能。

3.3.5.2　轨道衡

轨道衡是以火车轨道一节车厢的长度为计量衡器的承重部件，并与电子传感器相连接（电子轨道衡）或与机械比例杠杆相连接（机械轨道衡）的计量衡器。分静态轨道衡、动态轨道衡和轻型轨道衡 3 种。广泛用于工厂、矿山、冶金、外贸和铁路部门对货车散装货物的称量。

电子式静态轨道衡由承重台、传感器、称重显示仪表和数字打印机组成，结构与图 3-10 相同，能自动显示称量数值和打印记录。具有远传信息、连续计量等特点。

3.3.5.3　电子吊车秤和电子抓斗秤

吊车秤是安装在吊车上的称重仪表。吊车秤用于物料搬运过程中的称重，它把吊车运输与称重结合起来，能节省人力和时间。力传感器将所吊物料重量转换成电信号并传送到安装在吊车驾驶室内的重量指示器和地面站上的大刻度远距离显示器，进行去皮、累加等数据处理，并可过载报警。

电子抓斗秤是专用于装卸散料过程中的计量监控系统。其特制计量头置于吊机起重臂头部，显示控制仪表可置于驾驶室内或吊机下部合适位置，可自动完成每船货物的计量工作，并打印清单。

3.3.6　矿浆计量

3.3.6.1　矿浆计量应用与原理

一般情况下矿业企业均采用皮带秤对原矿进行计量。矿浆计量主要应用于无法对原矿进行计量的水采砂锡矿、砂金矿等，通过尾矿矿浆计量来汇总计算原矿处理量。此外还可应用于需要准确计算实际回收率的精矿矿浆计量，并顺便连续缩分取样获取代表性高的化验样。

对图 3-11 中所示的称量桶，首先标定称量出其盛满清水时的总质量 W_1，然后在盛满清水的称量桶中加入密度 δ、质量为 m_S 的固体物料，此时称量桶中将溢出与物料体积（$V = m_S/\delta$）相同的清水，称量出加入固体物料后仍注满清水时的称量桶总质量 W_2，显然有

$$W_2 - W_1 = m_S - \frac{m_S}{\delta}\rho \tag{3-11}$$

所以
$$m_S = \frac{\delta}{\delta - \rho}(W_2 - W_1) \tag{3-12}$$

式中　W_1——盛满清水时的称量桶总质量，kg；

　　　W_2——加入固体物料后仍注满清水时的称量桶总质量，kg；

　　　m_S——进入称量桶中的固体物料质量，kg；

　　　δ——矿石密度，kg/m^3；

　　　ρ——介质密度，kg/m^3，对水，$\rho_0 = 1000kg/m^3$。

3.3.6.2 云锡式矿浆计量取样机

云锡式矿浆计量取样机由缩分机、采样装置、称样器和缩分比测定装置等组成，其结构如图 3-11 所示。缩分机结构如图 3-12 所示，由环孔状矿浆均分器和做匀速转动的扇形角割取器构成，可将给入的矿浆缩分出少量与给矿成一定比例的计量矿浆。

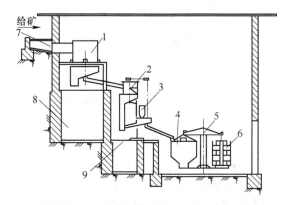

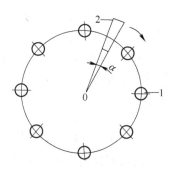

图 3-11　云锡式矿浆计量取样机结构

1——级缩分机；2—二级缩分机；3—三级缩分机；
4—称量桶；5—天平杆；6—砝码；7—隔渣筛；
8——级缩分比实测池；9—二级缩分比实测池

图 3-12　单级缩分机结构示意图

1—环孔状矿浆均分器；2—回转式
α 扇形角割取器

缩分机的理论缩分比 i 与扇形角割取器的扇形角 α 成正比。因为圆周角为 360°，所以单级缩分机的理论缩分比 i 计算式为

$$i = \frac{\alpha}{360} \tag{3-13}$$

实践中的缩分机多为二级，最多三级。多级理论缩分比 I 的计算式为每个单级缩分比连乘

$$I = i_1 i_2 i_3 \tag{3-14}$$

为使缩分比稳定，应尽量使扇形角割取器两边延长线相交于转动中心，刀口应垂直，转动线速度以 $0.1 \sim 0.3m/s$ 为好。由于安装精度和扇形角割取器刀口使用磨损的影响，必须使用实测缩分比。实测缩分比是用缩分比测定装置定期测出的缩分机的缩分比。可采用多次测定流量比法，取算术平均值。使用中应注意定期更换磨损的割取器刀口。

缩分后的计量矿浆进入预先盛满清水的称量桶，矿砂沉积在底部，多余清水则溢流流出。称样天平预先标定称出预先盛满清水的称量桶质量 W_1。生产中按预定测定时间间隔或交接班时，用称样天平称出装有沉积缩分计量矿浆的称量桶质量 W_2，得出其与盛满清

水的称量桶质量差值，再从预先计算好的矿量查对表中，查出给入缩分机的矿石质量累积值 m_S。将给入缩分机的矿石质量 m_S 除以多级总缩分比 I 即得当班处理累计矿量 M。

$$M = \frac{m_S}{I} \qquad (3\text{-}15)$$

式中　M——当班累计给矿量，t/班；

　　　　I——总缩分比，一般采用每月实测校核值。

3.3.6.3　水砝码自动平衡磅秤式矿浆计量取样机

水砝码自动平衡磅秤式矿浆计量取样机的结构如图 3-13 所示，欲计量的矿浆导入该机后，依靠水平旋转的有固定夹角的扇形角割取口，连续割取环状下落的垂直矿流，得到与给矿量成定比的缩分矿浆，再让其流入称量桶中测出矿石样品干质量 m_S，除以总缩分比 I，即可得到累积给矿质量 M。

由式（3-15）和式（3-12），水砝码自动平衡磅秤式矿浆计量取样机给矿量 M 的计算式为

$$M = \frac{m_S}{I} = \frac{kh}{I} \qquad (3\text{-}16)$$

式中　M——当班累计给矿量，t/班；

　　　　I——总缩分比，采用每月实测校核值；

　　　　k——单位水砝码水柱高所代表的称量桶中缩分矿石样品质量，t/cm；

　　　　h——水砝码水柱高，cm。

缩分样称量桶在当班使用前盛满清水，此时标定水砝码刻度为零，缩分矿浆样源源流入，矿石下沉将同体积清水排出，部分清水经浮筒管、分水斗进入水砝码，平衡计量，动态显示称量桶中的缩分样品质量 m_S，m_S 与水砝码水柱高 h 成正比，可预先标定，直接读出。

对本机可进一步改进，在水砝码安装液位变送器，即可将水柱高 h 转换成电信号输出传送，显示读取累计给矿量 M。

3.3.6.4　矿浆计量器

由长沙市拓创科技公司制作的矿浆计量器的结构如图 3-14 所示。它是采用浓度壶和台秤测量

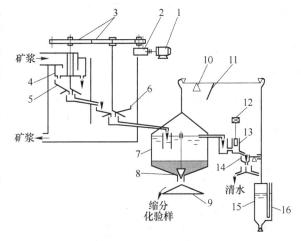

图 3-13　水砝码自动平衡磅秤式矿浆计量取样机结构
1—1kW 电机；2—蜗杆减速箱；3—主齿轮；4—矿浆均分器；
5——一级扇形角割取器；6—二级扇形角割取器；7—称量桶；
8—底塞；9—化验样缩分圆锥；10—磅秤；11—平衡点指示棒；
12—浮筒式堵塞报警器；13—浮筒管；14—自动平衡分水斗；
15—圆筒水砝码；16—标尺

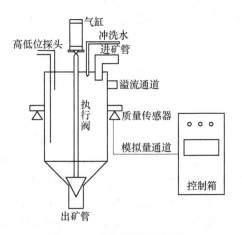

图 3-14　矿浆计量器的结构

矿浆浓度的方法（参见本书3.7.2节），用自动化仪表（质量传感器、液位探头、可编程序控制器等）实现工艺流程中矿浆流量、干矿量的在线检测。

计量过程：在测量点安装一个带重量传感器的特制矿浆计量桶，在计量桶的适当位置安装高低位电接点液位探头，将信号引入可编程序控制器PLC。其可通过RS232通信口与计算机通信，可长时间保存各种原始和计算后数据用于生产管理。该机用一气动锥阀控制计量桶的出口。

安装要求高差大于0.8m，测量方式为间断式，最小测量周期300s，测量精度±2.0%。

3.4 物料组成成分检测

物料组成成分检测工作包括取样、岩矿鉴定、化验、在线品位自动分析等。矿物加工原料矿石及产品的准确计量和取样化验成分检测，是矿物加工生产流程技术管理、金属平衡管理和经济核算的先决条件。对于矿物加工生产过程中的原矿、精矿、尾矿矿浆进行在线品位检测，以实时指导生产过程的操作，一直是选矿技术人员追求的手段。

3.4.1 固体物料的成分表示和取样加工

3.4.1.1 固体物料的成分表示

物料包括固体、液体、气体等形态。对于矿业行业而言，物料主要是指固体矿石物料。矿石物料组成成分包括其矿物成分组成和化学元素成分组成。

固体物料中某成分含量（品位）是指某成分的质量分数：

$$C_i = \frac{m_i}{m} \times 100\% \tag{3-17}$$

式中　　C_i——固体物料中i成分含量（品位），%；

　　　　m_i——固体物料中i成分的质量，kg；

　　　　m——固体物料的质量，kg。

在矿物加工工艺中，矿石中的有价金属含量常称为品位。原矿品位用α表示；精矿品位用β表示；尾矿品位用ϑ表示。对于金、银等贵金属矿石，因含量很低，品位单位常用g/t表示。

3.4.1.2 试样的代表性

取样就是用科学的方法，从大批物料中取出少量有代表性物料，供化验或试验使用。它包括采样和试样的加工制备。

所谓代表性，就是试样能代表所研究物料的一切特性，即试样应与物料的化学组成、矿物组成和物理性质一致。为保证试样的代表性，必需有一定的采样量。一般采用最小试样质量公式

$$Q = Kd^2 \tag{3-18}$$

式中　　Q——为了保证试样代表性所必需的最小质量，kg；

　　　　d——被取样物料的最大粒度，mm；

　　　　K——与物料性质有关的系数，取0.1~0.2。

3.4.1.3 矿车采样

对于固体物料如精矿运载火车和汽车的采样，应多处分散布点，如图 3-15 所示。为取到包含一定深度的有代表性的样品，可采用管式取样器，如图 3-16 所示。

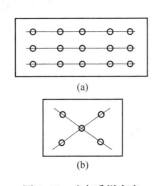

图 3-15 矿车采样布点

（a）火车采样布点；（b）汽车采样布点

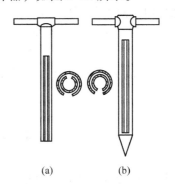

图 3-16 管式取样器

3.4.1.4 矿浆采样

矿浆是由颗粒固体物料与水组成的悬浮液。对于生产中的矿浆，有矿浆开口流动者一般采用截流采样。采样用多次少量的方式，以减少样品的处理加工工作量。人工采样常使用采样盒，如图 3-17 所示。采样盒还可以插接上长木杆，接取人手难及之处的矿浆样。

机械自动采样可用往复式机械采样机，如图 3-18 所示，由机械或电子时间继电器设定采样时间间隔，如 15min，届时机械采样机自动启动，滑块下连采样盒与矿浆管，由螺旋丝杆带动向左运行至左端点碰触到左行程换向开关，丝杆反转带动滑块向右运行至右端点碰触到右行程开关后停止，完成一次采样过程。

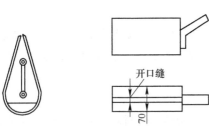

图 3-17 矿浆采样盒

开口缝

70

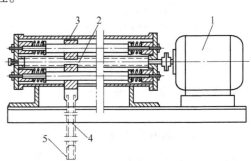

图 3-18 往复式机械采样机

1—电机；2—丝杆；3—滑块；4—连杆；
5—采样盒与矿浆管

对于不能开口的矿浆管路，可采用无压管路取样器或压力管路取样器，如图 3-19、图 3-20 所示。但应注意可能会产生因矿浆流动导致不同密度颗粒离析分层沉积而影响取样代表性的问题，以及间隔取样出口阀门易堵的问题。出口不应位于管道正下方，而应位于管道侧面。

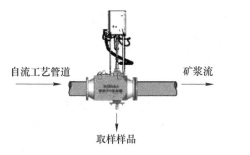
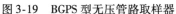

图 3-19　BGPS 型无压管路取样器

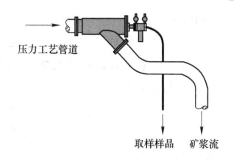

图 3-20　BPPS 型压力管路取样器

3.4.1.5　**试样的加工、混匀与缩分**

块状试样的加工，通常先采用实验室破碎机和振动筛加工成小于 3mm 的颗粒状试样。

颗粒状物料试样的缩分通常采用堆锥四分法，如图 3-21 所示。堆锥四分法是在堆锥混匀的基础上，将试样四分后取对角缩分一半，再堆锥混匀后取对角缩分一半，依次进行，直至缩分到预定要求。

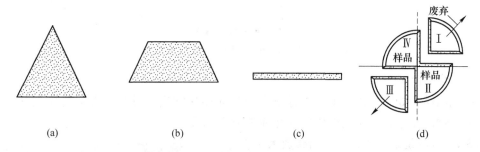

图 3-21　试样缩分的堆锥四分法

（a）试料堆锥混匀；（b）压成圆台；（c）压成圆盘；（d）对角四分缩分

颗粒状物料试样和矿浆试样的缩分还可采用二分器，结构如图 3-22 所示。将试样倒入二分器，每次可缩分一半，依次进行，直至缩分到预定要求。

3.4.2　固体物料矿物组成检测

3.4.2.1　**矿石矿物组成的直观照片检测**

对外观清晰、矿物组成较粗的矿石可先做直观照片检测。图 3-23 所示是某汞矿矿石

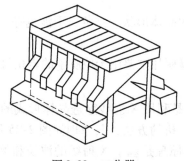

图 3-22　二分器

图 3-23　某汞矿矿石带
标尺的直观照片

带标尺（10mm）的直观照片。辰砂（HgS，红色）沿石英（白色，SiO_2）网脉分布于白云石（黑色，$CaMg(CO_3)_2$）中，嵌布粒度 0.01 ~ 1.0mm。

3.4.2.2 矿石矿物组成的显微镜照片放大检测

A 矿石切片抛光

对不透明矿物如硫化矿，可用图 3-24（a）所示的矿样切割机切片，再用图 3-24（b）所示的抛光机进行表面抛光，制作出如图 3-24（c）所示的矿样光片，然后用反光显微镜放大观察和拍摄照片，常用于选矿工艺矿物学的矿相研究。

（a）   （b）   （c）

图 3-24 矿石切片抛光

（a）矿样切割机；（b）抛光机；（c）矿样光片

B 反光显微镜照片

显微镜的结构如图 1-2 所示。矿样显微镜反光照片常用于选矿工艺矿物学的研究中。通常根据矿物晶型结构大小在图中标注相应的放大标尺。

图 3-25 所示是某铜铅锌矿矿石带放大刻度标尺（60μm）的显微镜反光照片，图中可见不规则状黄铜矿（Ch）与砷黝铜矿（B）和闪锌矿（Sp）混杂交生（Py 代表黄铁矿，G 代表脉石）。

C 透射偏光显微镜照片

透明矿物，如石英、长石、角闪石等大多数氧化矿，多为浅白色，很难在反光片上区分。对于此类矿石，可制成矿石透光薄片，再用透射偏光显微镜放大观察和拍照。

透射偏光显微镜又称为矿相显微镜或岩相显

图 3-25 某铜铅锌矿矿石的显微镜反光照片

微镜，适合于在单偏光、正交偏光及锥光下观察矿物的晶体形状、颜色、干涉色等，并准确地鉴定各种矿物或其他晶体试样的光学性质。

由于制作矿样透光薄片较困难，故透射偏光显微镜照片主要用于地质学的岩相研究。

3.4.2.3 矿样矿物组成的 X 射线衍射定性分析

X 射线衍射分析（X-ray diffraction，简称 XRD），是利用 X 射线穿透晶体形成的 X 射线衍射，对物质内部原子在空间分布状况的结构进行分析的方法，其原理如图 2-25 所示。X 射线衍射分析仪（XRD）的结构如图 3-26 所示。其原理是基于 X 射线的波长和物质晶体内部原子面之间的间距相近，晶体可以作为 X 射线的空间衍射光栅。衍射波叠加的结果使射线的强度在某些方向上加强，在其他方向上减弱。分析衍射结果，即可检测物质晶体结构和类型。

不同矿物有不同的内部结晶结构，以往研究已经建立了矿物 X 射线衍射标准图谱数据库。将待测矿样用 XRD 检测，可显示出与矿样所含特定矿物结晶结构相对应的特有的衍射现象，与标准图谱比较，即可得出待测矿样中的矿物组成定性（或定量）分析结果。图 3-27 所示是某萤石矿的 XRD 分析结果，其中主要矿物成分组成为石英、萤石、长石和云母。

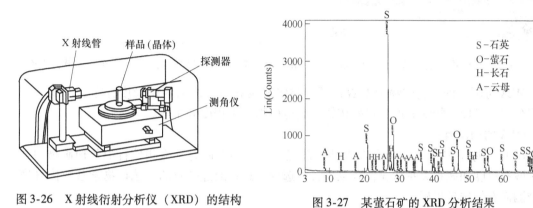

图 3-26 X 射线衍射分析仪（XRD）的结构   图 3-27 某萤石矿的 XRD 分析结果

为保证 XRD 检测试样的代表性，一般采用有代表性的粉状原矿样，充分混匀后制作压片样，一般要求制作多个备用。压片样的制作过程如图 3-28 所示，矿样经玛瑙研钵充分研磨后，装入压片模具，再用手动液压压片机加压，制成矿样压片样，送 XRD 检测。

图 3-28 试样压片过程与工具
（a）玛瑙研钵；（b）压片模具；（c）手动液压压片机；（d）矿样压片样

3.4.2.4 MLA 矿物参数自动定量分析系统

MLA 矿物参数自动定量分析系统是目前世界上最先进的工艺矿物学参数自动定量分析测试系统，由澳大利亚昆士兰大学 JK 矿物学研究中心 Julius Kruttschnitt Mineral Research Centre（JKMRC）开发研制。MLA 矿物参数自动定量分析系统由 FEI Quanta200 扫描电镜、EDAX 射线能谱仪和 MLA Suite 软件构成，其外观结构如图 3-29 所示，设计思路为利用背散射电子图像区分不同物相并利用微区 X 射线衍射技术进行多点分析，充分利用现代图像分析技术获取矿石样品的工艺矿物学参数。MLA 测定矿样矿物含量和粒度分布的软件界面如图 3-30 所示。

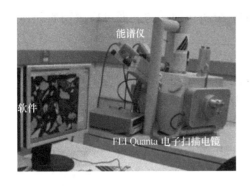

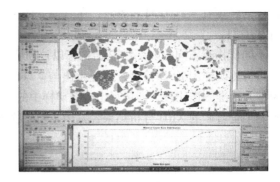

图 3-29　MLA 矿物参数自动定量分析系统　　图 3-30　MLA 测定矿样矿物含量和粒度分布软件界面

　　MLA 可测定的工艺矿物学参数包括矿物组成及含量、产品磨矿粒度分布、矿物嵌布粒度分布、目标矿物解离度、目标矿物与其他矿物连生程度分布等。

　　MLA 的用途有：

　　（1）针对原矿样品，应用 MLA 开展系统工艺矿物学研究，检测矿石中各种矿物的含量、嵌布粒度和嵌布关系情况，获取矿石可选性信息；通过矿石的工艺矿物学参数仿真模拟推测矿石的选矿指标。

　　（2）用于选矿厂流程定期考察，将考察样制成压片样，测定选矿流程产品工艺矿物学参数，如矿物和金属含量、矿物单体解离度等，查找选矿流程缺陷，稳定产品质量，引领流程优化。

　　2009 年美国 FEI 公司购买了 MLA 技术品牌并批量生产。目前世界范围内已有数百台 MLA 矿物自动检测系统应用在大型矿山、研究院和大学。

3.4.2.5　*矿样矿物组成的常规定量分析*

　　通过矿石外观鉴定、显微镜（反光、偏振光）观察、X 射线衍射定性分析、扫描电镜分析、X 射线能谱仪定量分析、化学定量分析、物相分析等检测方法，综合分析得出。一般由专业工艺矿物学研究人员进行。

　　【例 3-3】　某铁矿原矿矿石样品经多元素化学分析、显微镜镜下鉴定、X 射线衍射分析得出结果，见表 3-2、表 3-3。

表 3-2　某铁矿原矿多元素化学分析

样品	Fe	S	P	Ba	SiO$_2$	CaO	MgO
质量分数/%	45.16	1.38	0.033	5.63	16.71	1.77	2.33

表 3-3　某铁矿原矿中主要矿物含量

样品	赤铁矿	磁铁矿	石英	重晶石	绢云母	其他
质量分数/%	63.9	微量	16.7	11.5	7.4	0.5

　　显然，这是一种含重晶石型高硫赤铁矿石，可考虑采用强磁选和反浮选的选矿工艺。

3.4.3　物料化学成分含量化验分析

3.4.3.1　*容量滴定法*

　　容量滴定法通常采用滴定管进行操作，如图 3-31 所示。容量滴定法是一种人工化验方法，也是目前工矿企业最常用的物料化学成分含量检测方法。容量滴定法的具体做法是：

（1）用分析天平称取定量样品；

（2）添加一定数量的酸，加温使定量样品溶解；

（3）净化溶解液；

（4）配制预定浓度的标准反应试剂溶液，装入滴定管；

（5）将样品净化溶解液装入锥形瓶，添加指示剂，进行滴定，根据指示剂的颜色变化指示滴定终点；

（6）目测标准溶液消耗体积，依据标准试剂反应摩尔比，换算出样品中的待化验元素含量。

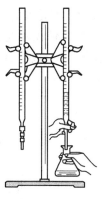

图 3-31　滴定管

3.4.3.2　仪器分析法

A　紫外-可见光分光光度法

紫外-可见光分光光度法仪器设备和操作都比较简单，费用少，是企业最常用的化验仪器。

紫外-可见光分光光度法是基于特定物质溶液对紫外光在特定波峰的选择性吸收，一般采用紫外光和可见光，光源恒定，根据测定元素的不同改变波长。

紫外可见分光光度法定量分析的基础是朗伯-比尔（Lambert-Beer）定律，即物质在一定波长的吸光度与它的吸收介质的厚度和吸光物质的浓度呈正比。当吸收介质厚度一定时，吸光度与溶液浓度成比例关系，如图 3-32 所示。

通常利用试液吸光度与标准溶液吸光度的比较比值进行含量分析，具体做法如下：

（1）～（3）与容量滴定法相同。

（4）配制预定浓度的标准样品溶液，测出多个已知浓度标准样品溶液在特定波峰的吸光度，绘制标准工作曲线，如图 3-33 所示。

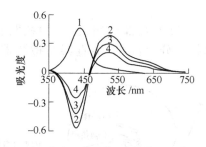

图 3-32　特定物质溶液对紫外光的吸光度

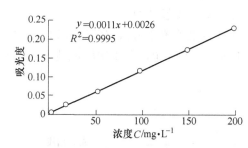

图 3-33　某标准样品溶液的标准工作曲线

（5）测定被测试样溶液在特定波峰的透光率，与标准曲线比较，计算含量。

（6）若样品溶液中有干扰性的杂质，可针对这个误差，采用双波长法的定量方法。

B　原子吸收分光光度法

不同元素具有不同的原子吸收光谱，如在火焰中钠元素呈黄色，锶呈红色，铜呈绿色。原子吸收分光光度法是由空心阴极灯发出特征谱线，穿过待测试液经雾化和燃烧原子化产生的原子蒸气，蒸气中待测元素的基态原子会吸收特征谱线，原子吸收一般遵循分光光度法的吸收定律，通常借比较标准样品溶液和待测试液的吸光度变化的程度，求得待测试液中待测元素的含量。

图 3-34 所示是原子吸收分光光度仪的结构原理图。图 3-35 所示是某原子吸收分光光度仪的镉的标准工作曲线。原子吸收分光光度法的具体做法步骤与紫外分光光度法基本相同。

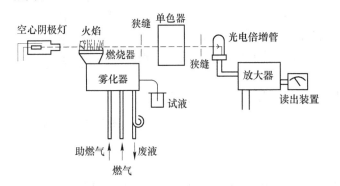

图 3-34   原子吸收分光光度仪结构原理

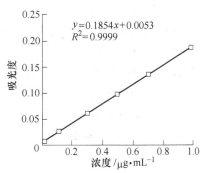

图 3-35   镉的标准工作曲线

3.4.4   在线 X 荧光品位自动分析

3.4.4.1   X 射线荧光分析原理、类型和标定

A   原理

X 射线荧光分析又称 X 射线次级发射光谱分析，它利用 X 射线管或放射源作为激发源，原级 X 射线照射待测物质中的原子，使之产生次级的特征 X 射线（X 荧光），如图 3-36 所示。每一种元素对应一种特征 X 荧光射线，即特征波长，从而可定性识别；同时，每一种元素特征 X 荧光射线强度与元素含量成正比，从而可定量分析。该方法可对 Ca（20 号）到 U（92 号）之间元素进行在线或离线分析。

B   X 射线管源型

X 射线荧光光谱分析仪的结构如图 3-37 所示，其由以下几部分组成：X 射线发生器（X 射线管、高压电源及稳定稳流装置）、分光检测系统（分析晶体、准直器与检测器）、

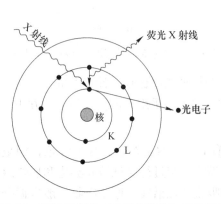

图 3-36   特征 X 射线（X 射线荧光）产生原理

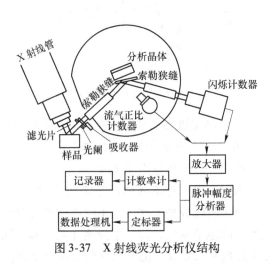

图 3-37   X 射线荧光分析仪结构

记数记录系统（脉冲辐射分析器、定标计、数据处理机）。由 X 射线管发射出来的原级 X 射线经过滤光片投射到样品上，样品随即产生荧光 X 射线，通过光阑、吸收器和初级准直器（索勒狭缝），然后以平行光束投射到分析晶体上，再衍射通过次级准直器进入探测器，在探测器中进行光电转换，所产生的电脉冲经过放大器和脉冲幅度分析器后，即可供测量和进行数据处理。

C　同位素源型

同位素源发射出的射线与待测矿浆中各元素原子作用，当入射光子能量大于该元素原子内层电子的束缚能时，使该层电子逸出而产生空穴，外层电子将发生能级跃迁补充该空穴，同时发出一定能量的特征 X 荧光射线。通过检测此特征 X 荧光射线的能量大小，就可以对元素进行定性分析。由于特征 X 荧光射线的强度正比于该元素的含量，故据此可对元素进行定量分析。

D　标定方法

X 射线荧光分析法具有谱线简单、分析速度快、测量元素多、能进行多元素同时分析等优点，是目前颗粒物元素分析中广泛应用的分析手段之一。X 射线荧光光谱分析仪在使用前需进行标定，使用过程中也应定期标定，标定方法如下：

（1）用标准样品标定；

（2）收集大量的实物化验数据和相应的 X 射线荧光光谱分析仪观测数据，应用一元线性回归分析方法，建立分析仪探头测得的 X 荧光射线强度与特定待测物料金属品位相对应的数学模型。

E　数据显示

X 射线荧光分析仪可对测量数据结果进行统计和计算机显示。目前多在生产车间用大屏幕 LED 显示屏实时显示以指导实际生产操作。

3.4.4.2　库里厄（Courier）型 X 荧光分析仪

Courier 型 X 荧光分析仪由芬兰奥托昆普（Outokumpu，2007 年与鲁奇冶金合并，现名奥图泰 Outotec）公司于 1967 年研发成功。它采用高分辨率波长色散分析技术，探头采用的分光晶体是分析仪的核心部件，是奥托昆普的专利产品。Courier 型 X 荧光分析仪的原理框图如图 3-38 所示，系统结构图如图 3-39 所示，其组成部件包括一次取样器、二次取样器（多路分配器）、分析仪探头、控制站。我国多家厂矿引进使用了 Courier 型 X 荧光分析仪。

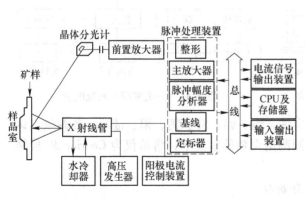

图 3-38　Courier 型 X 荧光分析仪原理

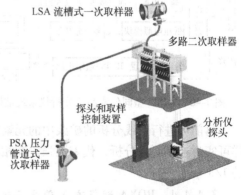

图 3-39　Courier 6SL 系统结构

Courier 3SL 采用矿流多路分配二次取样器，因此一台分析仪探头能够检测 3 个过程样品矿流。一般分别在原矿、精矿及尾矿 3 个点安装一次取样器。多路分配器受主机控制，按预定测量顺序在不同时间分别将一次取样器中送来的矿样分别送入取样槽，进入样品室进行测量。每次测量按放矿、测量、排空、冲洗几个步骤进行，保证不同矿样互不干扰。

Courier 6SL 型有 4 个多路的分配器，可测量 24 个样品。该分析仪可检测的元素从钙到铀（原子序数 20 ~ 92）。可同时检测样品中高达 12 种元素，并根据不同矿物类型的数学模型计算分析值。对于矿浆样品中的主要元素使用 WDXRF（波长色散）测量道，检测下限为 $(30 ~ 60) \times 10^{-6}$ g/t；对于次要元素使用 EDXF（能量色散）测量道，检测下限为 $(30 ~ 500) \times 10^{-6}$ g/t。可对测量数据结果进行统计和显示屏显示，打印班报表及月报表等。

3.4.4.3　WDPF 型微机多道多探头在线品位分析仪

该分析系统由马鞍山矿山研究院研究开发，早期称 ZPF 型，20 世纪 90 年代初期即成功应用于河南省桐柏县大河铜矿，其投资费用低，特别适合国内中小选厂。仪器结构如图 3-40 所示。

WDPF 微机多道多探头在线品位分析仪主要由引流取样装置、同位素源、正比探测器、电子谱仪、多道分析软件、标样自校正装置、工控机以及计算机与各探头通信的总线组成。一机多探头系统配置如图 3-41 所示。该仪器的主要特点如下：

（1）用多道分析仪代替以往硬件的单道分析器，能谱的信息量从 4 个激增至 512 个，结合先进的谱分析软件，极大地提高了各探测点矿浆元素品位检测的准确性；

（2）每个探测点的探头内部均安装一套标准样品的自校正装置，由主计算机通信控制，可随机设定自校正的周期间隔及其标准样品的采样时间，自动修正各检测点的含量计算模型；

（3）每个探头为一个密封于金属壳体内的独立实体，安装在被测矿流的搅拌桶旁，实现近流式测量；

（4）分析准确度（相对标准误差）：原矿类 2% ~ 8%；精矿类 0.6% ~ 5%；尾矿类 5% ~ 15%。

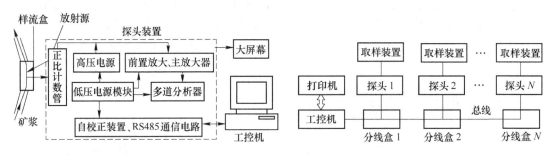

图 3-40　WDPF 型同位素品位分析仪系统结构　　　图 3-41　一机多探头系统配置

目前可进行在线分析的矿浆中的元素有铁、铜、铅、锌、钙、钼、锰等。各测量点试样可实时连续测量分析，代表性强。在相同测量点数的情况下，售价仅为 Courier-30 价格的 1/3 ~ 1/2 左右。

3.4.4.4　BOXA 型载流 X 荧光品位分析仪

BOXA 型载流 X 荧光品位分析仪由北京矿冶研究总院研发，主要包括一次取样器、矿浆多路分配器、分析仪控制单元、分析仪探头和分析仪管理站 5 部分，如图 3-42 所示。

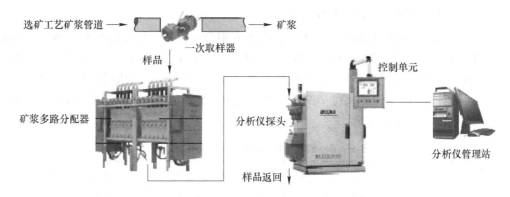

图 3-42 BOXA 型载流 X 荧光品位分析仪

一次取样器采用 BGPS 型无压管路取样器（图 3-19）或 BPPS 型压力管路取样器（图 3-20）。一套品位分析系统最多可配置 15 个一次取样器，每 5 台一次取样器一组对应一台多路分配器，一次取样器和多路器均由分析仪控制单元控制，根据测量需要顺序完成取样和冲洗等工作。

分析仪控制单元包括人机交互界面和模块化的控制器，各模块之间统一调度，协同工作。分析仪探头由高精度高压源、X 光管、分光晶体和 X 射线探测器及制冷系统、温度控制系统等组成。通过分析仪的管理站可实现参数设计、回归模型分析、历史数据统计和报表等功能。

BOXA 型品位分析仪通过国际采购采用进口元器件集成开发，如高性能 X 射线管、高压电源及 X 射线探测器等，已成功应用于多家厂矿，如新疆阿舍勒铜矿。其技术指标见表3-4。

表 3-4 BOXA 型载流 X 荧光品位分析仪的技术参数

测量对象	分析元素	同时分析	流道个数	测量时间	灵敏度	精确度	人机交互
矿浆	Ca 到 U（原子序数 20～92）	5 个元素，1 个浓度	每台主机可配 1～15 个	10 个流道，总循环 12min	可测出含量 0.01% 变化	2%～4%	PCS 柜触摸屏

3.4.4.5 ISA 和 OLA-100 γ 射线载流荧光分析仪

1968 年，澳大利亚 Amdel 公司成功开发了 ISA 矿浆载流品位分析仪。该仪器以放射性同位素作激发源，矿浆受激发后产生的试样特征谱线直接进入探测器进行能谱分析，属能量色散法。1993 年，推出新一代 OLA-100 γ 射线载流荧光分析仪，其采用放射性同位素中子源锎 252（^{252}Cf）激发矿浆中的元素，激发后的受激中子即刻衰变并辐射 γ 射线脉冲，每种元素辐射的 γ 射线都有其特征频率，其强度正比于该元素的含量。所产生的特征频率 γ 射线强度由能量色散型固态探头检测。我国一些厂矿曾先后引进使用 ISA 和 OLA-100 γ 射线载流荧光分析仪。

3.4.4.6 FB-9600F 微机同位素品位分析仪

该机由兰州同位素仪表研究所开发研制生产，分析仪精度高，同时可快速准确测量矿浆浓度。测量系统采用管道卡式近流安装，非接触式测量，无需制备样品，无需取样室等复杂管路和装置。

3.4.4.7   DF-5730 型铁矿浆品位仪

DF-5730 型铁矿浆品位仪由丹东东方测控技术有限公司出产，其放射源为镅241（^{241}Am，半衰期432.6a，α 辐射体）和铯137（^{137}Cs，半衰期30.17a，γ 辐射体），采用双能量 γ 射线吸收法，由微机对两种射线透过矿浆后产生的复杂透射谱线进行解谱，可求得矿浆中铁和其他元素的品位。同时该机采用了高灵敏、高效率的闪烁探测器，降低了放射源用量，保证了辐射安全性能。该机技术指标见表3-5。

表3-5   DF-5730 型铁矿浆品位仪的技术指标

测量对象	分析元素	放射源	品位测量范围/%	品位测量精度/%	适应浓度/%	适应粒度/mm
矿浆	Ca ~ U	^{241}Am, ^{137}Cs	0 ~ 75	±0.5	4 ~ 80	0 ~ 5

3.4.4.8   手持式 X 射线荧光分析仪

手持式 X 射线荧光分析仪由于其具有高效、便携、准确等特点，在合金、矿业、环境、土壤分析等领域均有着重要的应用。图 3-41 所示为 X-MET 7500 手持式 X 射线荧光分析仪。

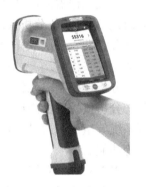

我国丹东生产的 DF-5702 便携式 X 射线荧光分析仪，采用先进的银靶端窗一体化微型 X 射线管，具有优良的性能和使用寿命，射线管电压为 10 ~ 40kV，电流为 5 ~ 200μA，最大功率为 4W；采用电致冷高计数率高分辨率硅漂移半导体探测器（SDD）及安装在仪器托架上的可拆卸掌中电脑 PDA；并采用锂电池，配充电器。

图 3-43   手持式 X 射线荧光分析仪

3.4.5   溶液中的溶质成分含量（溶液浓度）测算和检测

溶液中的溶质成分含量（溶液浓度）测算和检测，对于浮选药剂溶液的配制添加、化学选矿工艺过程的各种酸碱盐浸出剂的配制添加均有重要的意义。

3.4.5.1   溶液浓度的表示方法

溶液浓度是在一定的溶液内所含溶质的数量。溶液浓度的表示方法有以下几种。

A   质量百分数浓度

质量百分数浓度用溶质质量占全部溶液质量的百分比表示，即

$$C_m = \frac{m_s}{m_v} \times 100\% = \frac{m_s}{\rho V} \times 100\% \tag{3-19}$$

式中 C_m ——溶液中的溶质质量百分数，%；

      m_s ——溶质质量，kg；

      m_v ——溶液质量，kg；

      V ——溶液的体积，m³。

      ρ ——溶液的密度，kg/m³。

B   溶质的质量浓度

以单位体积溶液里所含溶质的质量来表示的溶液浓度称为溶质的质量浓度。

$$C_V = \frac{m_s}{V} \tag{3-20}$$

式中　　C_V——溶液中溶质的质量浓度，kg/m^3 或 g/L；

　　　　m_s——溶质质量，kg 或 g；

　　　　V——溶液的体积，m^3 或 L。

3.4.5.2　溶液浓度的测算法

浮选药剂中的液体药剂，如松醇油、油酸、柴油等，一般采用原液添加，可按原液密度和添加流量计算药剂添加量。

浮选药剂中的固体药剂，绝大多数采取配制成溶液的形式添加。溶液的配制浓度通常采用测算的方法。生产中多为在搅拌桶中加入整包计数的药剂，再加水至满刻度，充分搅拌后即可。此时溶液浓度的表述应为溶质的质量浓度，但生产中习惯上常将其近似地计算表述为质量百分数浓度。

【例 3-4】 φ2m 搅拌桶的有效容积为 5m^3，每次加入黄药 5 桶，共计 250kg，加水至满刻度，求药液浓度。

解：（1）$C_V = \dfrac{m_s}{V} = \dfrac{250}{5} = 50(\text{kg/m}^3) = 50(\text{g/L})$

（2）因系稀溶液，可取溶液密度 $\rho \approx 1000\text{kg/m}^3$，故

$$C_m = \frac{m_s}{\rho V} \times 100\% \approx \frac{250}{1000 \times 5} \times 100\% \approx 5\%$$

若需精确测算溶液浓度，则需准确测定溶液密度 ρ，以上的 C_m 实际值约在 4.8%～5.0% 之间。

3.4.5.3　密度计测定换算法

当溶质已知确定时，可用密度计（比重计，参见后面图 3-82）测出溶液密度，再利用以往已测定的溶液密度和浓度的关系表格，查表换算，得出溶液浓度或溶质含量。

农牧业中常用密度计方法测定蜂蜜含糖量和牛奶含水量。汽车铅酸蓄电池中的硫酸浓度测定也常用该方法。硫酸溶液浓度与溶液相对密度的关系见表 3-6。

表 3-6　硫酸溶液浓度（%）与溶液相对密度的关系（20℃）

相对密度	1.032	1.066	1.139	1.219	1.303	1.395	1.498	1.611	1.727	1.814
硫酸溶液浓度/%	5	10	20	30	40	50	60	70	80	90

3.4.5.4　电磁浓度计

图 3-44 所示为电磁浓度计的原理示意图。T_1、T_2 为两个环形变压器，在励磁变压器 T_1 上的原边绕组有 W_1 匝，输入电压为 U_1，在检测变压器 T_2 上的副边绕组有 W_2 匝。D 为待测电解质溶液所构成的回路，它同时穿过 T_1、T_2，待测电解质溶液浓度的变化将导

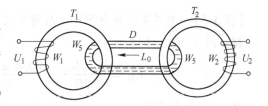

图 3-44　电磁浓度计结构原理

致溶液电导率的变化，相应引起副边绕组输出电压 U_2 的变化。

电磁浓度计采用电磁感应的方法测量溶液中的电导率，发送器检测元件不与被测介质直接接触，且无极化效应，可连续在线监测酸、碱、盐浓度或电导率。

电磁浓度计的浓度测量区间为：$0 \sim 10\%$ NaCl；$30\% \sim 40\%$ HCl；$93\% \sim 99.5\%$ H_2SO_4；$0 \sim 15\%$ NaOH。

3.4.6 工业窑炉中的 CO、CO_2、SO_2 气体成分含量检测

3.4.6.1 气体成分含量的表示方法

A 体积浓度

体积浓度是指气体中某成分气体体积占气体总体积的比例，是一种常用的表示方法，大部分气体检测仪器测得的气体浓度都是体积浓度。

$$C_{Vi} = \frac{V_i}{V} \qquad (3-21)$$

式中　　C_{Vi}——气体中的 i 成分气体的体积浓度，mL/m^3（ppm）；或%，$1\% = 10000 mL/m^3$；

　　　　V_i——i 成分气体的体积，mL；

　　　　V——气体的体积，m^3。

B 质量浓度

质量浓度是指气体中某成分气体质量占总体积的比例，也是一种常用的表示方法，我国环保部门标准规范均采用质量浓度单位表示。

$$C_{mi} = \frac{m_i}{V} \times 100\% \qquad (3-22)$$

式中　　C_{mi}——气体中的 i 成分气体的质量浓度，mg/m^3；

　　　　m_i——i 成分气体的质量，mg；

　　　　V——气体的体积，m^3。

C 气体成分含量的体积浓度和质量浓度的换算

气体成分含量的体积浓度和质量浓度可以很容易地通过理想气态方程换算。

$$C_{Vi} = \frac{22.4 C_{mi}}{M} \qquad (3-23)$$

式中　　M——气体中的 i 成分气体的摩尔质量，g/mol。

【例 3-5】　测得某窑炉中 SO_2 的质量浓度 $C_{mi} = 2860 mg/m^3$，求其体积浓度 C_{Vi}。

解：因为 $M_{SO_2} = 64 g/mol$

$$C_{Vi} = \frac{22.4 C_{mi}}{M} = \frac{22.4 \times 2860}{64} = 1001 \ (mL/m^3)$$

所以 $C_{Vi} = 0.1\%$。

3.4.6.2 工业窑炉气体成分含量的检测

工业窑炉在赤铁矿磁化焙烧、金属化球团焙烧和化学选矿中有较多应用。窑炉中的还

原性气体有 CO、H_2 等，氧化性气体有 O_2，惰性气体有 N_2、CO_2。

工业窑炉中的 CO、CO_2、SO_2 气体成分含量检测常采用红外线分析仪，其灵敏度高、量程宽、选择性好，在有色和黑色冶金工业上获得了广泛应用。红外线气体分析仪的检测原理是基于某些气体对于不同波长的红外线辐射能具有选择性吸收的特性。

如图 3-45 所示，CO 为 $2.3\mu m$ 和 $4.7\mu m$，CO_2 为 $2.7\mu m$ 和 $4.3\mu m$。特定波长红外线在待测气体中透射率的大小，与待测气体中的 CO 和 CO_2 浓度有关。

红外线气体分析仪还可用于环境监测、烟气分析、石化化工冶金工艺流程成分分析和热效率检测等方面。红外线气体分析仪的结构如图 3-46 所示，技术参数见表 3-7。

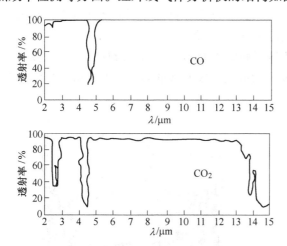

图 3-45 CO 和 CO_2 对不同波长红外线的选择性吸收

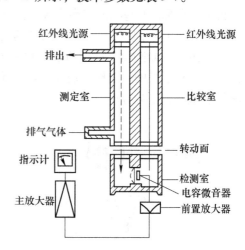

图 3-46 红外线气体分析仪的结构

表 3-7 GQH-T-98 型双组分微量红外线气体分析仪的技术参数

参数	测量组分	浓度量程 /mL·m^{-3}	被测气温度/℃	被测气压力 /MPa	被测气流量 /mL·min^{-1}	响应时间/s	重复性/%
数值	CO、CO_2	0~100	5~40	0.1~0.3	≥500	≤90	≤±1.5

3.5 pH 值和矿浆电化学参数检测

3.5.1 pH 检测

选矿操作调控的基本点归纳可为"三度一准"，即细度、浓度、酸碱度、准确给药。溶液和矿浆的酸碱度通常采用其 pH 值来表示。

3.5.1.1 pH 定义

水是一种弱电解质，可以发生极其微弱的电离，其电离方程式为

$$H_2O \rightleftharpoons H^+ + OH^-$$

$$C[H^+] \cdot C[OH^-] = K_W$$

式中 K_W——水的离子积常数，25℃时，$K_W = 1 \times 10^{-14}$；

$C[H^+]$——溶液中氢离子浓度；

$C[OH^-]$——溶液中氢氧根离子的浓度。

定义 pH 值为溶液中氢离子浓度的负对数，即

$$pH = -\lg C[H^+] \tag{3-24}$$

若水溶液中的 $C[H^+]$ 等于 $C[OH^-]$，此时 pH = 7，溶液呈中性；若水溶液中的 $C[H^+]$ 高，则 $C[OH^-]$ 低，此时 pH < 7，溶液呈酸性；若 pH > 7，溶液呈碱性。

3.5.1.2 pH 试纸

pH 值的人工检测一般采用 pH 试纸直接比色测定。

用定量的甲基红、溴甲酚绿和百里酚蓝的混合指示剂浸渍中性白色试纸，晾干后即可制得 pH 试纸。甲基红的变色范围是 pH 4.4（红）~6.2（黄），溴甲酚绿的变色范围是 pH 3.6（黄）~5.4（绿），百里酚蓝的变色范围是 pH 8.0（黄）~9.6（蓝）。

广谱 pH 试纸如图 3-47 所示，精密 pH 试纸如图 3-48 所示。使用 pH 试纸时，撕下一条，用一支干燥的玻璃棒从玻璃容器中蘸取一滴溶液，根据试纸的颜色变化就可以知道溶液的酸碱性，十分方便。

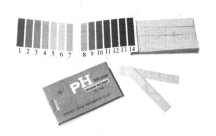

图 3-47 广谱试纸 pH 1~14

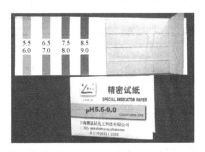

图 3-48 精密试纸 pH 5.5~9.0

3.5.1.3 pH 计

A 原理

pH 计是采用化学中的原电池测量原理工作的，结构如图 3-49 所示。原电池是一个系统，它的作用是使化学反应能量转成为电能。原电池的电压被称为原电池电动势（EMF），EMF 由 2 个半电池构成，其中一个半电池称作测量电极，它的电位与特定的离子活度有关，如 a_{H^+}；另一个半电池为参比半电池，通常称作参比电极，它一般是测量溶液相通，并且与测量电压表相连。

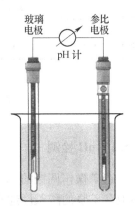

图 3-49 pH 计原理

标准氢电极是所有电位测量的参比点，但实践中很难实现。最常用的参比电极是 Ag/AgCl 电极，如图 3-50（a）所示，由覆盖着氯化银层的金属银浸在氯化钾或盐酸溶液中组成。常用 Ag｜AgCl｜Cl⁻ 表示。银/氯化银电极具有较高的精确度，误差小于 2mV，并且耐用。

最常用的 pH 测量电极是玻璃电极，如图 3-50（b）所示。它是用对氢离子活度有电势响应的玻璃薄膜制成的膜电极，是常用的氢离子指示电极。它通常为圆球形，内置 0.1mol/L 盐酸和氯化银电极。

测量电极与参比电极两种电极之间的电动势遵循能斯特（Nernst）公式：

$$E = E_0 + [2.303RT/(nF)] \cdot \lg a_{H^+} \tag{3-25}$$

式中

E——在含有待测溶液（pH）中测量电极与参比电极的原电池电动势，V；

E_0——标准电极电势，其值取决于参比电极的种类和测量电极种类构造，与待测溶液无关，V；

R——气体常数，$R = 8.3143J/(K \cdot mol)$；

T——热力学温度，K；标准温度为298K（25℃）；

F——法拉第常数，$F = 96500C/mol$；

n——电极反应中得失的电子数；

a_{H^+}——待测溶液中的氢离子活度，在浓度较低时，$a_{H^+} = C[H^+]$，mol/L；

$2.303RT/(nF)$——能斯特常数，又称电极斜率，在25℃时，1价离子为0.05916V，2价离子为0.02958V。

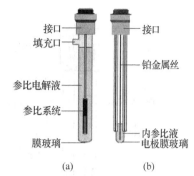

图3-50 参比电极和玻璃电极的结构
（a）参比电极；（b）玻璃电极

在25℃时，若电极反应中得失的电子数$n = 1$，且$a_{H^+} = C[H^+]$，联立式（3-24）与式（3-25）有

$$E = E_0 - 0.05916pH \tag{3-26}$$

式（3-26）为pH计测量基本公式，即待测溶液pH与pH计测量电压呈线性关系，如图3-51所示。

B 工业pH计

工业pH计又称工业酸度计，是用来测量水溶液或矿浆pH值的仪表。其作用原理和实验室中使用的酸度计完全相同。将pH计配上相应的离子选择电极就可以测量离子电极电位mV值。

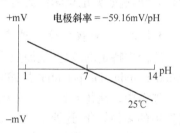

图3-51 溶液pH与pH计测量
电压的关系

根据材质不同，测量电极可分为玻璃电极和金属电极两大类。玻璃电极结构如图3-50（b）所示，有多种形状规格可供选择。玻璃电极一般不适应在含有颗粒性杂质的介质、温度超过100℃的介质、黏度高流动性差的介质、有大量污染物和悬浮物的介质里使用。

在不能选用玻璃电极的场合，一般可选用金属电极，如锑电极、金属钛电极、复合电极（图3-52）。但金属电极具有一定的局限性，即测量范围有限，如锑电极所能测量的pH值范围为1~10。

目前，工业pH计配套使用的电极大多采用复合电极。pH复合电极是把pH玻璃电极和参比电极组合在一起的电极，根据外壳材料的不同可分为塑壳和玻璃两种，相对于两个电极而言，复合电极最大的好处就是使用方便。

工业pH计的电极通常采用在搅拌桶中沉入式安装，如图3-53所示。为了适应于生产现场使用，保证测量结果的精确度，必须考虑进样溶液的代表性、传送电缆的防电磁干扰措施；要设置防止溶液冲击电极的措施；以及设置电极定时提升清洗除垢和浸泡装置。

工业pH计的生产厂家众多。我国生产的PHS-8000系列智能工业pH计参数见表3-8。

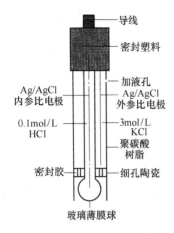

图 3-52 pH 复合电极的结构

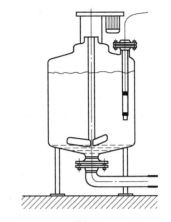

图 3-53 工业 pH 计的电极沉入式安装

表 3-8 PHS-8000 系列智能工业 pH 计技术性能参数

电源	量程/pH 值	检测精度/pH 值	分辨率/pH 值	环境温度/℃	输出信号/mA
AC-220V	1～14	±0.1	0.01	-10～55	4～20

3.5.2 浮选矿浆电化学参数检测

3.5.2.1 电极电位、矿浆电位与硫化矿浮选电化学

溶液中特定的氧化-还原反应构成的原电池电位称为氧化还原电位，简称 ORP（英文 oxidation-reduction potential 的缩写），或 Eh。

浮选中，硫化矿物与矿浆中的溶解氧、磨矿介质中的铁、各种浮选捕收剂和调整剂之间发生的多种氧化-还原反应，呈现出一种混合电位，称为矿浆电位。

硫化矿浮选体现为浮选捕收剂和抑制剂在矿物表面的化学吸附和反应。常伴有氧化-还原反应。矿浆中的氧化-还原电位会影响硫化矿物与浮选药剂的作用吸附以及浮选过程。

研究表明，硫化矿浮选应在一定的矿浆电位范围内进行。为了改变矿浆电位，可添加各种还原剂和氧化剂。添加还原剂可降低矿浆电位，添加氧化剂可提高矿浆电位。添加还原剂或氧化剂后，可极大地提高硫化矿物分离的选择性。

常用的还原剂有硫化钠、亚硫酸氢盐、亚硫酸盐、金属铁等。

常用的氧化剂有高锰酸盐、重铬酸盐、过氧化氢、氧气、空气等。

3.5.2.2 浮选矿浆电化学参数传感器

A　氧化还原电位计（ORP 计）

pH 计配上相应的离子选择电极就可以测量离子电极电位 mV 值。

测量矿浆中氧化-还原电位，即 Eh 电位，通常采用贵金属电极，如铂电极。

氧化还原电位可用来反映水溶液或矿浆中所有物质表现出的宏观氧化-还原性。氧化还原电位越高，氧化性越强；电位越低，氧化性越弱。电位为正表示溶液显示出一定的氧化性，为负则溶液显示出还原性。

氧化还原电位计（ORP 计）是测试溶液氧化还原电位的专用仪器，由 ORP 复合电极（图 3-54）和毫伏计组成。ORP 电极是一种可以在其敏感层表面进行电子吸收或释放的电极，该敏感层是一种惰性金属，通常是用铂和金来制作。参比电极是和 pH 电极一样的银／氯化银电极。其中毫伏计也就是二次仪表，与 pH 计可通用。

B 溶解氧测定传感器

测定浮选矿浆中溶解氧浓度的目的，是控制优化硫化矿浮选电化学参数。如铜钼分离浮选时降低溶解氧浓度可减少还原性抑制剂硫化钠的用量。

溶解氧测定传感器采用极谱式电极，如图 3-55 所示，由阳电极 Ag／AgCl、阴电极铂金（Pt）组成，两者之间充满氯化钾或氢氧化钾电解液，用硅橡胶渗透膜包裹于电极四周。测量时，电极间加上 675mV 的极化电压，氧通过膜扩散，阴极接受电子，阳极释放电子，产生电流，整个反应过程为

阴极反应：
$$O_2 + 2H_2O + 4e^- \longrightarrow 4OH^-$$

阳极反应：
$$4Ag + 4Cl^- \longrightarrow 4AgCl + 4e^-$$

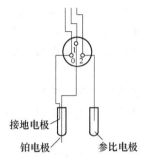

图 3-54 ORP 复合电极

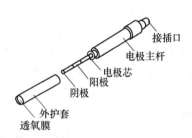

图 3-55 溶解氧测定极谱式电极

根据法拉第定律，流过溶解氧分析仪电极的电流和氧分压成正比，在温度不变的情况下电流和氧浓度之间呈线性关系，从而可定量测定溶解氧浓度。

目前市场上要求的溶解氧传感器测量范围为 $0 \sim 150mg/L$，精度为 $\pm 0.5mg/L$。

3.5.2.3 浮选矿浆电化学参数分析仪

A 电化学分析仪

使用特定硫化矿物电极（图 3-56）和电化学分析仪，在特定的浮选药剂溶液体系中，可测量硫化矿物表面的 Eh 电位。循环伏安法是一种常用的电化学研究方法，该法控制电极电势以不同的速率扫描，电势变动扫描范围是使电极上能交替发生不同的还原和氧化反应，并记录电流-电势曲线，该曲线称为循环伏安曲线，如图 3-57 所示。

根据循环伏安曲线形状可以判断电极电化学反应的可逆程度，以及中间体、相界吸附或新相形成的可能性和偶联化学反应的性质等，可从中研究硫化矿与浮选药剂反应机理和浮选过程电化学机理。

B 矿浆化学参数分析仪

BGRIMM 系列矿浆化学参数分析仪由北京矿冶研究总院研发，可用一台主控制器驱动 4 个不同化学分析探头，探头的具体类型可以是一个或者多个 pH、ORP（氧化还原电位 Eh）、溶解氧浓度探头的组合，可以分别测定矿浆的 pH、ORP 和溶解氧浓度。

3.5.2.4 浮选矿浆中药剂离子浓度的离子活度计检测

测定浮选矿浆中药剂离子浓度和溶解氧浓度的目的，是为了研究实现浮选药剂制度的最佳化。

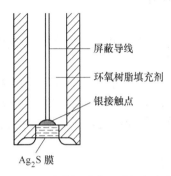

图 3-56　硫化银膜离子选择性电极

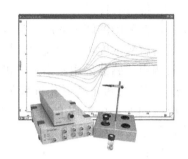

图 3-57　电化学分析仪和循环伏安曲线

离子活度计可配用各种离子选择性电极，精密测定两电极所构成的原电池电动势，根据能斯特方程在不同条件下的应用，可以用直接电位法、加入法、电位滴定法和格氏作图法来测量溶液中的特定药剂离子浓度和溶解氧浓度。图 3-56 所示的硫化银膜离子选择性电极，可测定硫化矿浮选捕收剂黄药离子（X^-）浓度。

有研究报道，采用合成硫化物离子选择性电极，可测定硫化钠离子浓度，可用于硫化矿分离浮选，在分批添加保持硫化钠离子浓度的前提下，可减少硫化钠的降解消耗，降低药剂用量。

但是，有针对性的离子选择性电极较少，且价格贵，限制了离子活度计检测方法的应用。

3.6　物料粒度和单体解离度检测

选矿工艺中，矿石的磨矿细度决定了该入选物料的单体解离度，亦决定性地影响了选矿指标。团矿生产对于造球原料的粒度也有严格要求。

3.6.1　物料粒度和单体解离度的基本概念

3.6.1.1　单颗粒的粒径

粒径是单个颗粒大小的度量。如图 3-58 所示，如果颗粒是规则几何体，可以很方便地用 1~3 个特征长度准确地描述其形状及大小，通常取最大特征长度表征其粒径。如图 3-59 所示，如果颗粒是理想的标准圆球体，则可用一个特征长度——直径 d 描述其粒径。

图 3-58　规则几何体颗粒的粒径

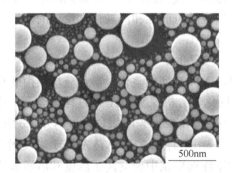

图 3-59　标准圆球体颗粒的粒径

3.6.1.2 颗粒群的粒度分布及平均粒度

如图 3-60 所示，颗粒群是由不同粒级的颗粒组成的混合体。所谓粒度分布即粉体中各粒度区间的颗粒含量占总量的比例。粒度分布的表示方法有列表法和图示法。常用的粒度分布图示法有矩形图、频率分布、累积分布。图 3-61 所示为物料的粒度分布曲线和累积分布。

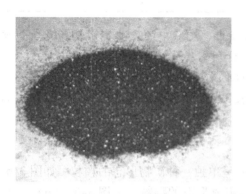

图 3-60　由不同粒级的颗粒混合组成的颗粒群

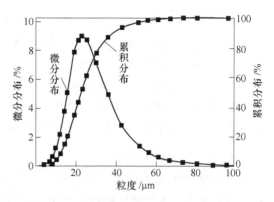

图 3-61　某物料的粒度分布曲线和累积分布

平均粒度是描述颗粒群大小的总体概念。通常，用加权平均值表示

$$d_{加} = \sum_{i=1}^{n} \gamma_i d_i \tag{3-27}$$

$$\gamma_i = \frac{m_i}{m} \times 100\% \tag{3-28}$$

式中　$d_{加}$——颗粒群的加权平均粒度，mm；

　　　d_i——i 粒级的平均粒径，mm；

　　　γ_i——i 粒级的产率，即 i 粒级占颗粒群总量的质量百分数，%；

　　　m_i——i 粒级的质量，kg；

　　　m——颗粒群的总质量，kg。

3.6.1.3 磨矿细度

磨矿细度表示磨矿产品粒度的大小。习惯上常用磨矿产品中小于 0.074mm（200 目筛）的粒级质量百分比含量，或小于 0.043mm（325 目筛）的粒级质量百分比含量来表示。

$$\gamma_{-0.074mm} = \frac{m_{-0.074mm}}{m} \times 100\% \tag{3-29}$$

式中　$\gamma_{-0.074mm}$——磨矿产品中小于 0.074mm（200 目筛）粒级的质量百分数，%；

　　　$m_{-0.074mm}$——磨矿产品中小于 0.074mm 粒级的质量，kg；

　　　m——磨矿产品的质量，kg。

磨矿分级溢流产品粒度与产物中 −0.074mm 粒级含量有一定的关系，见表 3-9。

实际选矿生产中，对于某一特定矿石物料，其磨矿细度大小主要是参照矿石中的有用矿物嵌布粒度设定的，既可节省磨矿成本，又不影响选矿指标。

表3-9 磨矿分级溢流产品粒度与产物中 −0.074mm 粒级含量的关系

磨矿分级溢流产品的粒度/mm	磨矿分级溢流产品小于0.074mm级别的含量/%
95%小于0.3	45 ~ 55
95%小于0.2	55 ~ 65
95%小于0.15	70 ~ 80
95%小于0.10	80 ~ 90
95%小于0.074	95

【例3-6】 某铜矿原矿工艺矿物学研究报告指出，矿石中的主要有用矿物是黄铜矿（$CuFeS_2$），嵌布粒度约为0.10mm。问其选矿方法和所需磨矿细度大约为多少。

解：（1）主要有用矿物是黄铜矿，一般采用硫化矿浮选方法。

（2）矿石中黄铜矿嵌布粒度约0.10mm，查表3-9，对应磨矿细度约为 −0.074mm 占80%~90%，一般需要两段闭路磨矿作业才能达到。

3.6.1.4 单体解离度

单体矿物颗粒是指已经与其他种类矿物解离而呈单独一种矿物形态的颗粒，如图3-62（a）、（f）所示。连生体矿物颗粒是指呈混合矿物组成形态的颗粒，如图3-62（b）~（e）所示。

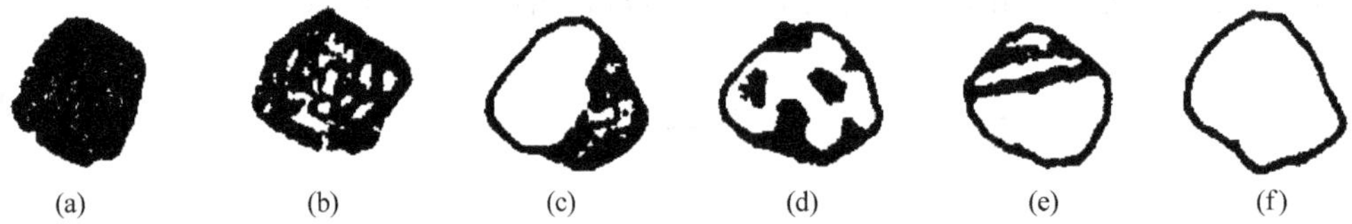

    (a)   (b)   (c)   (d)   (e)   (f)

图3-62 单体矿物颗粒((a)、(f))与连生体矿物颗粒((b) ~ (e))

理论上，单体解离度的定义是指物料中某矿物解离成单体颗粒部分的质量（或体积，或投影截面积）与该矿物总质量（或总体积，或总投影截面积）之比，相应的单体解离度的计算方法可分别称为质量比较法、体积比较法和投影截面积比较法。

$$L = \frac{m_L}{m} \times 100\% = \frac{V_L}{V} \times 100\% = \frac{S_L}{S} \times 100\% \tag{3-30}$$

式中　　L——物料中某矿物的单体解离度，%；

    m_L——物料中某矿物解离成单体颗粒部分的质量，g；

    m——物料中某矿物的总质量，g；

    V_L——物料中某矿物解离成单体颗粒部分的体积，cm^3；

    V——物料中某矿物的总体积，cm^3；

    S_L——物料中某矿物解离成单体颗粒部分的投影截面积，cm^2；

    S——物料中某矿物的总投影截面积，cm^2。

式（3-30）中的质量比较法操作应用困难，实际仪器自动识别检测中通常采用投影截面积比较法。而人工测定过程中通常采用体积比较法，并将体积比较法简化为粒级颗粒数目比较法，即

$$L_i = \frac{n_i}{N_i} \times 100\% = \frac{n_i}{n_i + p_i} \times 100\% \tag{3-31}$$

式中 L_i ——物料筛分分级成 k 个粒级后，i 粒级中的某矿物的单体解离度，%；

$\quad\quad n_i$ ——i 粒级中的该矿物的单体解离颗粒数目；

$\quad\quad N_i$ ——i 粒级中的该矿物的颗粒总数目；

$\quad\quad p_i$ ——i 粒级中的连生体中该矿物按体积折算成的单体解离颗粒数目。

某矿物的单体解离颗粒数目及矿石矿物颗粒数目和连生体（根据该矿物的体积含量可分为1/4、1/2、3/4 等）颗粒数目，可在双筒显微镜下观察和统计。

一个样品中的各个粒级的解离程度并不一致，粗粒级的单体解离程度较低，细粒级的单体解离度较高。因此，某一粒级的解离程度不能代表该磨矿产物的单体解离度，而应由各粒级的单体解离度 L_i 按粒级产率 γ_i 加权计算汇总而得物料总单体解离度 L 。

$$L = \sum_{i=1}^{k} L_i \gamma_i \tag{3-32}$$

式中 L ——物料中某矿物的总单体解离度，%；

$\quad\quad L_i$ ——物料筛分分级成 k 个粒级后，i 粒级中的某矿物的单体解离度，%；

$\quad\quad \gamma_i$ ——物料筛分分级成 k 个粒级后，i 粒级的产率，%；γ_i 的计算式见式（3-28）。

3.6.2 物料单体解离度的检测

3.6.2.1 物料单体解离度检测的作用

对于某一特定矿石，其单体解离度与磨矿细度存在对应关系，可通过工艺矿物学研究和磨矿试验产品检测得出，一般均应在选矿小型试验研究报告中给出。实际选矿生产中，对于某一特定矿石物料，其磨矿细度大小设定的工艺参数要求，是要求磨矿分级溢流产品中有用矿物达到基本单体解离，而又不能过细，以免造成磨矿成本浪费和后续分选过程困难。因此，需要经常对选矿生产过程的给料和产物，如入选给矿、精矿和尾矿等，进行单体解离度测定分析，以指导生产，提高技术指标。

3.6.2.2 物料单体解离度的人工检测

A 观测工具

物料单体解离度的人工检测工具主要有双目体视显微镜、便携式和数码式显微镜等，如图 3-63 所示。

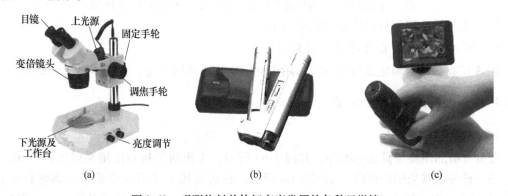

(a)   (b)   (c)

图 3-63 观测物料单体解离度常用的各种显微镜

（a）双目体视显微镜（标配40倍）；（b）便携式带标尺显微镜（80倍）；（c）便携式数码显微镜（最大600倍）

B 测定步骤

（1）采集已破碎或磨矿产物的有代表性试样；

（2）筛分分级，称量各粒级质量，用式（3-28）计算各粒级产率 γ_i；

（3）从每一粒级中缩分出一定量样品，在显微镜下测量；

（4）认定某种矿物单体颗粒和各种不同比率（如 1/2、1/4、1/6、1/8 等）的连生体颗粒数量；

（5）用式（3-31）计算各粒级中某矿物的单体解离度 L_i；

（6）用式（3-32）计算物料中某矿物的总单体解离度 L。

3.6.2.3　物料单体解离度的仪器检测

由前述可知，物料单体解离度的人工检测方法复杂烦琐，很难经常进行，因而需要用仪器检测。

A 图像颗粒分析系统

如图 3-64 所示，图像颗粒分析系统包括光学显微镜、数字 CCD 摄像机、图像处理与分析软件、计算机、打印机等部分组成。图像颗粒分析系统基本工作流程包括：

（1）通过专用数字摄像机将显微镜的图像拍摄下来；

（2）通过 USB 数据传输方式将颗粒图像传输到计算机中；

（3）用专门的颗粒图像分析软件对图像进行处理与分析，观察颗粒形貌、粒度；

（4）利用不同矿物反光颜色、灰度不同，识别出不同矿物；

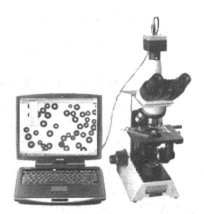

图 3-64　图像颗粒分析系统

（5）汇总计算单体颗粒中某一矿物的投影截面积、连生体颗粒中某一矿物的投影截面积；

（6）用式（3-30）中的投影截面积比较法计算出某一矿物的总单体解离度 L；

（7）通过显示器和打印机输出分析结果。

B MLA 矿物参数自动定量分析系统

MLA 矿物参数自动定量分析系统可用于测定矿物单体解离度，参见本书 3.4.2 节。

3.6.3　物料粒度的人工检测标定

3.6.3.1　筛分分析

筛分分析的主要工具是标准筛，如图 3-65 所示。常用的 Tyla 标准筛系列见表 3-10。

筛分设备通常采用振筛机，如图 3-66 所示。在振筛机上采用 n 个筛子可将物料分成 $n+1$ 个粒度级别。筛析结果用式（3-28）计算各粒级产率 γ_i（或称频率分布），从而确定物料的粒度组成，即各粒级的产率及累积产率（图 3-61）。

图 3-65 标准筛

图 3-66 振筛机

表 3-10 常用的 Tyla 标准筛系列

筛孔尺寸/mm	0.246	0.147	0.104	0.074	0.043	0.037
目	60	100	150	200	325	400

3.6.3.2 淘析分级法和上升水流法

A 淘析分级法

对于小于 0.037mm（400 目筛）的物料，一般没有更细的筛子，只能采用淘析分级法。淘析分级法的基本原理是利用逐步缩短沉降时间的方法，由细至粗地，逐步地将各粒级物料自试料中淘析出来。

淘析分级装置如图 3-67 所示。在水中分散的物料经沉降一定时间后，用虹吸管将未沉降的一定粒度的细粒吸出。反复操作，直到吸出的液体中不含该粒级的颗粒为止。

设预定的微细颗粒分级粒度为 d，对于微细的颗粒，流体介质阻力 R 服从斯托克斯阻力公式

$$R = 3\pi\mu dv$$

球形微细颗粒在水中沉降时，流体介质阻力 R 迅速与颗粒在水中的有效重力平衡

$$3\pi\mu dv = \frac{1}{6}\pi d^3(\delta - \rho)g$$

球形微细颗粒达到的自由沉降速度 v_0 为

$$v_0 = \frac{d^2(\delta - \rho)g}{18\mu} \tag{3-33}$$

微细颗粒迅速达到 v_0，沉降 h 距离所需时间 t 为

$$t = \frac{h}{v_0} = \frac{18\mu h}{d^2(\delta - \rho)g} \tag{3-34}$$

故
$$d = \sqrt{\frac{18\mu h}{t(\delta - \rho)g}} \tag{3-35}$$

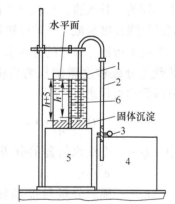

图 3-67 淘析分级装置图

1—透明容器；2—虹吸管；3—止水夹；
4—溢流收集容器；5—底座；
6—刻度

式中 d——预定的微细粒分级粒度，m；

h——沉降距离，m；

t——沉降 h 距离所需时间，s；

δ——沉降固体物料的密度，kg/m^3；

ρ——液体介质密度，kg/m^3；一般为水，$\rho_0 = 1000kg/m^3$；

g——重力加速度，$g = 9.8m/s^2$；

μ——液体介质的黏度，$Pa \cdot s$；水的黏度见表 3-11，在 20℃ 时，$\mu_0 = 1.00 \times 10^{-3}Pa \cdot s$。

表 3-11　水的黏度

温度/℃	0	5	10	15	20	25	30	35	40
黏度/mPa·s	1.7921	1.5188	1.3077	1.1404	1.0050	0.8937	0.8007	0.7225	0.6560

【例 3-7】　对某微细样品进行淘析分级，设样品的密度 $\delta = 3000kg/m^3$，预定的微细颗粒分级粒度为 $d = 0.020mm$，设定沉降距离 $h = 0.20m$，水温 20℃，求沉降时间 t。

解：$t = \dfrac{18\mu h}{d^2(\delta - \rho)g} = \dfrac{18 \times 1.00 \times 10^{-3} \times 0.20}{(0.020 \times 10^{-3})^2 \times (3000 - 1000) \times 9.8} = 459(s) = 7.65(min)$

B　上升水流法

如图 3-68 所示，上升水流法采用连续水析器分级管进行分级。其优点是可以连续地分出各个粒级产物。其根据粒子在水中的自由沉降规律，利用上升水量在不同直径的分级管中产生不同的上升水速，使粒度不同的颗粒按其不同的沉降速度分成若干粒度级别。

连续水析器分级管的分级水添加流量 Q 可参照预定分级粒度微细粒的自由沉降速度 v_0 和分级管的直径进行计算

$$Q = \frac{1}{4}\pi D^2 v_0 \qquad (3-36)$$

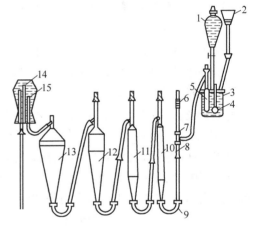

图 3-68　连续水析器

1—给矿瓶；2—给水和水玻璃溶液漏斗；3—烧杯；
4—搅拌器；5，10—74μm 分级管；6—玻璃管；
7—套管；8，9—软胶管；11—37μm 分级管；
12—19μm 分级管；13—10μm 分级管；
14—空气管；15—溢流瓶

式中　Q——连续水析器的分级水添加流量，m^3/s；

v_0——预定分级粒度细粒自由沉降速度，m/s；

D——分级管的直径，m。

【例 3-8】　对某微细样品进行上升水流法分级，设样品的密度 $\delta = 3000kg/m^3$，预定的微细颗粒分级粒度为 $d = 0.010mm$，分级管直径 $D = 400mm$，水温 20℃，求分级水添加流量 Q。

解：$v_0 = \dfrac{d^2(\delta - \rho)g}{18\mu} = \dfrac{(0.010 \times 10^{-3})^2 \times (3000 - 1000) \times 9.8}{18 \times 1.00 \times 10^{-3}} = 0.109 \times 10^{-3}(m/s)$

$Q = \dfrac{1}{4}\pi D^2 v_0 = \dfrac{1}{4} \times 3.1416 \times 0.4^2 \times 0.109 \times 10^{-3}$

$= 0.0137 \times 10^{-3}(m^3/s) = 0.0137(L/s)$

3.6.3.3　磨矿细度人工测定

A　筛析烘干称重法

采集磨矿产品的综合细度样，用 0.074mm（200 目）筛子进行湿筛，筛上和筛下产物分别过滤烘干称重，再按式（3-29）计算。

【例 3-9】 某样品用 0.074mm 筛子湿筛后烘干称量，筛下产物 78.5g，筛上产物 33.2g，求磨矿细度。

解：
$$\gamma_{-0.074mm} = \frac{m_{-0.074mm}}{m} \times 100\% = \frac{78.5}{78.5+33.2} \times 100\% = 70.28\%$$

B　浓度壶湿筛同时快速测定法

参见本书 3.7.2 节。

3.6.4　物料粒度分布的仪器检测

3.6.4.1　沉降式粒度分布测定仪（沉降天平）

在悬浮液中，对应于不同的沉降距离有不同的密度差异，这就是粉体粒度分布的信号积累。

如图 3-69 所示，沉降式粒度分布测定仪采用自然沉降原理测定 1～160μm 之间的颗粒大小及分布。沉降式粒度分布测定仪由高精度电子天平和计算机数据处理系统组成，自动记录颗粒沉降的全过程，进行各种计算和数据显示。

沉降式粒度分布测定仪广泛适用于测定粉末冶金、荧光粉、水泥、涂料、药品、颜料、耐火材料、研磨料合成树脂、煤炭等工业粉尘的粒度及分布情况。

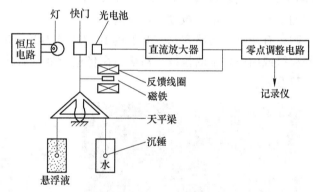

图 3-69　沉降式粒度分布测定仪的结构原理

3.6.4.2　激光粒度仪

光是一种电磁波，当光束在前进过程中遇到颗粒时，会发生散射现象。如图 3-70 所示，散射光与光束初始传播方向形成一个夹角 θ，散射角的大小与颗粒的粒径相关，颗粒越大，产生的散射光的 θ 角就越小；颗粒越小，产生的散射光的 θ 角就越大。这样，通过测量不同角度上的散射光的强度，就可以得到样品的粒度分布了。

激光粒度分析仪就是利用光的散射原理测量粉体颗粒大小的，如图 3-71 所示。其特点是测量的动态范围宽、测量速度快、操作方便，尤其适合测量粒度分布范围宽的粉体和液体雾滴。测试结果以粒度分布数据表、分布曲线、d_{10}、d_{50}、d_{90} 等方式显示、打印和记录。

激光粒度分析仪的粒度测量范围在 0～400μm 之间，精度相对误差小于 1%。

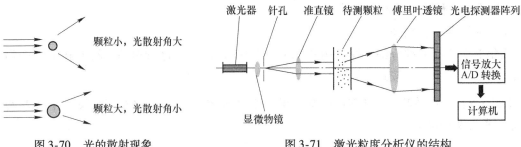

图 3-70　光的散射现象　　　　　　　图 3-71　激光粒度分析仪的结构

3.6.5　物料矿石破碎粒度的生产在线检测

选矿厂在生产中，需要对破碎工段产物进行破碎粒度的生产在线检测，以了解和控制破碎效率，提高后续磨矿工段的磨矿效率。

破碎粒度的生产在线检测一般是在进入粉矿仓的皮带运输机上进行，利用机器视觉分析的图像分割技术测量皮带运输机上的矿石粒度。有关机器视觉分析的详细介绍参见本书 3.12.2 节。

目前在国外矿山广泛应用的矿石粒度分析系统有美国 Split Engineering 公司开发的 Split-Online 矿石粒度分析系统（Split-Online rock fragmentation analysis system）和 KSX 公司研发的 PlantVision 矿石粒度分析系统。

国内有北京矿冶研究总院开发的 BGRIMM-BOSA 矿石粒度图像分析系统，它可按照设定的粒级或用户要求的粒级，对矿石图像进行处理后输出不同粒级矿石所占的百分比，如图3-72 所示。

　　　　　(a)　　　　　　　　　　　　　　　　(b)

图 3-72　BGRIMM-BOSA 矿石粒度图像分析系统
(a) 皮带运输机上的矿石图像采集装置；(b) 矿石粒度图像分析

3.6.6　物料矿浆磨矿细度的生产在线检测

选矿厂在生产中，需要对湿式磨矿作业产物矿浆的粒度组成进行在线检测。由于矿浆粒度粗、浓度高、不透明，实验室常用的激光粒度仪在工业上难以应用。粒度在线检测仪器主要有超声波和按线性检测原理直接测量两种类型。目前在选矿工艺中应用比较好的是超声波粒度仪。

3.6.6.1 超声波粒度仪原理

超声波粒度仪是在磨矿作业中用于测量矿浆粒度分布（简称粒度）和固体含量质量百分比（简称矿浆浓度）的仪器。它是保证磨矿产品质量和实现磨矿系统自动控制的关键仪表。

超声波是频率大于20000Hz的声波，其声强很大，传播方向好，即近似直线传播，能产生反射、折射，也能产生衍射和被聚焦。试验证明，气体对超声波的吸收很强，液体吸收很弱，固体则更弱。声波在介质中传播时，随着离声源的距离增大、介质中颗粒对声波的散射以及介质对声波的吸收等，声强降低，其数学关系式为

$$I = I_0 e^{-\alpha x} \tag{3-37}$$

式中　　I——距离声源x处的声强，W/m^2；

　　　　I_0——声源的声强，W/m^2；

　　　　α——衰减系数，与传播介质、介质中颗粒性质和颗粒粒度有关；

　　　　x——与声源之间的距离，m；

　　　　e——自然对数的底，e＝2.7183。

在超声波粒度仪中，当工作频率、声源声强I_0、透过距离x（超声波换能器之间的距离）等选定之后，I仅与α有关。当矿浆介质一定时，I与颗粒粒度有关。

3.6.6.2 OPUS型超声粒度仪

德国新帕泰克公司（SYMPATEC GmbH）研发的在线粒度和固含量监测系统OPUS，能够实时地反映出在磨矿分级作业过程中旋流器溢流和沉砂产物的粒度和矿浆浓度（固含量）的变化情况。可对强酸强碱体系、腐蚀性浆料等的悬浮液、乳浊液和高浓度溶液中的颗粒进行测量，被测试物料的体积浓度最高可达70%。该系统已在我国金川有色金属公司选矿厂等成功应用。

如图3-73所示，超声波发生端发出一定频率和强度的超声波，经过测试区域，到达信号接收端。当颗粒通过测试区域时，由于不同大小的颗粒对声波的吸收程度不同，在接收端上得到的声波的衰减程度也就不一样，根据颗粒大小同超声波强度衰减之间的关系可以得到颗粒的粒度分布，同时还可测得矿浆体系的固含浓度。

针对不同颗粒粒径有不同的适合测量超声波频率，为保证测量精度，OPUS型超声粒度仪在每次测量时采用31个超声波频率同时连续测量，如图3-74所示，并将不同频率测量结果在配套电子处理装置中汇总计算，得出精度良好的最终测量结果。所获得的粒度和矿浆浓度结果通过显示记录装置显示出来。OPUS的技术参数见表3-12。

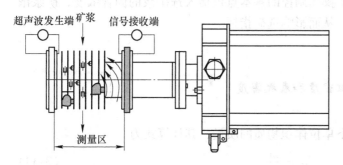

图3-73　OPUS型超声粒度仪的结构与工作原理

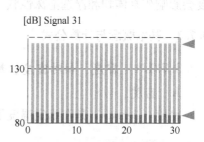

图3-74　31个超声波频率同时连续测量

表 3-12　OPUS 型超声粒度仪的技术参数

浓度范围/%	1～70	粒度范围/mm	0.01～3.00
测量精度 σ/%	<1.0	温度范围/℃	0～150
测量时间/min	<1	保护等级	IP65

3.6.6.3　PSM-400 型超声粒度仪

PSM-400 型超声粒度仪由美国丹佛（DENVER）自动化公司出产，PSM 系列粒度分析仪主要由取样装置、空气消除器、传感器（高、低频双探头）、电子处理装置以及现场指示器记录仪等部分组成。该粒度仪的技术性能参数见表 3-13，它实现了对磨矿分级过程粒度和浓度的检测及显示，对稳定磨矿分级过程操作，充分提高磨矿分级效率起了很大的作用。

表 3-13　PSM-400 型超声粒度仪的技术性能参数

工作方式	粒度范围/mm	粒度检测精度/%	浓度范围/%	浓度检测精度/%	输出信号/mA
载流，间断	0.03～0.60	1～2	0～60	2	4～20

3.6.6.4　DF-PSM 超声波在线粒度仪

DF-PSM 超声波在线粒度仪由我国丹东东方测控技术有限公司出产，可实现在线、实时测量矿浆粒度和粒度分布，同时测量矿浆浓度。该机利用真空（负压）吸入流量相对稳定并具有代表性的矿浆流，采用高速旋转的涡轮加速矿浆中微小气泡的逸出，矿浆除气后的测量方法采用多频率超声衰减法，该机技术性能参数见表 3-14。

表 3-14　DF-PSM 型超声粒度仪的技术性能参数

工作方式	粒度范围/mm	粒度检测精度/%	浓度范围/%	浓度检测精度/%	输出信号/mA
载流，间断	0.025～1.00	1	4～60	1	4～20

3.7　物料密度、水分和矿浆固含质量浓度检测

分选物料的密度对重选过程和重介质悬浮液配制分选过程有很大影响。物料的堆密度对矿仓堆场的设计有影响。原料和产品的水分含量分析是厂矿的基本检测项目之一，是物料平衡和金属平衡管理的基础数据和产品的重要质量指标。团矿烧结混合料和球团混合料对物料的水分含量有具体要求。选矿操作调控的基本点包括入选矿浆的固含浓度，矿浆浓度会影响矿浆体积和浮选泡沫性状，从而影响选矿指标。

3.7.1　基本概念与计算公式

3.7.1.1　密度、相对密度、堆密度和表观密度

A　密度

密度（density）是在指定温度下单位体积物质的质量，其计算式为

$$\rho = \frac{m}{V}$$

(3-38)

式中 ρ——物质密度，kg/m^3，或 g/cm^3，换算关系 $1000kg/m^3 = 1g/cm^3$；

   m——物质质量，kg，或 g；

   V——物质体积，m^3，或 cm^3。

实际应用中，常将液体介质密度记为 ρ，固体物料密度记为 δ。

B 相对密度

相对密度 d 是物质密度 ρ 与水的密度 ρ_0 在一定温度下之比，即

$$d = \frac{\rho}{\rho_0} \tag{3-39}$$

式中 d——物质相对密度，无量纲量；

   ρ_0——水的密度，在 4℃ 时，$\rho_0 = 1000kg/m^3 = 1g/cm^3$。

C 堆密度

堆密度定义为样品质量除以其堆积体积，这一体积包括样品本身和样品孔隙及其样品间隙体积。

$$\rho_d = \frac{m}{V_d} \tag{3-40}$$

式中 ρ_d——样品的堆密度，kg/m^3，或 g/cm^3，换算关系 $1000kg/m^3 = 1g/cm^3$；

   m——样品的质量，kg，或 g；

   V_d——样品的堆积体积，m^3，或 cm^3。

将粉体不施加任何外力装填于测量容器时测得的密度叫最松松密度，施加外力使粉体处于最紧充填状态下测得的密度叫最紧松密度。振实密度随振荡次数而发生变化，最终振荡至体积不变时测得的振实密度即为最紧松密度。

矿物加工领域的物料均为颗粒状，一般使用的物料堆密度为最松松密度。

D 表观密度

表观密度是指材料在自然状态下（长期在空气中存放的干燥状态），单位体积的干质量与排水体积的比值（也称视密度）。表观体积是实体积加闭口孔隙体积。一般采用容积排水法测定。

$$\rho_b = \frac{m}{V_b} \tag{3-41}$$

式中 ρ_b——样品的表观密度，kg/m^3，或 g/cm^3，换算关系 $1000kg/m^3 = 1g/cm^3$；

   m——样品的质量，kg，或 g；

   V_b——样品的表观体积，m^3，或 cm^3。

3.7.1.2 物料水分含量的表示方法

物料中的水分通常有重力水和毛管水，如图 3-75 所示。

以煤的检测标准为例，煤炭物料中的水分含量包括外在水分（重力水）和内在水分（毛管水）。

外在水分是附着在煤颗粒之间的水分，外在水分很容易在常温下的干燥空气中蒸发和流失。内在水分是吸附在煤颗粒内部毛细孔和细煤泥间毛细管中的水分，内

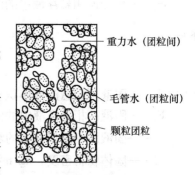

重力水（团粒间）

毛管水（团粒间）

颗粒团粒

图 3-75 物料中的水分

在水分需在 100℃ 以上的温度经过一定时间才能蒸发。

物料水分含量 M 是指颗粒状物料中的水分质量与物料固体及水分总质量之比，简称水分。

$$M = \frac{m_1}{m_p} \times 100\% = \frac{m_p - m_s}{m_p} \times 100\% \qquad (3-42)$$

式中 M——物料水分含量，%；

      m_p——物料的质量，kg；$m_p = m_s + m_1$；

      m_s——物料中的固体质量，kg；

      m_1——物料中的水分质量，kg。

3.7.1.3 矿浆固含质量浓度、液固比、体积浓度和矿浆密度的表示方法

A   矿浆固含质量浓度 C（亦称质量分数 w_B）

矿浆固含质量浓度 C，是指固体物料与液体介质（通常为水）组成的固液两相悬浮液中，物料固体颗粒的质量占有率，如图 3-76 所示。

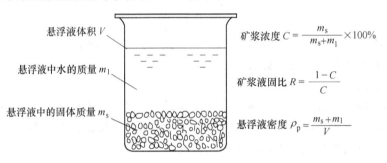

图 3-76   矿浆固含质量浓度 C 计算

在选矿工艺中，矿浆固含质量浓度 C 一般习惯性地简称为矿浆浓度；湿法冶金工艺如氧化铝生产习惯性地简称为矿浆固含。

$$C = \frac{m_s}{m_p} \times 100\% = \frac{m_s}{m_s + m_1} \times 100\% \qquad (3-43)$$

式中 C——固液两相悬浮液的固含质量浓度（矿浆浓度），%；

      m_p——固液两相悬浮液的质量，kg；$m_p = m_s + m_1$；

      m_s——固液两相悬浮液中的固体物料质量，kg；

      m_1——固液两相悬浮液中的液体介质质量，kg。

亦有
$$C = \frac{m_s}{m_s + (V - m_s/\delta)\rho} \times 100\% \qquad (3-44)$$

$$V = V_s + V_1 \qquad (3-45)$$

式中 V——固液两相悬浮液体积，m³；

      V_s——固液两相悬浮液中的固体物料体积，m³；$V_s = m_s/\delta$；

      V_1——固液两相悬浮液中的液体介质体积，m³；$V_1 = m_1/\rho$；

      δ——固体物料密度，kg/m³；

      ρ——液体介质密度，kg/m³，一般为水，$\rho_0 = 1000$kg/m³。

【例3-10】　某小型浮选试验，单份矿石试样质量为0.5kg，已测得矿石密度为2900kg/m³，所用试验室型浮选机容积为1.5L，求浮选试验矿浆浓度$C(\%)$。

解：浮选所用液体介质为水，$\rho = \rho_0 = 1000\text{kg/m}^3$，$m_s = 0.5\text{kg}$，$V = 1.5 \times 10^{-3}\text{m}^3$，$\delta = 2900\text{kg/m}^3$

所以　$C = \dfrac{m_s}{m_s + (V - m_s/\delta)\rho_0} \times 100\% = \dfrac{0.5}{0.5 + (1.5 \times 10^{-3} - 0.5/2900) \times 1000} \times 100\%$

$= 27.36\%$

【例3-11】　截取现场生产矿浆样进行浮选试验，测得矿浆样的矿浆浓度为33%。欲分样使每份试验样中约含干矿500g，求每份应分取的矿浆质量。

解：先将整个矿浆样充分搅动，在搅动中舀取矿浆倒入样品盆中称量。由式（3-43）有

$$m_p = \frac{m_s}{C} = \frac{500}{0.33} = 1515\text{（g）}$$

为了分样更准确，可先将矿浆略放置分层，倒出上层澄清水，将下层沉积矿浆搅动，按上述步骤测浓度分样，再将澄清水按比例分回各个分出试验样。

B　矿浆液固比R

矿浆液固比R是指在固体物料与水组成的固液两相悬浮液中，水的质量与固体质量之比。

$$R = \frac{m_1}{m_s} \tag{3-46}$$

式中　R——悬浮液的液固比，无量纲。

液固比R与矿浆固含质量浓度C之间的关系，可联立式（3-46）和式（3-43），有

$$R = \frac{1 - C}{C} \tag{3-47}$$

液固比R主要用于与矿浆固含质量浓度C之间的快速换算，式（3-47）也是计算配制重介质悬浮液的基本公式。

C　矿浆固含体积浓度λ（亦称体积分数ϕ_B）和松散度θ

体积浓度λ是指单位体积悬浮液内固体所占有的体积，即

$$\lambda = \frac{V_s}{V} \times 100\% \tag{3-48}$$

式中　λ——固液两相悬浮液的固含体积浓度，无量纲；

　　　V_s——悬浮液料浆中的固体体积，m³；$V_s = m_s/\delta$；

　　　V——悬浮液料浆体积，m³。

体积浓度λ与质量浓度C的关系，可联立式（3-48）、式（3-45）和式（3-44），有

$$\lambda = \frac{\rho C}{\delta(1 - C) + \rho C} \tag{3-49}$$

松散度θ是指单位体积悬浮液内液体所占有的体积，θ与体积浓度λ的关系为

$$\theta = 1 - \lambda \tag{3-50}$$

矿浆固含体积浓度λ和松散度θ体现了悬浮液的松散流动性能，但一般只用于固液两相流的流体力学研究和重选理论研究，实际生产应用较少。

D　矿浆悬浮液密度 ρ_p

矿浆密度 ρ_p 是指固体物料与液体介质（通常为水）组成的固液两相悬浮液的单位体积质量。

$$\rho_p = \frac{m_s + m_1}{V} \tag{3-51}$$

式中　ρ_p——悬浮液的密度，kg/m^3；

　　　　V——悬浮液料浆体积，m^3；

　　　　m_s——固液两相悬浮液中的固体物料质量，kg；

　　　　m_1——固液两相悬浮液中的液体介质质量，kg。

联立式（3-51）、式（3-45）和式（3-43），有

$$\rho_p = \frac{m_s + m_1}{V_s + V_1} = \frac{m_s + m_1}{\dfrac{m_s}{\delta} + \dfrac{m_1}{\rho}} = \frac{1}{\dfrac{C}{\delta} + \dfrac{1 - C}{\rho}} \tag{3-52}$$

解之，得矿浆固含质量浓度 C 和矿浆悬浮液密度 ρ_p 间的关系为

$$C = \frac{\delta(\rho_p - \rho)}{\rho_p(\delta - \rho)} \tag{3-53}$$

式中　ρ_p——悬浮液的密度，kg/m^3；

　　　　C——悬浮液的固含质量浓度，%。

对于固体物料和液体介质组成的二元悬浮液，若 δ、ρ 已知，则测定了悬浮液的密度 ρ_p，即能间接地测定悬浮液的固含质量浓度 C（矿浆浓度）。

式（3-53）也是计算配制重介质悬浮液的基本公式。

【例3-12】　某选煤厂采用重介选煤工艺，所用重介质为磁铁矿精矿粉，已测得其真密度 $\delta = 4400 kg/m^3$，设定所需配制重介质悬浮液的密度 $\rho_p = 1900 kg/m^3$。求该重介质悬浮液的固含质量浓度 C、配制过程所需的水与磁铁矿精矿粉的液固比 R、体积浓度 λ 和松散度 θ。

解：（1）$\rho = \rho_0 = 1000 kg/m^3$，

故　　　$C = \dfrac{\delta(\rho_p - \rho)}{\rho_p(\delta - \rho)} \times 100\% = \dfrac{4400 \times (1900 - 1000)}{1900 \times (4400 - 1000)} \times 100\% = 61.30\%$

验算：　　$\rho_p = \dfrac{1}{\dfrac{C}{\delta} + \dfrac{1 - C}{\rho}} = \dfrac{1}{\dfrac{0.6130}{4400} + \dfrac{1 - 0.6130}{1000}} = 1900 (kg/m^3)$

（2）$R = \dfrac{1 - C}{C} = \dfrac{1 - 0.6130}{0.6130} = 0.6313$

（3）$\lambda = \dfrac{\rho C}{\delta(1 - C) + \rho C} = \dfrac{1000 \times 0.6130}{4400 \times (1 - 0.6130) + 1000 \times 0.6130} = 0.2647 = 26.47\%$

$$\theta = 1 - \lambda = 1 - 0.2647 = 0.7353$$

3.7.2　物料密度、水分和矿浆浓度的人工检测标定

人工检测既是一般的检测方法，也是对仪器检测所需基础数据标定收集和使用过程精

度标定校核的主要方法。

3.7.2.1　固体物料密度的人工检测

A　容量瓶法

容量瓶，是一种细颈梨形平底的容量器，带有磨口玻塞，颈上有刻度标线。如图 3-77 所示，用容量瓶法测定固体物料密度的步骤如下：

（1）标定称量出容量瓶盛满清水至刻度时的总质量 W_1；

（2）用天平秤取质量为 m_s 的固体物料，倒入瓶内，再加入清水至刻度，称量其总质量 W_2；此时将从容量瓶中溢出与固体物料体积（$V = m_s/\delta$）相同的清水，显然有

$$W_2 - W_1 = m_s - \frac{m_s}{\delta}\rho$$

故

$$\delta = \frac{m_s\rho}{m_s - W_2 + W_1} \qquad (3\text{-}54)$$

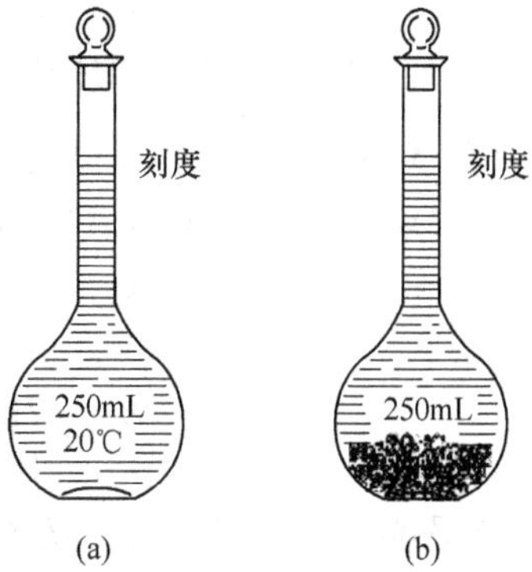

图 3-77　容量瓶法测定固体物料密度

式中　W_1——盛满清水至刻度时的容量瓶总质量，kg；

W_2——加入固体物料后仍注满清水至刻度时的容量瓶总质量，kg；

m_s——加入容量瓶中的固体物料质量，kg；

δ——容量瓶中的固体物料真密度，kg/m^3；

ρ——容量瓶中的液体介质密度，kg/m^3，对水，$\rho_0 = 1000\text{kg/m}^3$。

【例 3-13】　用容量瓶法测定某矿石的密度，称取矿石颗粒状样品 100.0g，测得瓶盛满清水后质量 420.4g，瓶中加入矿样再盛满清水后的质量为 485.7g，求该矿石密度。

解：　$\delta = \dfrac{m_s\rho_0}{m_s - W_2 + W_1} = \dfrac{0.1000 \times 1000}{0.1000 - 0.4857 + 0.4204} = 2882(\text{kg/m}^3)$

B　阿基米德原理法

对于不规则致密物体，因其体积较难测得，故其密度测定一般常采用阿基米德原理法。阿基米德原理指出：浸在液体中的物体受到一个向上的浮力，其大小等于物体所排开液体的质量的大小。

如图 3-78 所示，块状固体致密物料的体积为 V_s，利用电子天平称得其质量为 m_s（用 kg 表示），再称得其浸没在液体中时对天平表现的重力为 W_1（用 kg 表示）。该固体物料浸没时排开了 V_s 体积的液体，根据阿基米德原理，它所受到的浮力为 ρV_s（用 kg 表示）。显然

$$W_1 = m_s - \rho V_s$$

将上式代入密度定义式（3-38），该固体物料的密度计算式为

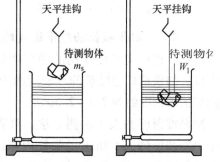

图 3-78　阿基米德法测定固体物料密度

$$\delta = \frac{m_s}{V_s} = \frac{m_s}{(m_s - W_1)/\rho} \qquad (3\text{-}55)$$

式中　δ——固体物料的真密度，kg/m^3；

　　　m_s——待测固体物料质量，kg；

　　　W_1——待测固体物料浸没在液体中时对天平表现的重力，kg；

　　　ρ——液体的密度，对水，$\rho_0 = 1000kg/m^3$；

　　　V_s——待测固体物料体积，m^3。

【例 3-14】　某号称银纪念币，为检验其真伪，称量其质量为 500.0g，用弹簧秤测得其浸没在水中时对弹簧秤表现的重力为 430.0g。求其真密度、相对密度，评估其材质。

解：
$$\delta = \frac{m_s}{(m_s - W_1)/\rho_0} = \frac{0.5000}{(0.5000 - 0.4300)/1000} = 7143\,(kg/m^3)$$

$$d = \frac{\delta}{\rho_0} = \frac{7143}{1000} = 7.143$$

查寻各种金属材料的密度值，锌的相对密度为 7.14，该号称银纪念币的材质初步评估为锌。

3.7.2.2　含孔隙固体物料表观密度的人工检测

含孔隙固体物料表观密度的人工检测一般也采用阿基米德法，采用排水法测表观体积。如球团矿有专用的表观密度测定仪，如图 3-79 所示。

【例 3-15】　将某球团矿试样用刷子清扫干净，放入 (105 ± 2) ℃的烘箱中干燥 24h，取出，冷却到室温，称其质量 $m_0 = 102.48g$。再将试样放入室温的蒸馏水中，浸泡 48h，取出，用拧干的湿毛巾擦去表面水分，并立即称量质量 $m_1 =$

图 3-79　球团矿表观密度测定仪

111.68g。接着把试样置于网篮中，将网篮与试样浸入室温的蒸馏水中，称量其在水中的质量 $m_2 = 84.72g$。求该球团矿表观密度。

解：由式（3-41）

因为　$m = m_0 = 102.48g$；$V_b = (m_1 - m_2)/\rho_0$；对水 $\rho_0 = 1.00g/cm^3$

所以　$\rho_b = \dfrac{m}{V_b} = \dfrac{m_0\rho_0}{m_1 - m_2} = \dfrac{102.48 \times 1.00}{111.68 - 84.72} = 3.80\,(g/cm^3)$

3.7.2.3　固体颗粒物料堆密度的人工检测

一般矿物加工专业使用的颗粒物料堆密度为最松松密度。如铁精矿烧结矿的堆密度约为 $1.5 \sim 1.7t/m^3$；球团矿的堆密度约为 $2.4 \sim 2.6t/m^3$。

物料堆密度的人工检测方法：可直接将物料样品烘干，冷却后倒入 500mL 的量筒内至满刻度，倒出后称取样品质量，然后按式（3-40）计算堆密度，如图 3-80（a）所示。

【例 3-16】　某颗粒状物料样品烘干冷却后倒入 500mL 量筒至满刻度，称得样品质量为 920.2g，求其

（a）　　　　　（b）

图 3-80　堆密度测定仪

（a）量筒；（b）堆密度测定仪

堆密度。

$$\rho_d = \frac{m}{V_d} = \frac{920.2}{500} = 1.84(\text{g/cm}^3) = 1840(\text{kg/m}^3)$$

解：

材料粉体专业往往需要同时测定最松松密度和最紧松密度，其可直接用量筒法测算。实际生产中采用专用的可摇动振实的定容不锈钢量具测量粉体材料的最紧松密度，如图3-80（b）所示。

3.7.2.4 潮湿物料水分含量的人工检测

工业上对潮湿物料水分含量的人工检测通常采用常压干燥法，其原理是基于在常压下水的沸点是100℃，加热至高于水的沸点温度并保持一定时间，潮湿物料中的水分即可挥发失去。

具体做法：称取样品，放入调好温度的烘箱（约105℃），烘1.5h，冷却称量；再烘0.5h，冷却后称至恒重，否则继续。将测得数据按式（3-42）计算水分含量。

采用红外线加热和微波加热方法，可大大加速样品烘干时间，有资料称加热几分钟即可干燥。某些非在线测定类型的红外线水分仪即采用此种原理。

【例3-17】 某铁矿选矿厂在过滤精矿皮带上取水分样，湿样品质量 $m_p = 260.0\text{g}$。将其烘干至恒重，称量的干样品质量 $m_s = 231.0\text{g}$。求铁精矿水分含量 M。

解：

$$M = \frac{260.0 - 231.0}{260.0} \times 100\% = 11.15\%$$

3.7.2.5 液体密度和悬浮液密度的人工检测

A 密度瓶法

密度瓶的容积经过精准校订，主要用于液体密度的精确测定，图3-81所示为60mL容积的密度瓶。用定容积密度瓶，加入待测液体至指定刻度，称量其质量，减去空密度瓶质量，即得待测液体质量，再除以密度瓶容积，即可得到待测液体或悬浮液的密度。

由于密度瓶的容积一定，所以在一定温度下，用同一密度瓶分别称量样品溶液和蒸馏水的质量，两者之比即为该样品溶液的相对密度。

B 密度计（比重计）法

密度计由干管和躯体两部分组成，如图3-82（a）所示。干管是一顶端密封、直径均

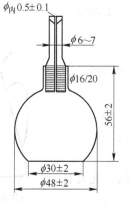

图3-81 60mL容积的密度瓶

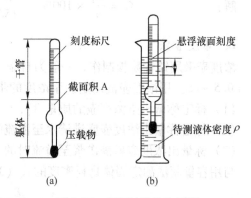

图3-82 密度计结构和原理

匀的细长圆管，熔接于躯体的上部，内壁粘贴有固定的刻度标尺。躯体是仪器的本体，为一直径较粗的圆管，为避免附着气泡，底部呈圆锥形或半球状。底部填有适当质量的压载物，使其能垂直稳定地漂浮在液体中。

密度计的工作原理基于阿基米德定律。在图 3-82（b）中可见，密度计垂直稳定地漂浮在液体中，当忽略空气浮力和弯液面影响时，平衡方程为

$$m_0 g = (V_0 + lA)\rho g$$

即

$$\rho = \frac{m_0}{V_0 + lA} \tag{3-56}$$

所以

$$d = \frac{\rho}{\rho_0} = \frac{V_0 + l_0 A}{V_0 + lA} \tag{3-57}$$

式中　ρ——待测液体密度，g/cm^3；

ρ_0——水的密度，$\rho_0 = 1.00 g/cm^3$；

d——待测液体相对密度，无量纲；

m_0——密度计质量，g；

V_0——密度计躯体部分的体积，cm^3；

l——液面下干管的长度，cm；

l_0——水面下干管的长度，一般标定 $l_0 = 0$；

A——干管的截面积，cm^2。

式（3-57）中，V_0、l_0、A 均为常数，d 与 l 是对应的，因此可用 l 来表示液体相对密度 d 的大小。一般情况下，密度计上刻度标注的都是相对密度 d（比重）。使用密度计时，将其竖直地放入待测的液体中，待平稳后，从它的刻度处即可读出待测液体的相对密度 d。

3.7.2.6　矿浆浓度 C 的人工检测

A　过滤烘干法

采取矿浆样品，称量矿浆质量 m_p。然后将该矿浆样过滤、烘干，称量干样质量 m_s。矿浆浓度 C 的计算式参见式（3-42）。该法花时长、不方便、耗电量大。

【例 3-18】　接取矿浆样，称量得矿浆质量 $m_p = 150.0 g$，过滤烘干后称量得干样质量 $m_s = 48.6 g$。求该样品的矿浆浓度 C。

解：

$$C = \frac{m_s}{m_p} \times 100\% = \frac{48.6}{150.0} \times 100\% = 32.40\%$$

B　浓度壶法

浓度壶采用镀锌薄板制作，一般为自制，形状如图 3-83 所示，容积约为 0.5 ~ 1L。用浓度壶法测定矿浆浓度的步骤如下：

（1）标定称量出空浓度壶的质量 W_0；

（2）标定称量出浓度壶盛满清水至溢流时的总质量 W_1；

（3）称量出浓度壶盛满矿浆至溢流时的总质量 W_2。

与用容量瓶法测定固体物料密度的式（3-54）导出相同，此时有

$$m_s = \frac{\delta}{\delta - \rho}(W_2 - W_1)$$

图 3-83　浓度壶

$$C = \frac{m_s}{m_p} \times 100\% = \frac{\delta}{\delta - \rho} \frac{W_2 - W_1}{W_2 - W_0} \times 100\% \qquad (3-58)$$

式中　δ——固体物料真密度，kg/m^3；

　　　ρ——介质密度，kg/m^3，对水，$\rho_0 = 1000kg/m^3$；

　　m_s——加入浓度壶中的矿浆中的固体物料质量，kg；

　　m_p——加入浓度壶中的矿浆质量，$m_p = W_2 - W_0$，kg。

在生产现场通常预先标定矿石真密度 δ，制作浓度壶，并根据式（3-58）预先标定计算制成一张对照查验表。对于一个特定的浓度壶，只要称出它盛满待测矿浆后的质量 W_2，即可对应地从表上查出待测矿浆的浓度值。表 3-15 所示为某浓度壶对照查验表。

表 3-15　2 号浓度壶对照查验表

壶 + 矿浆：W_2/g	矿浆浓度 $C/\%$	液　固　比	矿浆中干矿量 m_s/g
…	…		…
1540	29		359.6
1550	30		375.0
1561	31		390.9
1571	32		406.7
…	…		…

注：1. 矿石真密度标定值 $\delta = 3.0g/cm^3$；

　　2. 空浓度壶的质量 $W_0 = 300g$；

　　3. 浓度壶盛满清水至溢流时的总质量 $W_1 = 1300g$。

3.7.2.7　矿浆浓度 C 和磨矿细度 $\gamma_{-0.074mm}$ 的浓度壶湿筛同时快速测定法

生产现场可采用矿浆浓度和磨矿细度的浓度壶湿筛同时快速测定法，一般情况下 2min 内即可完成。具体做法如下：

（1）用浓度壶接取矿浆样品，擦净壶外壁，称重，查表对应读取壶中的矿浆浓度 C，以及壶中矿浆中的干矿质量 m_s；

（2）将浓度壶中的矿浆倒入已预先称量标定质量的 0.074mm（200 目）筛子，进行湿筛至大体基本干净，然后将筛子连同筛上湿产物一起称重。磨矿细度的快速计算公式为

$$\gamma_{-0.074mm} = \frac{m_s - k(m_{TM} - m_T)}{m_s} \times 100\% \qquad (3-59)$$

$$k = \frac{m_{+0.074mm,D}}{m_{+0.074mm,M}} \times 100\% \qquad (3-60)$$

式中　$\gamma_{-0.074mm}$——矿浆中小于 0.074mm（200 目筛）粒级的质量分数，%；

　　　m_s——浓度壶中的干矿质量，g；

　　　m_T——0.074mm（200 目）筛子的质量，g；

　　　m_{TM}——0.074mm（200 目）筛子连同湿筛上产物的总质量，g；

　　　k——大于 0.074mm 粒级的湿矿系数，可实测，取 $k = 0.7$；

　$m_{+0.074mm,D}$——0.074mm 筛子筛上产物烘干后的质量，g；

　$m_{+0.074mm,M}$——0.074mm 筛子筛上产物刚筛完潮湿时的质量，g。

【例 3-19】　某选矿厂对矿石真密度 δ 及自制 2 号浓度壶的标定值和相应对照查验表见

表3-15，所用200目筛质量 $m_T = 150g$。设某次测定测得2号浓度壶盛满待测矿浆后的质量 $W_2 = 1550g$，再用200目筛湿筛至基本干净，称量筛子连同湿筛上产物的总质量 $m_{TM} = 310g$。求矿浆浓度 C、磨矿细度。

解：（1）查表3-15，得矿浆浓度 $C = 30\%$；

（2）查表3-15，得 $m_s = 375.0g$；取 $k = 0.7$，将 m_s、m_T、m_{TM} 代入式（3-59），得

$$\gamma_{-0.074mm} = \frac{m_s - k(m_{TM} - m_T)}{m_s} \times 100\% = \frac{375 - 0.7 \times (310 - 150)}{375} \times 100\% = 70.13\%$$

3.7.3 物料水分含量的在线仪器检测

矿物加工工艺对物料水分含量的在线仪器检测有一定的需要，如选矿过滤精矿的水分在线检测；团矿造球作业物料水分在线检测和湿球干燥作业水分在线检测，等等。

3.7.3.1 红外水分仪

红外水分仪是一种在线非接触式物料水分检测仪。水对一些特定波长的红外光表现出强烈的吸收特性，其红外吸收光谱如图3-84所示。

当用这些特定波长的红外光照射物料时，物料中所含的水就会吸收部分红外光的能量，含水越多吸收也越多，因此可通过测量反射光的减少量计算物料的水分。为减少干扰，常采用三波长法，即一个被水强烈吸收的波长（测量波长）和两个被水吸收不太强的波长（参比波长），检测和计算这3个波长反射光的能量之比，即可消除其他因素对水分测量的干扰。

红外水分仪的结构原理如图3-85所示。光源发射的红外光穿过分光盘上的滤光片，经反射镜射向被测物料；分光盘上的不同滤光片只允许某一波长的红外光透过，分光盘在电动机的驱动下高速旋转，使测量波长及参比波长的红外光交替射向被测物料；这些红外光一部分被物料吸收，另一部分反射到凹面聚光镜，被光电传感器接收并转换为电信号，通过后续电路处理计算出物料的水分。

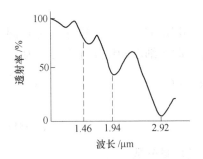

图3-84 红外线区域水的吸收光谱

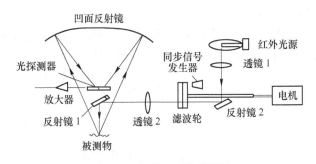

图3-85 红外水分仪的结构

该产品适用于烧结球团矿、煤炭、化工、造纸、烟草、食品、建筑等多个行业，能对生产线上各个工艺点的水分值进行快速准确测量。表3-16是OMM3000型红外水分仪的技术性能参数。

表3-16 OMM3000型红外水分仪的技术性能参数

工作方式	水分检测范围/%	水分检测精度/%	可重复性/%	工作温度/℃	输出信号/mA
在线	0.1~40	±0.1	±0.1	-20~+50	4~20

3.7.3.2　中子水分仪

中子水分仪可用于工业生产过程中对物料水分含量的在线连续检测，可用于钢铁、建材、水泥、陶瓷等行业，并能输出控制信号以实现生产过程的闭环自动控制。

中子水分仪的检测原理是基于中子对水分中的 H 元素敏感，H 元素可以使中子发生慢化，而其他物质则几乎没有这一过程。

表 3-17 是 DF-5740 型透射式皮带中子水分仪的技术性能参数。

表 3-17　DF-5740 型透射式皮带中子水分仪的技术性能参数

工作方式	水分检测范围/%	精度/%	检测值重复性/%	工作温度/℃	输出信号/mA
在线	0.1 ~ 40	±0.3	±0.1	−20 ~ +50	4 ~ 20

3.7.3.3　微波水分仪

微波是一种高频电磁波，微波透射介质时产生的衰减、相位改变主要由介质的介电常数、介质损耗角正切值决定。水是一种极性分子，水的介电常数和介质损耗角正切值都远高于一般介质。通常情况下，含水介质的介电常数和损耗角正切值的大小主要由它的水分含量决定。

MA-500 微波水分仪是由澳大利亚 CALLIDAN 仪表公司开发的粉状物料水分连续测量仪器。该仪器采用微波测量的原理进行物料的水分分析。具体方法是：由底部的微波发射源向上连续发射一定频率和能量的微波，该微波穿过料层后被上方的接收器接收。通过测量接收微波的相位移和衰减来确定物料的水分含量。在我国马钢二铁三烧的试验室和工业试验表明，MA-500 微波水分仪用于烧结混合料和球团混合料的水分测量时，混合料料层厚度与微波衰减之间存在良好的线性关系，通过设备自带的厚度测量仪，自动消除了料层厚度变化对水分测量带来的影响。其精度达到 0.2% 以内，而且长期运行稳定可靠，不受环境影响，维护量低。

图 3-86 所示是德国 MuTed（莫特）公司 HUMY3000 微波水分仪的结构安装图。其通过固定高度的挡板安装形式，可使通过微波传感器的物料层厚度固定，从而减少干扰，提高检测精度。对于 0 ~ 20mm 的煤，精度在 ±0.5%；对于物料比较均匀的产品，如粮食、铝土矿、精矿、烧结料，精度在 0.1%~0.3%。

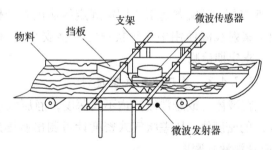

图 3-86　HUMY3000 微波水分仪结构安装图

3.7.4　矿浆浓度的在线仪器检测

3.7.4.1　超声波浓度仪

矿浆浓度测定的主流应用仪器是超声波浓度仪。

超声波浓度仪的结构和原理与超声波粒度仪相同，如图 3-72 所示。矿浆浓度可采用超声波粒度仪在测量磨矿细度时同时测出，各种类型的超声波粒度仪，如 OPUS 型、PSM

型，均有同时测定矿浆浓度的功能。

我国还专门研发了测量河水含沙量和污水处理污泥含量的 SDM-4000 型超声波污泥浓度仪，其技术参数见表 3-18。

表 3-18　SDM-4000 型超声波污泥浓度仪技术参数

测量原理	测量范围 /g·L^{-1}(kg·m^{-3})	重复精度		
		0.5~5g/L 范围	10~20g/L 范围	20~150g/L 范围
超声幅度衰减	0.2~400	±0.2g/L	±2%	±1%

3.7.4.2　同位素浓度计

同位素浓度计的测量原理，是根据 γ 射线穿透物体的衰减规律进行测量，参见式 (2-5) 和式 (2-6)。通过测量入射 γ 射线强度 I_0 和透射 γ 射线强度 I，即可测定矿浆悬浮液的密度 ρ_p。根据式 (3-52)，矿浆悬浮液的密度 ρ_p 与矿浆固含质量浓度 C 具有固定的换算关系，所以 I 与矿浆浓度 C 相关。

图 3-87 所示是 FB-2300F 微机工业密度计（浓度计）结构示意。同位素射线从射线源容器发出，经过测试区域，到达信号探测器。当矿浆通过测试区域时，由于不同浓度的矿浆对射线的吸收程度不同，在接收端上得到的射线的衰减程度也就不一样，根据浓度大小同射线强度衰减之间的关系，得到矿浆的浓度分布。FB-2300F 在线密度计可在线测定各种流体或混合物的密度和浓度，如钻井泥浆、矿浆、水煤浆，重复精度可达 0.2%。

仪表选用铯 137 放射源，所用强度小，一般使用 2~5 毫居，泄漏量远低于国家规定的居民安全标准。同位素射线源使用中必须按规定严格安全管理，并按要求定期检测。

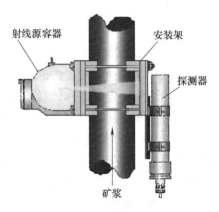

图 3-87　FB-2300F 微机工业密度计（浓度计）的结构

3.7.4.3　差压吹气式密度计

在液体（或悬浮液）内不同深度，静压大小的差别仅取决于深度差及液体（或悬浮液）的密度值。压差吹气式密度计可测出有固定深度差的两处静压差，从而换算出液体（或悬浮液）密度。

图 3-88 所示是单管吹气式密度计的结构原理。

我国选煤厂在重介质选煤作业中曾长期使用双管差压吹气式密度计来测定重介质悬浮液的密度。图 3-89 所示是双管差压吹气式密度计的结构原理。

在图 3-89 中，液面压强为大气压强 p_0，双管插入密度为 ρ_p 的悬浮液中，两管的插入深度分别为 h_1 和 h_2，管深度差为 H。气源经过定值器减压稳压后压强为 p，分别通过两个节流孔向两管测压管吹气。由于气源压强 P 大于双管管端压强 p_1 和 p_2，所以管内液体被排出，并连续向悬浮液中吹气泡。

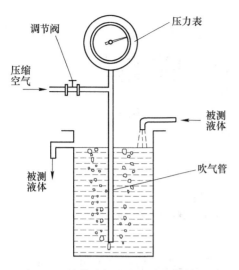

图 3-88 单管吹气式密度计的结构原理

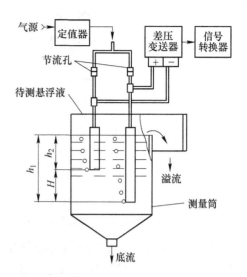

图 3-89 双管差压吹气式密度计的结构原理

因为
$$p_1 = p_0 + h_1 g \rho_p$$
$$p_2 = p_0 + h_2 g \rho_p$$
$$p_1 - p_2 = (h_1 - h_2) g \rho_p$$

所以
$$\rho_p = \frac{p_1 - p_2}{(h_1 - h_2) g} \tag{3-61}$$

式中 ρ_p——悬浮液密度，kg/m^3；

p_1——长管压强，Pa；

p_2——短管压强，Pa；

p_0——当时当地的大气压强，Pa；标准大气压 $p_0 = 0.1013MPa$；$1MPa = 10^6 Pa$；

h_1——长管插入深度，m；

h_2——短管插入深度，m；

g——重力加速度，$g = 9.8m/s^2$。

【例3-20】 某选煤厂用双管差压吹气式密度计测定重介质悬浮液的密度。已知长管插入深度 $h_1 = 0.50m$，短管插入深度 $h_2 = 0.25m$，测得差压 $\Delta p = p_1 - p_2 = 0.0042MPa$，求重介质悬浮液密度 ρ_p。

解： $$\rho_p = \frac{p_1 - p_2}{(h_1 - h_2) g} = \frac{0.0042 \times 10^6}{(0.50 - 0.25) \times 9.8} = 1714(kg/m^3)$$

3.7.4.4 浮筒式密度计

浮筒式密度计主要用于液体密度测定，其原理与悬浮密度计相同，参见式（3-57）和图 3-82，其实质是将密度计上下浮动的刻度直观显示转变为电信号输出。

如图 3-90 所示，浮筒随待测液体的密度不同而上下浮动，浮筒上部伸出的高度取决于被测液体的密度。浮筒下端连接磁芯，将随待测液体密度变化的运动量通过差动变压器转变为电信号。

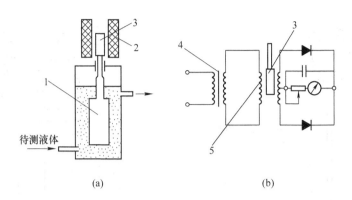

(a)　　　　　　　　　　　　　　　(b)

图 3-90　浮筒式密度计的结构

1—浮筒；2—差动变压器线圈；3—磁芯；4—电源变压器；5—差动变压器

图 3-91 所示为 DC-400 在线浮筒式密度计。

图 3-92 所示为 DM230 便携式浮筒密度计，其传感器是内置精密体积和质量的钢质浮子，当它完全浸入液体时，浮子上升驱动传感器的磁性线圈产生电位变化，通过数据处理精确计算出密度结果。可应用于石油产品、化学制品、酒精溶液（可显示酒精浓度）、化妆品、制药、牛奶以及其他食品。相比使用图 3-82 的比重表式密度计，便携式浮筒密度计显得"大气、高端、上档次"。

图 3-91　DC-400 在线浮筒式密度计　　　　　图 3-92　DM230 便携式浮筒密度计

3.8　流量检测

3.8.1　流量的基本概念及在矿物加工工艺中的作用

3.8.1.1　流量

流量是指单位时间内流经封闭管道或明渠有效截面的流体量，又称瞬时流量。当流体量以体积表示时称体积流量；当流体量以质量表示时称质量流量。一般情况下，多采用体积流量，其表达式为

$$Q = \frac{V}{t} \tag{3-62}$$

式中　Q——流量，m^3/s；或 L/s、mL/s；m^3/min、L/min、mL/min；

V——流体体积，L；或 mL、m^3；

t——流过时间，s；或 min。

当流体流动平均速度和流动截面积已知或可测时，有

$$Q = v_1 S = \frac{1}{4}\pi D^2 v_1 \qquad (3-63)$$

式中　v_1——流体流动平均流速，m/s；

　　　S——流体流动横截面积，m^2；

　　　D——流体流动管道直径，m。

3.8.1.2　流量检测在矿物加工工艺中的作用

团矿工艺中，烧结风量分布检测控制、球团造球补加水流量检测控制均极为重要。

选矿工艺操作调控的基本点为"三度一准"，即细度、浓度、酸碱度、准确给药。细度、浓度的控制均与磨矿和分选过程中的补加水流量控制相关。浮选过程需检测控制充气量。准确给药需要检测控制浮选药剂溶液的流量。

常规的浮选加药方式为将药剂配制成溶液后采用虹吸管式加药，如图 3-93 所示。液面到虹吸管出口的高差为 H，列出液面到虹吸管夹出口的伯努利方程：

$$H = \frac{V^2}{2g} + h_w \qquad (3-64)$$

$$V = \sqrt{2g(H - h_w)}$$

故　　　$Q = A\sqrt{2g(H - h_w)} \qquad (3-65)$

式中　Q——虹吸管流量，mL/min；

　　　H——液面至虹吸管夹出口的垂直高度，m；

　　　V——虹吸管流速，cm/min；

　　　h_w——管内阻力总水头损失，m；

　　　A——虹吸管截面积，cm^2。

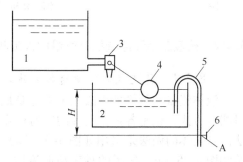

图 3-93　虹吸管式加药

1—药剂池；2—给药箱；3—浮球阀；4—浮球；
5—虹吸管；6—调节螺丝夹

给药箱液面通过浮球阀控制稳定，即 H 恒定，忽略管内阻力总水头损失 h_w，则 Q 仅与管截面积 A 相关，虹吸管流量可通过调节螺丝夹松紧来调节。

对于液体药剂常采用杯式加药机直接添加原液，如图 3-94 所示，其流量一般通过增减杯数或调节杯倾倒角，调节较困难，准确性不高，且不能获得标准电信号输出。

现代的浮选厂加药大多数已采用各种电磁阀或计量泵形式的加药机。

【例 3-21】　某浮选厂，处理能力 2880t/d，要求浮选粗选矿浆浓度 $C = 32\%$，求整个浮选前磨矿作业的补加水流量 $Q_水$（L/min）。若粗选捕收剂的设定添加量 $b = 100g/t$

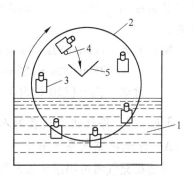

图 3-94　杯式给药机

1—药箱；2—转盘；3—小杯；
4—横杆；5—流槽

矿，捕收剂配制成质量分数 $C_B = 10\%$ 的药液添加，设药液密度 ρ_B 近似等于 $1g/mL$，求粗选捕收剂药液添加流量 $Q_B(mL/min)$。

解：（1）$1d = 24h = 1440min$；$Q_{矿} = 2880t/d = 2t/min = 2000kg/min$

因为　　$C = \dfrac{Q_{矿}}{Q_{矿} + Q_{水}} \times 100\% = 32\%$ ，水的密度 $\rho_0 = 1kg/L$

所以　　$Q_{水} = \dfrac{Q_{矿}}{C} - Q_{矿} = \dfrac{2000}{0.32} - 2000 = 4250(kg/min) = 4250(L/min)$

（2）因为　$m_B = Q_{矿} b = 2t/min \times 100g/t = 200g/min$

捕收剂配制成浓度 $C_B = 10\%$ 的药液，药液的密度 $\rho_B \approx 1g/mL$

所以　　$Q_B = \dfrac{m_B}{C_B \rho_B} = \dfrac{200g/min}{0.1 \times 1g/mL} = 2000(mL/min)$

【例 3-22】 某烧结厂的 $300m^2$ 烧结机，设计需风量 $90m^3/(m^2 \cdot min)$，采用 2 台风机并联，求所需风机的风量规格。

解：　　　　　　　　$Q = 300 \times 90/2 = 13500(m^3/min)$

3.8.2　药液流量和浮选机充气量的人工测量标定

3.8.2.1　药液流量的量筒秒表法人工测量标定

液体流量的量筒秒表法人工测定是最基本的流量测定方法，也是各种流量计的定时标定的基本方法。其具体的做法是采用如图 3-95（a）所示的量筒和图 3-95（b）所示的秒表截取流体，读取流体体积和截取时间，按式(3-62)计算流量。

为降低误差，人工测定流量时需多测几次，取平均值。由于量筒较长易碰坏，一般是先用塑料杯计时接取流体，再倒入量筒测量体积。

【例 3-23】 某浮选厂用量筒秒表人工测定粗选某捕收剂药液添加流量 $Q_B(mL/min)$，共测定 2 次，测定数据分别为 $75mL/30s$、$78mL/30s$。求药液平均流量。

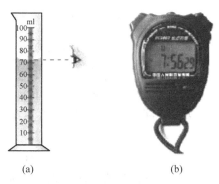

图 3-95　流量的量筒秒表法人工测定
（a）量筒读数；（b）秒表计时

解：因为　$1min = 60s$，$75mL/30s = 150mL/min$；

　　　　　$78mL/30s = 156mL/min$；

所以　$Q_B = (150 + 156)/2 = 153mL/min$

3.8.2.2　浮选机充气量的人工测定

A　浮选机充气系数 η

浮选机充气量可用浮选机充气系数 η 表示

$$\eta = \frac{V_a}{V}　　　　　　(3-66)$$

式中　V_a——充入矿浆中的空气体积；

V——矿浆总体积。

一般认为，浮选机内适宜的充气系数 η 值应为 $0.25 \sim 0.35$。浮选机充气系数 η 的物理概念清楚，但不易直接测定。

B 浮选机充气量 Q_f

实际生产中，浮选机充气量 Q_f 通常用浮选机单位投影面积充气量来表示

$$Q_f = \frac{Q_{\min}}{A} \qquad (3-67)$$

式中 Q_f——浮选机充气量，$m^3/(m^2 \cdot min)$；

$Q_{\min}$——单位时间充气量，m^3/min；

A——浮选机投影面积，m^2。

C 浮选机充气量 Q_f 测定方法

a 量筒法

量筒法测定浮选机充气量 V_q 的操作方法如图 3-96 所示。取一个带刻度的 1000mL 的量筒，计算量筒截面积 A。将量筒充满水；然后用一张白纸将量筒口盖住，用手掌托住所盖的白纸。将量筒翻倒过来放入矿浆中，手掌和白纸同时离开量筒的下端，用秒表开始记录时间。此时量筒中的水逐渐被进入的气体排走，待量筒中的水全部被气体排净时，停秒表计时，按式（3-62）计算 $Q_{\min}$，然后按式（3-67）计算 Q_f。按照以上方法重复测量 $3 \sim 4$ 次，每次应在浮选机不同的位置，最终加权计算取平均值。

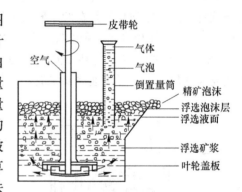

图 3-96 浮选机充气量 V_q 测定的量筒法

b 日光灯管法

日光灯管法的测定原理过程及计算方法与量筒法相同，采用单开口去除管壁荧光粉的日光灯管，可穿过较厚的浮选泡沫层，插入浮选矿浆。

3.8.3 流量的仪表测定

3.8.3.1 浮子流量计

玻璃管或塑料管浮子流量计是变面积式流量计的一种，常用于实验室。玻璃管浮子流量计结构如图 3-97 所示，在一根透明的由下向上扩大的垂直锥管中，圆形横截面浮子的重力由液体动力承受，浮子可在锥管内随流体流量变动上升或下降，此时浮子在刻度盘高度可对应显示一定的流体流量。

工业上采用金属浮子流量计，浮子刻度通过磁性感应显示流量，其缺点是流体阻力较大。

3.8.3.2 计量泵式流量计

国外在药剂添加中常采用计量泵式流量计。计量泵也是控制过程

图 3-97 玻璃管浮子流量计

执行器的主要执行部件之一。

计量泵有柱塞式隔膜泵、胶管蠕动泵、旋转活塞式、转轮式和螺旋容积式等。计量泵具有精度高、无药液外泄、可输送黏性液体和不需要落差等优点。

A 柱塞式隔膜计量泵

图 3-98 所示是柱塞式隔膜计量泵的结构。它的工作过程，是在电动机驱动下经传动机构柱塞（活塞）做往复运动。当柱塞向后移动时，膜片逐渐凹进，入口单向球阀打开，介质流入泵腔。当柱塞向前移动时，膜片逐渐凸起，泵腔内体积逐渐变小，压力逐渐增大，出口单向球阀打开，介质排出泵腔，完成液体输送。每个周期输送的液体体积等于柱塞运动的体积。调节柱塞运动速度即可调节流量；记录柱塞运动次数即可计量流量。

B 蠕动泵型计量泵

图 3-99 所示是蠕动泵型计量泵的结构。蠕动泵由 3 部分组成：驱动器转辊、泵头托枕和软管。蠕动泵通过对弹性输送软管交替进行挤压和释放来泵送流体。就像用两根手指夹挤软管一样，蠕动泵就是在两个转辊子压在托枕之间的一段弹性输送软管形成"枕"形流体。"枕"的体积取决于弹性输送软管的内径和转子的几何特征。输送流量等于泵头转速、"枕"的体积、转子每转一圈产生的"枕"个数三者乘积。蠕动泵的主要优点有：流体被隔离在泵管中、可快速更换泵管、流体可逆行、可以干运转、维修费用低等。

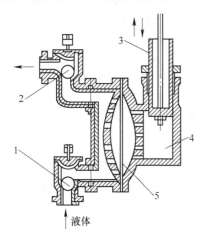

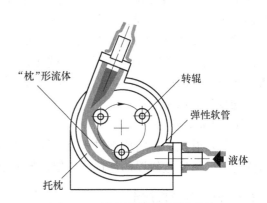

图 3-98 隔膜型计量泵结构
1—入口球阀；2—出口球阀；3—塞柱；
4—油缸；5—隔膜

图 3-99 蠕动泵型计量泵的结构

3.8.3.3 电磁阀式流量计

国内的浮选给药机通常采用电磁阀式流量计，如图 3-100 所示。电磁活动球阀结构主体是一个尼龙制的阀体，它由阀体、上套、阀芯、节流孔、线圈、不锈钢罩组成，非金属材质，防腐性能好，各部件之间用管螺纹联结。阀门由钢柱体和一个有磁性的不锈钢球组成。线圈通电时钢球被吸引上升，阀开启，断电时钢球下落堵住阀口使其关闭。采用一台计算机可同时控制多个电磁阀。

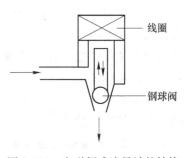

图 3-100 电磁阀式流量计的结构

电磁阀式流量计采用如图3-93所示的浮球阀法控制给药液面高度恒定，使电磁阀常开时药液满开流量恒定。实际药液流量等于满开流量与活动球阀开启时间率的乘积，即

$$Q_s = Q_0 \frac{t_s}{t_0} \tag{3-68}$$

式中　Q_0——电磁阀常开时药液满开流量，cm^3/min；

　　　Q_s——电磁阀实际药液流量，cm^3/min；

　　　t_0——一个加药周期时间，s；

　　　t_s——一个加药周期时间电磁活动球阀设定开启时间，s。

因此，只要预先标定设置满开流量，使用计算机控制系统控制调节电磁球阀在固定的加药周期中的开启时间，就能调节加药量的大小。

【例3-24】　某浮选厂粗选作业中，某捕收剂药液添加点电磁阀常开流量经标定为 $Q_0 = 1000 mL/min$，设一个加药周期为60s，加药周期内设定电磁阀开启时间为6s，求实际药液流量。

解：
$$Q_s = Q_0 \frac{t_s}{t_0} = 1000 \times \frac{6}{60} = 100 (mL/min)$$

3.8.3.4　涡轮式流量计

涡轮式流量计是在管道中心安放一个涡轮，两端由轴承支撑，当流体通过管道时，冲击涡轮叶片，对涡轮产生驱动力矩，使涡轮旋转。在一定的流量范围内，对一定的流体介质黏度，涡轮的旋转角速度与流体流速成正比．从而可以计算得到通过管道的流体流量。

水表是用以统计流过管道中水的总量的流量测量仪表，分为容积式和速度式两类。图3-101所示为速度式水表的结构，其结构简单、价格低廉，可作为家用和工

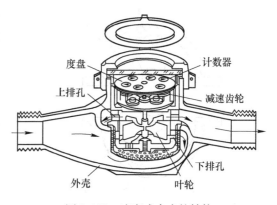

图3-101　速度式水表的结构

业水表。速度式水表内部装有可旋转的叶轮，水经叶轮盒的下排孔以切线方向流入，推动叶轮旋转，然后通过上排孔流出。叶轮转速与流过水表的总量成正比，叶轮的转动经齿轮减速后带动计数器，在度盘上累计流过水表的总水量。齿轮盒和度盘直接处于水中的水表称为湿式水表，其结构简单，机械阻力小，有微量水流过水表指针就能动作。水表是工业和民用领域中最常用的用水计量仪表。

3.8.3.5　电磁流量计

电磁流量计是应用电磁感应原理，根据导电流体通过外加磁场时感生的电动势来测量导电流体流量的一种仪器。电磁流量计的优点是压损极小，可测流量范围大，输出信号和被测流量成线性，精确度较高。电磁流量计可测量电导率不小于 $5\mu S/cm$ 的酸、碱、盐溶液、水、泥浆、矿浆等的流体流量，但不能测量气体、蒸汽以及纯净水的流量。

当导体在磁场中作切割磁力线运动时，在导体中会产生感应电势，感应电势的大小与

导体在磁场中的有效长度及导体在磁场中作垂直于磁场方向运动的速度成正比。同理，导电流体在磁场中作垂直方向流动而切割磁感应力线时，也会在管道两边的电极上产生感应电势。

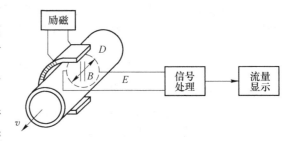

图 3-102　电磁流量计的结构原理

如图 3-102 所示，在电磁流量计的管道直径 D 已定且保持磁感应强度 B 不变时，被测流体流速 v 和体积流量与感应电势呈线性关系。若在管道两侧各插入一根电极，就可引入感应电势 E，测量此电势的大小，就可求得体积流量。

3.8.3.6　转轮式流量计

转轮式流量计包括腰轮式流量计和椭圆齿轮流量计。图 3-103 所示为腰轮式流量计的结构，由两个腰轮式转轮与壳体构成计量室。两个腰轮式转子交替地向两个反方向转动，每转一周就把 4 倍于计量室的流体排除出去，通过计数器计算流量。腰轮式流量计又称为罗茨流量计，常用于气体流量计量，如燃气计量、空压机风量计量。

图 3-104 所示为椭圆齿轮流量计的内部结构，其运转计量原理与腰轮式相同。

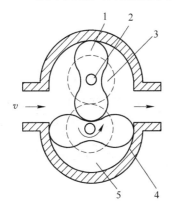

图 3-103　腰轮式流量计的结构
1—腰轮；2—转动轴；3—驱动齿轮；
4—外壳；5—计量室

图 3-104　椭圆齿轮流量计的内部结构

3.9　物 位 检 测

矿物加工生产中对矿仓料位、水池液位、药剂桶液位、浮选槽液位均需进行了解和控制。如浮选机液位检测调控，是调节浮选泡沫现象和浮选指标的重要手段。

物位检测仪表的类型有超声波式、浮球式、静压式、电容式、放射性式、激光式（图 2-23）、雷达式等。目前矿物加工工艺最常用的是超声波式，其价格低，使用方便。

3.9.1　超声波式物位计

超声波测距原理如图 2-17 所示，计算式参见式（2-4）。

超声波物位计由于采用非接触测量,被测介质几乎不受限制,可广泛用于各种液体和固体物料高度的测量,成本较低,使用方便。超声波液位仪安装时,传感器探头必须高出最高液位 500mm 左右,这样才能保证对液位的准确监测及保证超声波液位计的安全。

目前,我国的浮选机、浮选柱的液位测定大多采用超声波液位仪。由于浮选机液面表层覆盖较厚的泡沫层,为测定到实际液位,必须排除泡沫层的影响。此时一般采用如图 3-105 所示的方法,设置一穿过泡沫层和矿浆层

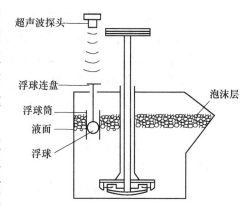

图 3-105　超声波液位计测定浮选机液面

的浮筒,浮筒内放置一浮球,浮球通过连杆与浮球连盘连接。这样,浮选机液面的变化可通过浮球连盘高度的变化而准确表示,超声波探头测定其与浮球连盘的距离,再经简单换算即可得到浮选机液面的准确高度。

超声波传感器的生产厂家众多。表 3-19 是 AD3800 型超声波液位计参数。

表 3-19　AD3800 型超声波液位计技术性能参数

电　源	量程/m	检测精度/%	分辨率/mm	盲区/m	环境温度/℃	输出信号/mA
AC-220V	0 ~ 20	0.25	1	0.3 ~ 0.5	−20 ~ 55	4 ~ 20

3.9.2　浮球式液位计

3.9.2.1　机械浮球式液位计

浮球式液位计是在容器液面装设一个可以沿着导轨上下自由浮动的浮筒,利用浮球始终保持在液面浮动的基本原理,指示标出容器液面。

图 3-106 所示是最简单的标尺式浮球液位计,液位变动通过浮球位置的变化,再通过连接绳、定滑轮和重锤的上下移动,在标尺上直观地显示出来。常用于选矿厂药剂配制车间。

图 3-107 所示是指针式浮球液位计,待测容器旁设有一个连通管测量室,浮球位置的变化通过连杆绕转动轴带动指针转动,指示液位。

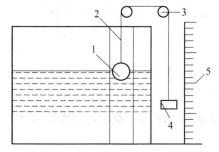

图 3-106　标尺式浮球液位计

1—浮球;2—连接绳;3—定滑轮;
4—重锤;5—标尺

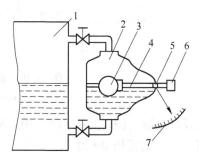

图 3-107　指针式浮球液位计

1—容器;2—测量室;3—浮球;4—连杆;
5—转动轴;6—平衡锤;7—指针刻度

3.9.2.2 带角位移传感器的浮球液位计

图 3-108 所示是带角位移传感器的浮球液位计。液位变动通过浮球位置的变化带动连杆绕转动轴转动，带动角位移传感器产生电信号输出，转换成液位显示。

带角位移传感器的浮球液位计可用于浮选机液位测定，如芬兰奥托昆普公司（现名奥图泰公司，Outotec）的 LMU 型矿浆液位变送器即为此类型。我国也有该类型的仿制型号，称为 XNM-94 型。

3.9.2.3 浮筒差动变压器式液位计

图 3-109 所示是浮筒差动变压器式液位计，浮筒位置的变化通过连杆带动铁芯在差动变压器中位移，产生相应的电压变化信号，指示出液面位置。常用于密闭容器液位测定。

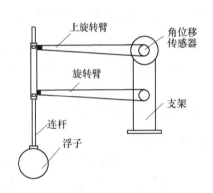

图 3-108 带角位移传感器的浮球液位计

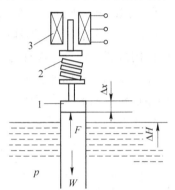

图 3-109 浮筒差动变压器式液位计
1—浮筒；2—连杆铁芯；3—差动变压器

3.9.3 差压式液位计

如图 3-110 所示，差压式液位计是利用容器内液位改变时，液柱产生的静压与液位高成正比的原理工作的。

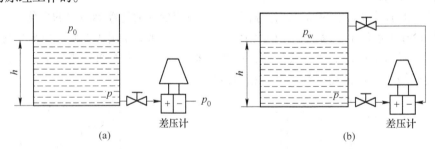

图 3-110 差压式液位计的工作原理
（a）开口容器；（b）密闭压力容器

在开口容器（图 3-110（a））中，液面压强为标准大气压 p_0，差压计正压室（＋）和负压室（－）的差压 Δp 为

$$\Delta p = p + p_0 - p_0 = p$$

在密闭压力容器（图 3-110（b））中，液面压强为标准大气压 p_w，差压计正压室（＋）和负压室（－）的差压 Δp 为

$$\Delta p = p + p_w - p_w = p$$

故 $$\Delta p = p = h\rho g \qquad (3-69)$$

式中　Δp——差压计正压室和负压室的差压，Pa；

　　　h——液位高度，m；

　　　ρ——液体密度，kg/m^3；

　　　g——重力加速度，$g = 9.8 m/s^2$。

若 ρ 已知，则测 Δp 即可得出液位 h，一般差压式液位计会直接转换显示液位。

差压计是测量两个不同点处压力之差的测压仪表。除测量压差外多用来与节流装置（如孔板、文丘里管等）配合使用以测量流体的流量，还可用来测量液位（如差压式液位计），以及管道、塔设备等的阻力（即两点的压力降）等。

充满管道的流体，当它流经管道内的节流件时流速将在节流件处形成局部收缩，因而流速增加、静压力降低，于是在节流件前后便产生了压差。流体流量愈大，产生的压差愈大，这样就可依据压差来衡量流量的大小。

差压计的种类较多，目前常用的有双波纹管差压计、膜片式差压计等。

图 3-111 所示为膜片式差压计的结构，其工作原理为：被测介质的高低压力分别作用在差压计的高低压室的隔离膜片上，填充液把两隔离膜片的压力信号传送到中心测量膜片上，中心测量膜片夹在两金属膜片之间，形成电容。由于作用在中心膜片上的两个压力大小不一样，使中心膜片产生位移，中心膜片的位移引起电容容量产生变化，位移大电容变化也就大，说明压差大。检测电路将电容的变化转化为标准电信号电流输出供检测。

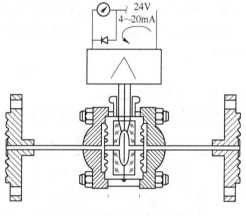

图 3-111　膜片式差压计的结构

【例 3-25】　某厂用差压式液位测定高位水池液位，测得差压 $\Delta p = 0.060 MPa$，求高位水池的实际水位 h。

解：
$$h = \frac{\Delta p}{\rho_0 g} = \frac{0.060 \times 10^6}{1000 \times 9.8} = 6.12 (m)$$

3.10　温 度 检 测

矿物加工生产过程中的氧化矿加温浮选、白钨加温精选、化学选矿焙烧、精矿干燥、精矿粉烧结造块和球团矿焙烧等工业过程均需对温度进行检测与控制。

3.10.1　温度概述

温度是物体内分子间平均动能的一种表现形式。物体的温度反映了物体内部分子运动平均动能的大小。分子运动愈快，物体愈热，即温度愈高；分子运动愈慢，物体愈冷，即温度愈低。

德国的华伦海特于 1714 年制成了以水的冰点为 32 度、沸点为 212 度、中间分为 180 度的水银温度计，即至今仍沿用的华氏温度计。华氏温度记为℉。

1742 年，瑞典的摄尔西乌斯制成以水的冰点为 100 度、沸点作为 0 度的水银温度计。到 1745 年，瑞典的林奈将这两个固定点颠倒过来，这种温度计就是至今仍沿用的摄氏温度计。摄氏温度的符号记为℃。摄氏温度为目前世界广泛应用的温度体系，但英美国家仍习惯使用华氏温度体系。摄氏温度与华氏温度的换算式为

$$t = \frac{5}{9} \times (\theta - 32) \tag{3-70}$$

式中　t——摄氏温度，℃；

　　　θ——华氏温度，℉。

【例 3-26】 某美国影片介绍某处戈壁中气温高达 110℉，求其摄氏温度。

解：$t = \frac{5}{9} \times (110 - 32) = 43.3(℃)$。

1927 年国际权度局规定以热力学温度（T）为基础、以纯物质的相变点为定义固定点的国际温标（开尔文温度 K），水的冰点为 273.16K，沸点为 373.16K。开尔文温度与摄氏温度的关系为

$$T = t + 273.15 \tag{3-71}$$

式中　T——开尔文温度，K。

常用的温度检测方法分类见表 3-20。

表 3-20　常用的温度检测方法分类

测温方式	温度计或传感器类型		测温范围/℃	精度/%	特　点
接触式	热膨胀式	水银	-50 ~ 650	0.1 ~ 1	简单方便；易损坏（水银污染）；感温部大
		双金属			结构紧凑，牢固可靠
		压力 液	-30 ~ 600	1	耐震，坚固，价廉；
		压力 气	-20 ~ 350	1	感温部大
	热电偶	铂汞—铂	0 ~ 1600	0.2 ~ 0.5	种类多，适应性强，结构简单，经济，方便，应用广泛
		其他	-200 ~ 1100	0.4 ~ 1.0	须注意寄生热电势及动圈式仪表电阻对测量结果的影响
	热电阻	铂镍铜	-260 ~ 600	0.1 ~ 0.3	精度及灵敏度均好，感温部大，须注意环境温度的影响
			-50 ~ 300	0.2 ~ 0.5	
			0 ~ 180	0.1 ~ 0.3	
		热敏电阻	-50 ~ 350	0.3 ~ 1.5	体积小，响应快，灵敏度高；线性差，须注意环境温度影响
非接触式		辐射温度计	800 ~ 3500	1	非接触测温，不干扰被测温度场，辐射率影响小，应用简便，不能用于低温
		光学高温计	700 ~ 3000	1	
		热电探测器	200 ~ 2000	1	非接触测温，不干扰被测温度场，响应快，测温范围大，适于测温度分布，易受外界干扰，定标困难
		热敏电阻探测器	-50 ~ 3200	1	
		光子探测器	0 ~ 3500	1	

3.10.2 温度检测仪表

3.10.2.1 水银温度计和红色酒精温度计

一般温度检测常使用水银温度计和红色酒精温度计（见图2-2）。水银温度计是膨胀式温度计的一种，用来测量 -39 ~ 357℃ 以内范围的温度时，精度较高。

酒精温度计是利用酒精热胀冷缩的性质制成的温度计。酒精温度计的误差比水银温度计大，但安全性比水银好，其测量范围 -114 ~ 78℃，能满足测量体温、气温和一般液体温度的要求，是实验室常用的测温工具。

3.10.2.2 压力式温度计

压力式温度计是利用液体或气体的压力或体积随温度变化的特性制成的接触式温度传感器。其结构如图3-112所示，当温包感受到温度变化时，密闭系统内饱和蒸气产生相应的压力，引起弹性元件曲率的变化，使其自由端产生位移，再由齿轮放大机构把位移变为指示值。

3.10.2.3 双金属温度计

双金属膨胀式传感器原理如图2-3所示。实际使用的双金属温度计为提高测温灵敏度，通常将较长的双金属片制成螺旋卷形状。双金属温度计的测量范围是 -80 ~ 600℃。

图3-113所示是直螺旋形双金属温度计的结构。直螺旋形双金属片置于保护管内，它的一端焊接在保护管的尾部上（称固定端），另一端（自由端）与顶部装有指针的中心轴金属杆连接，当被测温度发生变化时，双金属片自由端发生位移，通过中心轴带动指针偏转，从而在度盘上指示出温度的变化值。

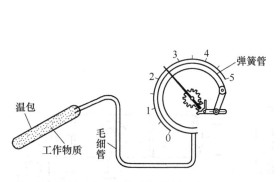

图3-112 压力式温度计的结构

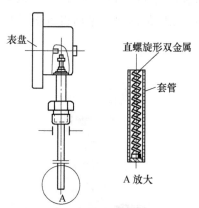

图3-113 直螺旋形双金属温度计的结构

3.10.2.4 热电阻

图3-114所示是铂电阻测温传感器的结构。热电阻是中低温区最常用的一种温度检测器，常用于实验室和工业窑炉。热电阻测温是基于金属导体或半导体的电阻值随温度的增加而增加这一特性来进行温度测量的。金属热电阻一般适用于 -200 ~ 500℃ 范围内的温度测量，它的主要特点是测量精度高、性能稳定，其中铂热电阻的测量精确度是最高的。

3.10.2.5 **热电偶**

将两种不同成分的导体（称为热电偶或热电极）两端接合成回路，当接合点的温度不同时，在回路中就会产生电动势，这种现象称为热电效应，而这种电动势称为热电势。热电偶温度计就是利用这种原理进行温度测量的，其结构原理如图 3-115 所示。

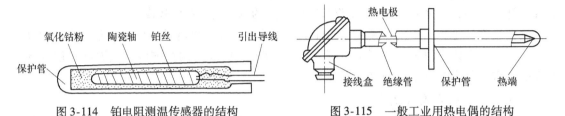

图 3-114　铂电阻测温传感器的结构　　　　图 3-115　一般工业用热电偶的结构

热电偶温度计是在工业生产中应用较为广泛的测温装置，其结构简单，精确度高，量程范围宽，抗震，适用于 – 200～500℃ 范围内的温度测量。

3.10.2.6 **红外线测温仪**

红外线测温仪是一种非接触式测温装置。温度在绝对零度以上的物体，都会因自身的分子运动而辐射出红外线。通过红外探测器将物体辐射转换成电信号后，经电子系统处理，传至显示屏上，即可得到与物体表面热分布相应的热像图。红外线测温仪外形如图 3-116所示，其使用的测温范围为 – 32～400℃，显示分辨率为 0.1℃，测温的相对误差为 ±1%。

3.10.2.7 **辐射高温计**

辐射高温计的结构如图 3-117 所示，其原理是根据物体在整个波长范围内的辐射能量与其温度之间的函数关系而设计制造的，它是根据物体的热辐射效应原理测量物体表面温度。

图 3-116　红外线测温仪

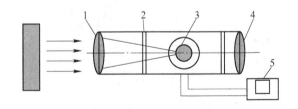

图 3-117　辐射高温计原理结构图
1—物镜；2—补偿光栅；3—热电堆；
4—目镜；5—测量仪表

当被测量的温度高于热电偶所能使用的范围，以及热电偶不可能装置或不适宜装置的场所，用辐射高温计一般可以满足这个要求。它广泛地用来测量冶炼、浇铸、轧钢、玻璃熔炉、锻打、热处理等工艺温度。配合适当的显示仪表，可以指示、记录被测温度。

3.11　压强检测

选矿工艺过程中的生产稳压供水、水力旋流器分级、浮选机供风、焙烧供风、精矿过滤和化学选矿加压浸出等作业，均需对水、矿浆和空气的压强进行检测与控制；团矿工艺过程中的焙烧供风、负压收尘等作业需对空气压强进行检测与控制；高液位容器设备需进行结构耐压测算设计。

3.11.1　压强概述

3.11.1.1　压强、压力与受力面积

物体所受的压力与受力面积之比叫做压强。

$$p = \frac{F}{S} \tag{3-72}$$

式中　p——压强，Pa(帕斯卡)，量纲为 N/m^2；

　　　F——压力，N；

　　　S——受力面积，m^2。

3.11.1.2　气体压强

气体压强是指气体分子撞击在单位面积上的压力。空气受到重力作用，而且空气具有流动性，因此空气内部各个方向都有压强，这个压强就叫大气压强，简称大气压。与液体压强类似，大气压强数量上等于地面单位面积上方的空气柱产生的压力。

气体压强的国际标准单位是 Pa。由于 Pa 的值太小，通常使用 MPa，$1MPa = 10^6Pa$。

标准大气压是在标准大气条件下海平面的气压，记为 p_0，$p_0 = 0.1013MPa$。标准大气压的不同单位表述换算见表 3-21。

表 3-21　标准大气压 p_0 的国际标准单位及与不同单位换算

压强单位	Pa	MPa	kgf/cm²	atm	mm 汞柱	m 水柱
标准大气压 p_0	0.1013×10^6	0.1013	1.013	1.0	760	10.336

工程上气体压强的表述方式还可分为绝对压强、相对压强和真空度几种。

A　绝对压强

绝对压强是以绝对零压作起点所计算的压强，记为 p_a。通常所指的大气压强为 0.1013MPa，就是大气的绝对压强。

B　相对压强

当测量点的绝对压强大于大气压强时，为了用压力表表示方便，通常采用相对压强的概念。相对压强是以当时当地的大气压强为基准点计算的压强，又称表压强，记为 p_m。

$$p_m = p_a - p_0 \tag{3-73}$$

式中　p_m——相对压强（表压强），Pa；

　　　p_a——绝对压强，Pa；

　　　p_0——当时当地的大气压强，Pa，一般情况下，可近似地取 $p_0 = 0.10MPa$。

C 真空度

当测量点的绝对压强小于大气压强时，为了表示方便，通常采用真空度的概念。真空度是指测量点的绝对压强小于大气压强的值。

$$p_v = p_0 - p_a \tag{3-74}$$

式中 p_v——真空度，Pa。

绝对压强、大气压强、相对压强和真空度四者之间的关系如图 3-118 所示。

由于大多数测压仪表所测得的压力都是相对压强，故相对压强也称表压强。除非特别标识，目前的压强仪表上显示标识的都是表压强。

用普通真空表测量时，在没有真空的状态下（即常压时），表的初始值为 0。当测量真空时，它的值介于 0 ~ -0.1MPa 之间。

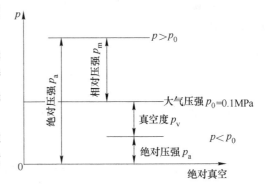

图 3-118 压强度量图

【例 3-27】 某选矿厂精矿过滤采用圆盘真空过滤机，要求工作真空度 $p_v = 0.060$MPa，求绝对压强。

解：$p_a = p_0 - p_v = 0.10 - 0.06 = 0.04$（MPa）。

3.11.1.3 液体压强

液体容器底、内壁、内部的压强称为液体压强，简称液压。液体内部产生压强的原因是由于液体受重力且具有流动性。液体能够把它所受到的压强向各个方向传递。深度是指液体中的点到自由液面的距离，液体的压强只与深度和液体的密度有关。

$$p = \rho g h \tag{3-75}$$

式中 p——液体压强，Pa；

ρ——液体密度，kg/m^3，对水，$\rho_0 = 1000$kg/m^3；

g——重力加速度，9.8m/s^2；

h——深度，即液体中的点到自由液面的距离，m。

【例 3-28】 某铝土矿选矿厂的精矿和尾矿浓缩均采用高塔深锥式浓密机，液面至底部锥口的高差为 25.5m，平均矿浆浓度 $C = 40\%$，矿石密度 $\delta = 2950$kg/m^3，求底部锥口的承受压强。

解：（1）$C = 40\%$，$\delta_s = 2950$kg/m^3，$\rho_0 = 1000$kg/m^3，

由式（3-52），矿浆悬浮液的平均密度 ρ_p 为

$$\rho_p = \cfrac{1}{\cfrac{C}{\delta} + \cfrac{1-C}{\rho_0}} = \cfrac{1}{\cfrac{0.40}{2950} + \cfrac{1-0.40}{1000}} = 1360(\text{kg/m}^3)$$

（2）由式（3-75），底部锥口的承受压强 p 为

$p = \rho_p g h = 1360 \times 9.8 \times 25.5 = 339864$（Pa）$= 0.34$（MPa）$= 3.4$（kg/cm^2）。

底部锥口钢结构材料和焊接要求，应据此计算结果，并考虑规定的足够安全系数，进行承压强度设计和耐压检测。

3.11.2 压强检测方法与仪表

3.11.2.1 液柱式压强计

实验室里测量液体和气体压强常用 U 形管压强计。结构如图 3-119 所示。它由一小金属盒（上面蒙有一层薄橡皮膜）和 U 形玻璃管组成，管内装有水或水银，当橡皮膜受到的压强为零时，U 形管两边液面相平，（在同一水平线上）当橡皮膜受到压强作用时，两管内液面产生高度差，压强越大，两液面高度差越大，因此由两管内液面的高度差可知被测压强的大小。

由于水银具有毒性和危险性，故液柱式压强计在工业上几乎没有应用。

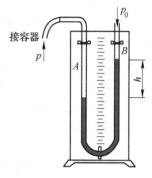

图 3-119 U 形管压强计

3.11.2.2 机械式压强计

工业上的压强检测多采用机械式压强计，也称压力表。压力表通过表内的敏感元件（波登管、膜盒、波纹管等）的弹性形变，再由表内机芯的转换机构将压力形变传导至指针，引起指针转动来显示压力。

以图 3-120 的波登管（弹簧管）压力表为例，波登管敏感元件于 1852 年发明，至今仍是使用最广泛的压强检测元件。波登管截面形状为椭圆形或扁平形，材料采用铜基合金，最常用的波登管为 C 形，此外还有螺旋形等类型。波登管安装时一端固定，一端活动，其非圆形截面的管子在其内压力的作用下逐渐胀成圆形，此时活动端产生与压力大小成一定关系的位移，活动端带动指针即可指示压力的大小。

在压力表的指针刻度盘上一般指示相对压强，正常大气压强标定为 0，常用工作量程为 0 ~ 0.3MPa，高压表量程可达 0 ~ 2.4MPa，真空表为 -0.1 ~ 0MPa。

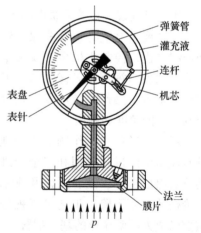

图 3-120 波登管（弹簧管）压力表

量程范围选用原则：在测量稳定压力时，最大工作压力不应超过满量程的 2/3；最小被测压力的值应不低于仪表测量上限值的 1/3。一般压力表型号规格量程见表 3-22。

表 3-22 一般压力表型号规格量程

型　号	直径/mm	压力表检测范围 /MPa	真空表检测范围 /MPa	精度等级 /%	环境温度 /℃
Y50 ~ Y150	50 ~ 150	0 ~ 0.1; 0.16; 0.25; 0.4; 0.6; 1.0; 1.6; 2.5; 4.0; 6.0; 10	-0.1 ~ 0; 0.06; 0.1; 0.15; 0.3	1.6 ~ 2.5	-40 ~ 70

3.11.2.3　霍尔式压强计

霍尔式压强计是利用霍尔效应制成的压强测量仪器，其原理如图3-121所示。

被测压力由弹簧管1的固定端引入，弹簧管自由端与霍尔片3相连接，在霍尔片的上下垂直安放着两对磁极，使霍尔片处于两对磁极所形成的非均匀线性磁场中，霍尔片的4个端面引出4根导线，其中与磁铁2相平行的两根导线与直流稳压电源相连接，另两根用来输出信号。当被测压力p引入后，弹簧管自由端产生位移，从而带动霍尔片移动，改变施加在霍尔片上的磁感应强度，依据霍尔效应进而转换成霍尔电势V_H的变化，达到了压力-位移-霍尔电势的转换。

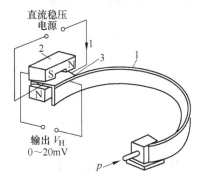

图3-121　霍尔式压强计的原理
1—弹簧管；2—磁铁；3—霍尔片

3.12　工艺过程视频监测与机器视觉图像分析

3.12.1　工艺过程视频监控系统

工艺过程视频监控系统由摄像、传输、控制、显示、记录存储5大部分组成。摄像机通过同轴视频电缆将视频图像传输到控制主机，控制主机再将视频信号分配到各监视器及录像设备。通过控制主机，操作人员可发出指令控制镜头的角度和调焦。

对工艺过程和工作场所进行视频监控是生产过程管理和安全管理的重要组成部分。随着摄像及显示器价格的大幅下降，工艺过程视频监控已成为厂矿企业的基本配置。

图3-122所示是某选矿厂安全生产调度中心的视频监控系统。

图3-122　某选矿厂安全生产
调度中心的视频监控系统

3.12.2　机器视觉系统和图像检测分析

机器视觉系统（machine vision system）也称为计算机视觉系统，是利用机器代替人眼来作各种测量和判断。它是计算机学科的一个重要分支，它综合了光学、机械、电子、计算机软硬件等方面的技术，涉及计算机、图像处理、模式识别、人工智能、信号处理、光机电一体化等多个领域。图像处理和模式识别等技术的快速发展，大大地推动了计算机视觉的发展。

图3-123所示是机器视觉系统的组成结构示意图，其主要硬件包括：　（1）光源；

（2）CCD 数字摄像机；（3）图像采集卡；（4）PC 计算机；（5）D/A 输出卡和各部件连接线缆等。

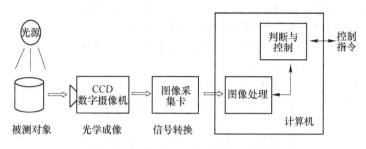

图 3-123　机器视觉系统的组成结构示意图

机器视觉系统通过数字相机将被测对象转换成图像信号，传送给专用的图像处理系统，根据像素分布和亮度、颜色等信息，转变成数字化信号；图像系统对这些信号进行各种运算，抽取对象目标的特征，进而根据判别的结果控制现场的设备动作。目前实际常用的机器视觉图像系统有 labview。机器视觉系统可用于生产、装配或包装等工艺过程。

利用机器视觉系统代替人眼来做各种测量和判断，在矿物加工工艺过程中已有实际应用。读者可参阅本书图 3-64 介绍的图像颗粒分析系统，图 3-72 介绍的矿石粒度图像分析系统，以及本书 6.3.3 节介绍的浮选泡沫图像分析仪等。

习　题

3-1　工艺检测系统为什么具有通用性？

3-2　某实验室型强搅机，其转速 $n_1 = 2800 r/min$、叶轮直径 $D_1 = 50mm$，求其叶轮的周边线速度。若需将试验结果的叶轮周边线速度条件按 1:1.5 对应应用到工业实践上，设计工业强搅机叶轮直径 $D_2 = 500mm$，求该工业浮选机的转速 n_2。

3-3　对进入生产工艺过程的各种原料质量和产出的产品质量进行准确检测有何重要意义？

3-4　电子皮带秤有何优点？简述应变电阻式荷重传感器型电子皮带秤的结构和工作原理。

3-5　请比较核子皮带秤与电子皮带秤。

3-6　某矿浆计量取样机，初级割取器呈单叶，扇形角为 6°；次级割取器呈三叶，扇形角为 8°。求各级理论缩分比 i 和总理论缩分比 I。

3-7　某称量桶空质量 $W_0 = 10kg$，装满清水后总质量 $W_1 = 200kg$，装满矿浆后总质量 $W_2 = 260kg$。已知清水的密度为 $1.0kg/dm^3$，矿石的真密度为 $\delta = 2.9kg/dm^3$，求装满矿浆后称量桶中的矿石质量（kg）。

3-8　什么是试样的代表性？如何保证试样具有代表性？

3-9　某试样经破碎至 $-2mm$ 后混匀，若取 $K = 0.1$，求有代表性的单元试样质量。

3-10　简要叙述试样缩分的堆锥四分法。

3-11　矿样的矿物组成和嵌布粒度检测如何进行？

3-12　简述 X 荧光分析仪的原理、使用效果和应用类型。

3-13　为什么成分检测仪器具体使用前都必须进行标定？

3-14　某浮选厂生产过程需使用碳酸钠，其包装为 50kg/包。采用 2.5m 直径搅拌桶配制，搅拌桶有效深度 2.5m。初步定配溶液浓度 10%，问每次应加碳酸钠多少整包，实际溶液浓度约为多少？

3-15 还原气相组分如何测定？

3-16 测得某窑炉中 CO 的质量浓度为 9000mg/m^3，求其体积浓度。

3-17 pH 对矿物加工工艺过程有何影响？工业上物料的 pH 值一般如何检测？

3-18 矿浆电位对浮选过程有何影响？如何测量和调节矿浆电位？

3-19 写出磨矿分级溢流产品中 -0.074mm 粒级含量与该产品粒度的关系。

3-20 磨矿细度对矿物加工作业有何影响？

3-21 简述物料单体解离度的定义和测定的一般做法。

3-22 某球团厂原料精矿的比表面积为 $1800\text{cm}^2\text{/g}$，设铁精矿的真密度为 4.9g/cm^3，求其比表面折合当量直径 d。

3-23 某样品用 0.074mm 筛子湿筛后烘干称量，筛下产物 88.2g，筛上产物 43.5g，求磨矿细度。

3-24 对某微细样品进行淘析分级，设样品的密度 $\delta = 3500\text{kg/m}^3$，预定的微细粒分级粒度为 $d = 0.019\text{mm}$，设定沉降距离 $h = 0.20\text{m}$，水温 20℃，求沉降时间 t。

3-25 粒度仪器检测方法主要有哪些？适用于矿浆磨矿细度检测的仪器有哪几种，其基本检测原理是依据什么？

3-26 矿浆浓度对矿物加工工艺过程有何重要影响？

3-27 矿浆浓度的表示方法有哪些？

3-28 某选煤厂配制重介质悬浮液，使用重介质磁铁矿精矿粉，已测得真密度 $\delta = 4200\text{kg/m}^3$，设定所需配制重介质悬浮液的密度 $\rho_p = 2000\text{kg/m}^3$。求该重介质悬浮液的固含质量浓度 C、配制过程所需的水与磁铁矿精矿粉的液固比 R、体积浓度 λ 和松散度 θ。

3-29 用容量瓶法测定某固体物料的密度。称取物料量 $m_s = 100.0\text{g}$，已知水介质密度 $\rho_0 = 1.0\text{g/cm}^3$，瓶、水质量合计 $W_1 = 356.8\text{g}$，瓶、物料、水质量合计 $W_2 = 421.7\text{g}$，求物料密度 $\delta(\text{g/cm}^3)$。

3-30 某颗粒状物料样品烘干冷却后倒入 250mL 量筒至满刻度，称得样品质量 470.0g，求其堆密度。

3-31 某过滤精矿水分样，湿样品质量 $m_p = 160.0\text{g}$。将其烘干至恒重，称量的干样品质量 $m_s = 142.0\text{g}$。求精矿水分含量 M。

3-32 简述物料水分含量自动检测仪器的类型与原理。

3-33 某自制浓度壶，空壶重 $W_0 = 250\text{g}$，壶装满清水后合重 $W_1 = 750\text{g}$。已知清水密度 $\rho = 1.0\text{g/cm}^3$，所测矿石真密度 $\delta = 2.85\text{g/cm}^3$，请以 1% 为间隔列表计算出矿浆浓度 25%~35% 间对应的壶装满矿浆重 W_2（g），及对应的矿浆中的干矿质量 m_s（g）。（可附列出计算程序）

3-34 简述矿浆浓度 C 和磨矿细度 $\gamma_{-0.074\text{mm}}$ 的浓度壶湿筛同时快速测定法的具体做法。

3-35 常用的矿浆浓度的检测仪表有哪几种类型？原理如何？

3-36 某选煤厂用双管差压吹气式密度计来测定重介质悬浮液的密度。已知长管插入深度 $h_1 = 0.55\text{m}$，短管插入深度 $h_2 = 0.25\text{m}$，测得差压 $\Delta p = p_1 - p_2 = 0.0045\text{MPa}$，求重介质悬浮液密度 ρ_p。

3-37 某浮选厂处理能力为 5000t/d，要求浮选粗选矿浆固含质量浓度 $C = 30\%$，求整个浮选前磨矿作业的补加水流量 $Q_水$（L/min）。若粗选捕收剂的设定添加量 $b = 100\text{g/t}$ 矿，捕收剂配制成质量分数 $C_B = 10\%$ 的药液添加，求粗选捕收剂药液添加流量 Q_B（mL/min）。

3-38 某硫化铜矿浮选厂处理矿量为 1000t/d，一个浮选系统。设定粗选添加捕收剂丁黄药 80g/t，丁黄药配制成质量分数 5% 的药液添加。设药液密度 ρ_B 近似等于 1g/mL，求药液流量（mL/min），并说明其人工测量标定方法。

3-39 浮选机充气量如何测定？

3-40 测量液体流量常用哪些种类的流量计，其工作原理如何？

3-41 物位检测在矿物加工工艺中有何作用？

3-42 简述超声波物位计的原理与应用。超声波液位计探测浮选槽内液面位置时，如何消除表面泡沫层的遮盖影响？

3-43 简述浮子式液位计的原理与应用。

3-44 温度检测在矿物加工工艺中有何作用？常见的温度检测仪表有哪几种？

3-45 流体压强如何检测？

3-46 简述绝对压强、相对压强和真空度之间的关系。

3-47 某厂用差压式液位测定高位水池液位，测得差压 $\Delta p = 0.075\mathrm{MPa}$，求实际水位 h。

参 考 文 献

[1] 王淀佐，邱冠周，胡岳华. 资源加工学 [M]. 北京：科学出版社，2005.

[2] 顾世双. 核子皮带秤和电子皮带秤的比较 [J]. 衡器，2011，40 (6)：49~54.

[3] 邓海波. 带堵塞报警装置的扇形矿浆计量取样机 [J]. 矿冶工程，1990，10 (1)：57.

[4] 许时. 矿石可选性研究 [M]. 第7版. 北京：冶金工业出版社，2007.

[5] 周乐光. 工艺矿物学 [M]. 第3版. 北京：冶金工业出版社，2003.

[6] MLA systems [EB/OL]. Julius Kruttschnitt Mineral Research Centre，http：//www. jkmrc. uq. edu. au/.

[7] MLA 650 [EB/OL]. 美国 FEI 公司官网，http：//www. FEI. com.

[8] 曾云南. 现代选矿过程在线品位分析仪的研究进展 [J]. 有色设备，2008 (5)：12~15.

[9] Courier®SL analyzer systems [EB/OL]. 奥图泰中国，http：//www. outotec. com/cn/.

[10] WDPF 微机多点多道 X 荧光品位分析仪 [EB/OL]. 马鞍山矿山研究院官网，http：//www. mimr. cn/.

[11] BGRIMM 系列矿浆化学参数分析仪，矿石粒度图像分析系统 [EB/OL]. 北京矿冶研究总院官网，http：//www. bgrimm- mat. com.

[12] 曾云南. 现代选矿过程粒度在线分析仪的研究进展 [J]. 有色设备，2008 (4)：5~10.

[13] OPUS 型超声粒度仪 [EB/OL]. 德国新帕泰克有限公司官网，http：//www. sympatec. net. cn.

[14] 邓海波. 浮选中间产物的产率简易实测 [J]. 有色金属（选矿部分），1991 (5)：47.

[15] DF-5740 型透射式皮带中子水分仪 [EB/OL]. 丹东东方测控技术股份有限公司官网，http：//www. dfmc. cc/.

[16] HUMY3000 微波在线固体水分仪 [EB/OL]. 德国 MuTec（莫特）公司官网，http：//www. mutec. cn/.

[17] FB- 2300F 微机工业密度计 [EB/OL]. 兰州同位素仪表研究所，http：//www. vertinfo. com/p-495. htm.

[18] 邓海波. 浮选虹吸给药装置的调节与应用 [J]. 中国矿山工程，1998 (2)：39~43.

[19] 邓海波. 国外浮选电子给药机的几种类型结构 [J]. 有色金属（选矿部分），1995 (6)：43~44.

[20] PLC 系列程控加药机 [EB/OL]. 长沙市拓创科技发展有限公司官网，http：//www. cstckj. cn/.

[21] AD3800 型超声波液位计 [EB/OL]. 广州西森自动化控制设备有限公司官网，http：//www. sisen. com. cn/.

[22] X 奥拉瓦伊年，张兴仁，肖力子. 芬兰奥托昆普公司浮选机的研究与开发 [J]. 国外金属矿选矿，2002 (4)：32~35.

4 传统控制技术基础

传统控制技术（conventional control，or traditional control）的理论基础是反馈调节概念，其主要任务是稳定工艺系统，实现工艺参数定值控制。

4.1 自动控制系统

4.1.1 基本概念与术语

4.1.1.1 基本术语概念

为了便于理解与讨论，对一些有关自动控制的术语概念汇总介绍如下：

控制：掌握住不使任意活动或越出范围。控制包括开环控制和闭环控制，调节属于闭环控制。

控制系统：具有自身目标和功能的管理系统，通过它可以按照所希望的方式保持和改变控制对象的工作参量，使被控制对象趋于某种需要的稳定状态，或达到预定的理想状态。

控制器：控制系统中进行控制规律运算和发出控制作用信号的单元。

调节：数量上或程度上调整，使适合要求。在控制技术中，调节的概念定义为通过系统状态的反馈自动校正系统的误差，使参量保持恒定或在给定范围之内的过程。调节须以反馈为基础。

调节系统：过程控制的主要任务是维持生产的稳定，所以很多控制系统都是为保持某些参数的恒定而设计的。这种控制系统称为恒值系统，而在过程控制中常称为调节系统。

调节器：调节系统中使用的控制器也习惯上称为调节器。以比例、积分、微分 3 种基本控制作用组合而成的控制器，都称为调节器。

被控对象：在其中进行控制作用的设备称被控对象。例如对分级机的溢流浓度所进行的自动控制，是在分级机中进行的，所以被控对象是分级机。

给定值：生产中要求达到的工艺参数值。例如要求达到的分级机溢流浓度值等。一般以标准信号形式给出，常用 x_0 表示。

被控量：在生产过程中要求保持在给定值的物理量称为被控量。例如溢流浓度、精矿品位、磨机处理量，常用 y 表示。

测量值：由传感器测出的，与被控量相对应的信号值称为测量值，常用 x 或 z 表示。

偏差值：给定值与测量值之差称为偏差值，常用 e 表示：

$$e = x_0 - x \tag{4-1}$$

干扰作用：引起被调量波动的因素称为干扰作用，常用 f 表示。例如分级机补加水水压变化，原矿品位变化等。

控制变量（调节变量）：为完成控制任务而需直接予以调节的物理量称作控制变量。

例如补加水量、药剂添加量等。

控制作用：受控制器控制，引起控制变量变化的动作称为控制作用。例如电动阀阀芯位移等，常用 u 表示。

控制系统的输入量：泛指输入到自动控制系统的信号，包括给定值和干扰作用。

控制系统的输出量：泛指从控制系统输出的信号，一般指被控量。

反馈：将输出量的全部或一部分信号返回到输入端称为反馈。反馈的结果若是有利于减弱输入信号，称为负反馈。反之则称为正反馈。在自动调节系统中，主要应用负反馈。

4.1.1.2 人工控制

凡是由人工使某些参数（一般是物理量）达到给定值的操作，称为人工控制，如小鸡孵化温箱的温度检查与人工调节。

矿物加工工艺中的磨矿分级作业，磨矿细度对后续的分选作业影响极大，而磨矿细度主要通过控制分级机溢流矿浆浓度来调节。分级溢流矿浆浓度低则相应磨矿细度细；分级溢流矿浆浓度高则相应磨矿细度粗。一般情况下，分级机溢流矿浆浓度人工控制过程的结构框图如图4-1所示。

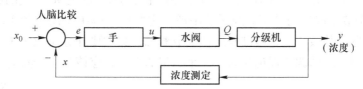

图4-1 分级机溢流矿浆浓度人工控制过程的结构框图

人工控制分级机溢流矿浆浓度时，人承担以下四方面的工作：

（1）测量矿浆浓度值（眼睛观察）；

（2）将所测矿浆浓度值与给定值（规定要保持的矿浆浓度值）进行比较，得出偏差值（大脑比较）；

（3）根据偏差值的性质（矿浆浓度偏高，还是偏低）及大小，确定给水阀位的改变量（大脑计算调节值）；

（4）执行补加水量的调节，以消除被控量与给定值之间的偏差，达到保持分级机溢流矿浆浓度值恒定的目的（人手执行）。

4.1.1.3 自动控制（自动调节）

采用自动化仪表和设备，在没有人直接参与下使某些工艺参数达到给定值的操作称为自动控制。这些自动化仪表和设备也必须具备前述人工控制时的功能。

同样以分级机溢流浓度自动控制为例，采用浓度计、工业控制器、调节器、电动阀取代了图4-1中的人眼、人脑、人手和普通水阀，分级机溢流浓度自动控制系统结构原理框图如图4-2所示。

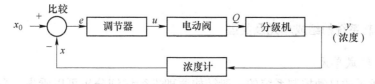

图4-2 分级机溢流矿浆浓度自动控制系统结构原理框图

将以上举例类推抽象化，即可得到自动控制系统的一般结构原理框图，如图 4-3 所示。

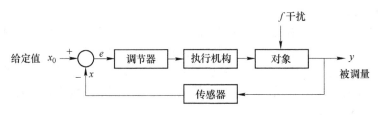

图 4-3 自动控制系统的一般结构原理框图

显然，自动控制系统是指控制系统的输出量对系统的调节作用有直接影响的闭环反馈控制系统，其特点是利用输出量与给定值的偏差来进行调节，使系统的输出量趋于所希望的数值。

4.1.1.4 自动控制原理

如本书 1.2.2 节中介绍，自动控制过程主要以形成于 20 世纪 40 年代的经典控制理论（早期称为自动调节原理）为基础。经典控制理论主要用于解决反馈控制系统中控制器的分析与设计的问题，其核心理论基础是反馈调节概念，其主要任务是稳定工艺系统，实现工艺参数定值控制。反馈调节理论认为，一个稳定的系统，应该是一个具有负反馈调节功能的系统。

经典控制理论的反馈调节概念，不仅适用于工程领域，在自然界和生物领域也是客观存在和起支配作用的。图 4-4 所示是自然界生物种群数量的反馈调节过程示意图。

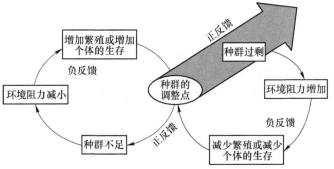

图 4-4 自然界生物种群数量的反馈调节过程示意图

【例 4-1】 自然界中的生物种群系统的反馈调节范例——美国黄石公园的狼

创建于 1872 年的黄石国家公园位于美国西部，面积 9000km²，是全世界第一个国家公园。在以往文化传统的影响下，人们大量捕杀狼，黄石公园的狼于 1926 年灭绝。由于没有了天敌，这里的马鹿群大量繁衍，它们大肆吞食青草和树叶，对森林和草地造成了极大的破坏，最终导致了生态破坏和大批鹿饿死。1995 年黄石公园引进了 14 条加拿大灰狼。狼群的引入带来了预期的生态效果，伴随着狼的快速繁殖，鹿群总量下降但体格变强健，狼与鹿的数量达到动态平衡，森林和草地也得到了有效保护。

4.1.2 自动控制系统的组成单元及类型

4.1.2.1 组成单元

对图 4-3 所示的自动控制系统的一般结构原理进行详细分析可以看出，自动控制系统可用组成单元方框和信号线表示。具体而言，自动控制系统由控制对象、敏感元件、变送单元、计算单元、定值单元、执行单元、控制单元及转换单元等组成，如图4-5所示。

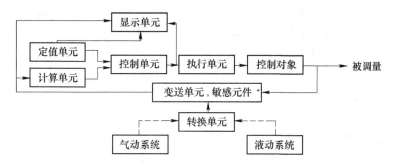

图4-5 简单自动控制系统的组成单元框图

（1）敏感元件。敏感元件在自动控制系统中起着"眼睛"的作用，通过它感受各物理量的变化。

（2）变送单元（变送器）。它把敏感元件所感受到的各种形式的信号，通过各种不同形式的变送器进行测量，并把它转换为统一的信号（电动变送器是把各种信号一律变换为0～10mA的直流电信号）转送给显示、计算、调节等单元。因敏感元件与变送器一般都配合使用，可统称为测量元件。

（3）控制单元（调节单元）。控制单元也称为调节器，一般有比例、积分、微分等控制规律组合的控制器。控制器的作用是把由测量元件转送来的信号与给定值进行比较，得出一差值，根据差值的性质和大小，按照所选定的控制器类型输出一个按相应规律变化的输出信号，并给予执行机构，以实现相应的调节作用。

（4）定值单元。它是把规定要达到的被控参数值，用一个统一的、恒定的信号输出。

（5）执行单元。它是改变操作量的装置，对调节器的输出能作出反应。它由两部分组成：一个是驱动装置，把调节器输出信号转变为具有足够功率的动作；一个是执行元件，由阀门、泵等组成，执行具体调整操作量。一般都统称执行机构。

（6）计算单元。调节系统某环节的信号有时需进行简单的计算而加入。

（7）显示单元。它起着各种各有关参数的指示、记录等作用。

（8）转换单元。它将各种其他形式的信号通过相应的转换器转换为统一信号。

4.1.2.2 自动控制系统按给定值不同的分类

A 定值控制系统

定值控制系统也称为稳定化调节系统，该系统能自动地使被控量保持恒定或基本恒定。如前面所讲的磨矿分级矿浆浓度自动控制，就是定值控制。定值控制系统是以经典控制理论为基础的工业控制技术中最常用的系统。

B 随动控制系统

随动控制系统的给定值是随其他条件的变化而不断变化的，但它不是已知的时间函数。例如，对磨机进行磨矿效率最佳化自动控制时，就要根据矿石可磨性的变化不断改变磨机处理量的给定值。随动控制系统在工业控制技术中属于最优化控制的范畴，不常用，但却是工业控制技术发展方向。其难点在于控制对象调控过程数学模型的构建。

C　程序自动控制系统

程序自动控制系统的给定值是已知的时间函数关系。例如某些化学选矿作业中，在不同的时刻要求不同温度的自动控制；再如破碎生产流程中各种设备和皮带运输机的开停车顺序与闭锁控制等。程序自动控制系统也是工业控制技术中最常用的系统，在民用领域也很普遍，如洗衣机的控制。

4.1.3　自动控制系统的调节质量标准

4.1.3.1　控制系统的稳定性

稳定性是控制系统最重要的特性之一。它表示了控制系统承受各种扰动，保持其预定工作状态的能力。不稳定的系统是无用的系统，只有稳定的系统才有可能获得实际应用。

处于某平衡工作点的控制系统在扰动作用下会偏离其平衡状态，产生初始偏差。稳定性是指扰动消失后，控制系统由初始偏差恢复到原平衡状态的性能。若能恢复到原平衡状态，我们说系统是稳定的。若偏离平衡状态的偏差越来越大，则系统就是不稳定的。

当系统受到突变的、恒定的干扰（称阶跃干扰）后，被控量在调节过渡过程中，可能有以下几种变化情况：

（1）不稳定系统。在过渡过程中，被控量偏离给定值越来越大，过渡过程曲线呈发散状态，如图4-6（a）所示。这种系统最后以出事故告终。

（2）等幅振荡不稳定系统。在过渡过程中，被控量围绕给定值做等幅振荡，如图4-6（b）所示。这也是不稳定系统，通常不采用。这种系统只有工艺过程允许被控量在小范围内振荡时才可采用。

（3）稳定系统。被控量一开始偏离给定值比较大，经过2~3个周期振荡后，就稳定回给定值，如图4-6（c）所示。这是稳定系统的过渡过程，也是控制过程一般要求的系统。

（4）非振荡稳定系统。被控量没有反复的振荡，但需要较长时间才稳定回给定值，如图4-6（d）所示。这种调节过程太长，一般不希望采用这种系统。

（5）有余差的稳定系统。如图4-6（c）和图4-6（d）中的虚线所示，被控量最终没有回到给定值，而是稳定在一个与给定值有偏差的值上，一般不希望采用这种系统。

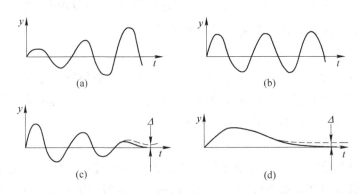

图4-6　各种过渡过程曲线（（c）、（d）中的虚线：有余差的稳定系统）
(a) 不稳定系统；(b) 等幅振荡不稳定系统；(c) 稳定系统；(d) 非振荡稳定系统

4.1.3.2　控制系统过渡过程的质量指标

在定值自动控制系统中，自动控制的目的，是当生产过程受到干扰作用，被控参数偏离给定值后，一系列仪表就会自动地改变控制参数，以克服干扰作用的影响，使被控参数回到给定值。从干扰的发生经过调节，直到系统重新建立平衡，在这段时间内整个系统的各个环节和参数都处于变动状态之中，这种状态就称为动态。从干扰作用开始到重新建立平衡的这个过程叫过渡过程，亦即此系统从一个平衡状态过渡到另一个平衡状态的过程。

自动控制系统的静态是指生产过程处于稳定状态（没有外界干扰或干扰作用已被消除）。

为判断实际过程调节质量的好坏，还要借助于过渡过程的动态和静态质量标准。一般采用过渡过程阶跃反应曲线来分析表述，如图 4-7 所示。

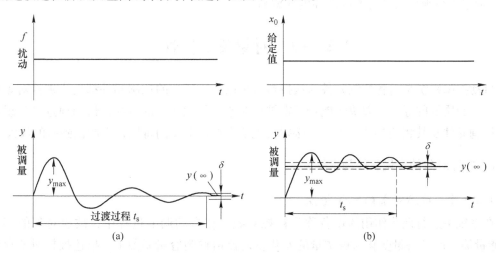

图 4-7　阶跃作用下的过渡过程

A　过渡过程时间 t_s

过渡过程时间 t_s 是指当被控参数受干扰开始，经自动调节后又达到新的稳定值的时间，例如，图 4-7 中的 $t_0 \sim t_s$ 时间为过渡过程时间。过渡过程时间愈短则控制系统的动态质量愈好。一般当过渡过程的被控量 $y(t)$ 与其稳态值 $y(\infty)$ 之差达到允许的调节误差 δ，即认为过渡过程结束。过渡过程时间 t_s，就是满足不等式（4-2）的最短时间，它描述调节系统调节过程的速度。

$$|y(t) - y(\infty)| \leq \delta \tag{4-2}$$

式中　$y(t)$——过渡过程的被控量值；

　　　$y(\infty)$——被控量新的稳定值；

　　　　δ——允许的控制误差，一般可取 $\delta = (2\% \sim 5\%)y(\infty)$。

B　超调量 σ

超调量 σ 是在阶跃给定信号作用下，被控量最大偏差值 $y_{max} - y(\infty)$ 与稳态值 $y(\infty)$ 之比，一般用百分比表示

$$\sigma = \frac{y_{max} - y(\infty)}{y(\infty)} \times 100\% \tag{4-3}$$

超调量 σ 表示系统产生过调现象的严重程度。

C　衰减度 ψ

衰减度 ψ 用于描述过渡过程振荡衰减的速度，其定义为

$$\psi = \frac{y_{\max} - y_1}{y_{\max}} \tag{4-4}$$

y_1 为出现 $y_{\max}$ 一个周期后，被控量 $y(t)$ 的数值。显然，衰减度 ψ 愈大，则 y_1 愈小，控制系统的动态质量愈好。一般要求 $\psi = 0.9 \sim 0.75$，即 $y_1 = (0.1 \sim 0.25)y_{\max}$。

D　余差（静差）Δ

余差 Δ 是指过渡过程结束后所剩余的偏差。余差表示控制系统的精确度（静态准确度），余差愈小则控制系统的静态准确度愈高。

4.2　被控对象及其特性

自动控制系统是由各控制元件与被控对象组成的，所有的控制元件都是为被控对象服务的，控制质量的好坏，取决于能否根据被控对象及干扰作用的特性，恰当地选择与组合各种控制元件及其相关参数。因此，必须首先研究被控对象的特性，方能做到有的放矢。`

4.2.1　被控对象的容量特性与自衡

4.2.1.1　被控对象的容量特性

在系统中进行调节作用的设备称为被控对象。在自动调节过程中，被控对象的容量（或能量等）的储备量变化与被调量的变化量之比值称为容量系数 C。描述被控对象存储能力的参数称为对象的容量系数。容量系数可定义为

$$C = \frac{\text{被控对象储存的物质或能量的变化量}}{\text{输出的变化量}} \tag{4-5}$$

容量系数对不同的被控对象有不同的物理意义，如水箱的横截面积、电容器的电容量、热力系统的热容量等。

被控对象的容量系数反映了对象的惯性，它对调节过程有双重影响：C 愈大，说明被控对象的惯性愈大，控制作用的滞后愈大，导致控制作用不及时；但它对干扰的反应灵敏度也小，故 C 愈大，对象抗干扰能力愈强。

4.2.1.2　被控对象的自衡

在外来干扰作用下，对象的某物理量产生了偏差，如在不进行任何调节的情况下，能够达到新的平衡状态，则此对象称为自衡对象。

如图 4-8 所示的 2 个水箱，水箱 V_1 和 V_2 的输入是给水量 q_{V_0} 和 q_{V_1}，输出是水位 h_1 和 h_2，当 $q_{V_0} > q_{V_1}$ 和 $q_{V_1} > q_{V_2}$ 时它们各槽的出水量都随水位的升高而增加，最后能自行达到进出水量平衡，所以这两个水箱是自衡对象。

不能自行达到平衡状态的对象称为非自衡对象。

如图 4-9 所示的水泵泵池，输入是矿浆流量 q_V，输出是泵池的液位 H。因泵的扬送量

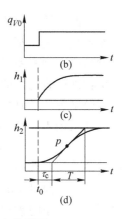

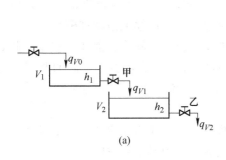

图 4-8 两个串联水箱的自衡及其动态特性图

（a）两个串联水箱的自衡；（b）阶跃干扰曲线；（c）V_1 的阶跃反应曲线；（d）V_2 的阶跃反应曲线

不会随液位的变化而显著变化，所以该泵池属非自衡对象。

4.2.2 被控对象的滞后

被控对象的被控量变化与扰动作用（包括干扰作用和控制作用）之间总是有一定的时间滞后，称作滞后时间，由 τ 表示，可分为容量滞后时间 τ_c，及纯滞后（传送滞后）时间 τ_0。

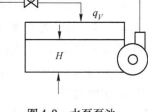

图 4-9 水泵泵池

$$\tau = \tau_c + \tau_0 \tag{4-6}$$

4.2.2.1 容量滞后 τ_c

容量滞后是由于对象的容量特性而引起的被控量相对于控制变量（或干扰因素）的时间滞后。一般两个以上容量相连接的时候才出现容量滞后。

4.2.2.2 纯滞后时间 τ_0

纯滞后时间是由于信息（控制信息或干扰信息）或物料的传送需要时间而引起的。它表现在当干扰（或控制）作用发生后，并不立刻引起对象的输出信息发生变化，而是要经过一段时间间隔。

例如在自动调节磨矿机给矿量时，当给矿机改变矿量后，矿石在皮带上传送要经过一段时间，磨矿机内给矿量才改变，这段时间就是纯滞后时间。

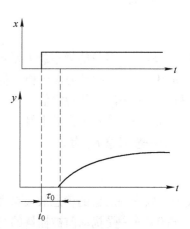

图 4-10 纯滞后时间 τ_0 示意图及一阶特性阶跃反应曲线

纯滞后时间 τ_0 在阶跃反应曲线上如图 4-10 所示。纯滞后也是表示对象动态特性的一个特定常数。在自动调节过程中，纯滞后的存在，使得控制作用不能立即克服干扰的影响，因此应尽量缩短纯滞后时间。

4.2.3 被控对象的数学模型

4.2.3.1 数学模型

在自然科学、社会科学及日常生活中，人们广泛地使用各种模型来表示现实事物。模型反映了实物某一方面的属性和特征，是对现实事物的一种表示形式。例如，地球仪是地球的一种模型，军事演习是实战的一种模型，实验室的某些装置是工厂大型设备的模型等。以上这些模型是以实物来表示实物，可以称为具体模型或物理模型。

如果对现实事物进行简化、抽象，用方程、公式、图表、曲线等表示，就是现实事物的数学模型。数学模型舍弃了现实事物的具体特点而抽象出了它们的共同变化规律。因此，这类模型称为抽象模型。从最广泛的意义上说，数学模型乃是事物行为规律的数学描述。

为了对被控对象进行定性和定量的分析研究，进而指导建立良好的控制系统和获得优良的控制器参数，建立被控对象的数学模型成为一项必不可少的工作。

工业生产过程被控对象的数学模型有静态和动态之分。

被控对象的静态数学模型，是指被控对象输出变量和输入变量之间不随时间变化时的数学关系，也称被控对象的静态特性。稳态过程控制中通常采用静态数学模型。

被控对象的动态数学模型，是指被控对象输出变量和输入变量之间随时间变化时的动态关系的数学描述，也称被控对象的动态特性。优化过程控制中通常采用动态数学模型。

4.2.3.2 被控对象静态特性

被控对象的静态特性用对象的放大系数 K_0 表示。它是指在没有控制作用的情况下，对象受到干扰作用后，经过一定时间，又自行达到新的稳定状态时，被控量的变化与干扰作用之间的比例关系。

例如，图4-8的水池 V_1 在补加水量突然变大后，经过一段时间，水位 h_1 会稳定在一个新值上，（对于不同的对象或在不同的阻力条件下，该稳态值是不同的）。此时对象的静态放大系数 K_0 为

$$K_0 = \frac{h(\infty) - h(0)}{\Delta q_{V_0}} \tag{4-7}$$

式中 K_0——对象的静态放大系数；

$h(0)$——受扰动前液位稳定值；

$h(\infty)$——液位新稳定值；

Δq_{V_0}——阶跃干扰进水量。

对一般对象 K_0 为

$$K_0 = \frac{Y(\infty) - Y(0)}{\Delta x} \tag{4-8}$$

式中 K_0——对象的静态放大系数；

$Y(0)$——受扰动前被控量的稳定值；

$Y(\infty)$——被控量的新稳定值；

Δx——阶跃干扰作用量。

K_0 说明对象的输出变化受输入变化影响的程度，即 K_0 值愈大，输入对输出的影响亦愈大。

放大系数 K_0 可能是常数，此时对象称作线性对象；放大系数 K_0 也可能是变数，此时对象称作非线性对象。例如分级机补加水量的变化与矿浆浓度变化之间的比值就不是常数关系，而是类似指数关系。

有时对象的输出与输入之间，从广义范围看是非线性关系，而在某一较窄范围内，可近似地用线性关系表示。例如分级机补加水量的变化与矿浆浓度变化之间的关系，有人计算在浓度 20%~25% 之间时，可近似地用直线表示。这种处理方法称为非线性方程的线性化处理方法。

4.2.3.3 被控对象的动态特性

对象的动态特性是指对象受到外来干扰作用后，在无控制作用时，被控量如何随时间变化，最终是否能自行达到稳定状态，以及达到新的稳定状态过程的快慢等特性。

对象的动态特性通常可用微分方程、传递函数、阶跃反应曲线等来描述，它的特征参数是对象的时间常数，并与对象的容量系数、自衡率及滞后时间等有关。

以图 4-11 所示的水箱为例，水箱内存水量的变化为

$$dG_1 = (q_{V_0} - q_{V_1})dt \qquad (4-9)$$

因为
$$dh_1 = \frac{dG_1}{S_1}$$

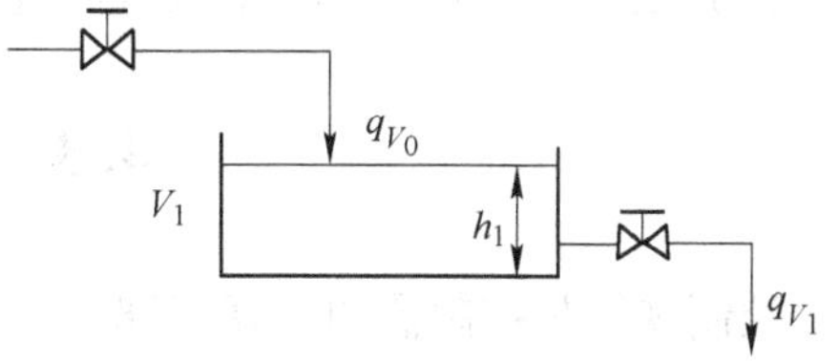

图 4-11 水箱内液面高度 h_1 变化示意图

式中 dh_1——水箱内液面高度变化；

S_1——水箱 V_1 的截面积。

根据容量系数的定义，S_1 正好是容量系数 C_1，所以

$$dh_1 = \frac{dG_1}{C_1} \qquad (4-10)$$

将式（4-9）代入式（4-10），整理后得

$$\frac{dh_1}{dt} = \frac{q_{V_0} - q_{V_1}}{C_1} \qquad (4-11)$$

因为流出水量 q_{V_1} 与水位 h_1 成正比，比例系数是自衡率 ρ_1，即

$$q_{V_1} = \rho_1 h_1 \qquad (4-12)$$

将式（4-12）代入式（4-11），得

$$\frac{C_1}{\rho_1} \cdot \frac{dh_1}{dt} + h_1 = \frac{1}{\rho_1} q_{V_0}$$

令 $T_0 = \dfrac{C_1}{\rho_1}$，$K_0 = \dfrac{1}{\rho_1}$，则水箱内液面高度变化可用微分方程表示为

$$T_0 \frac{dh_1}{dt} + h_1 = K_0 q_{V_0} \qquad (4-13)$$

式中 h_1——水箱内液面高度；

q_{V_0}——水箱给水量；

T_0——一阶对象的时间常数；

K_0——对象的静态放大系数。

式（4-13）是水箱 V_1 的微分方程，它是一阶微分方程，所以水箱 V_1 称为一阶对象。

选矿工艺过程设备常见的一阶对象有搅拌桶、浮选槽、分级机等。对于所有属于一阶特性对象的阶跃反应曲线，都能以一个一阶微分方程式表示其动态特性。

二阶对象（如双容串级对象，见图 4-8）及其微分方程在矿物加工中一般不用。在化工过程中二阶对象较多，对该方面内容感兴趣的读者，可参阅相关教科书。

4.2.4　被控对象的特点

从以上的分析中可以看到，过程控制涉及的被控对象大多具有下述特点：

（1）被控对象的动态特性是单调不振荡的。对象的阶跃响应通常是单调曲线，被控变量的变化比较缓慢（与机械系统、电系统相比）。

（2）大多被控对象属于慢过程。由于大多被控对象具有很大的容量系数 C，或者由多个容积组成，所以对象的时间常数 T_0 往往比较大，变化过程较慢。

（3）被控对象的动态特性存在滞后性。滞后的主要来源是多个容积的存在。由于滞后的存在，调节动作的效果往往需要经过一段延迟时间后才会在被控变量上表现出来。

（4）被控对象往往具有非线性特性。

4.3　控　制　规　律

控制规律是控制器的运算规律，也称为调节规律。目前广泛使用的控制规律为位式（开关）控制、比例控制、积分控制、微分控制，及其组合 PID 控制等。

4.3.1　位式（开关）控制

位式控制又称为开关控制，是最简单的一种控制方式。位式控制的输出只有 2 个值：不是最大，就是最小。对应的控制机构不是开就是关。控制器在偏差较小时有一个中间不灵敏区，使开和关的转换不在偏差的同一值上，避免了执行机构开关的频繁程度。

位式控制是一种断续调节，其输入信号是连续的，而输出信号是断续的。位式控制可以由行程开关继电器线路来实现，也可选用专门的位式控制器或可编程序控制器。

位式控制过程的质量指标是用振幅（即 $D_上 \sim D_下$），以及周期 T 来表示。

位式控制易于实现，控制器结构简单，在控制过程中，主要用于设备的启或停，不重要的设备控制等。位式控制不是连续控制，在控制品质要求较高的连续信号控制的场合不使用此种控制方式。从这个意义上讲，位式控制和下面介绍的 3 种基本控制规律是有区别的。

4.3.2　比例作用控制规律（P）

比例（proportion）作用是控制作用中最基本、最主要的作用，并且比例作用的大小对控制质量的影响很大。比例控制规律习惯用其英文单词的首字母"P"表示，其表现形式是

$$\Delta u = K_P \Delta e \tag{4-14}$$

式中　Δu——控制器输出的变化量；

$\quad\quad e$——偏差值，$e = x_0 - x$；

$\quad\quad x_0$——被控量给定值；

$\quad\quad x$——被控量测量值；

$\quad\quad \Delta e$——被控量偏差的变化量；

$\quad\quad K_P$——比例放大倍数。

比例度 δ 是控制器的一个重要参数。比例度一般用控制器的输入偏差信号变化的相对值与输出信号变化的相对值之比的百分数来表示。

$$\delta = \frac{\Delta e / (e_{max} - e_{min})}{\Delta u / (u_{max} - u_{min})} \times 100\% \qquad (4\text{-}15)$$

若控制器的输入信号与输出信号的测量范围相同,则

$$\delta = \frac{\Delta e}{\Delta u} \times 100\% = \frac{1}{K_P} \times 100\% \qquad (4\text{-}16)$$

【例 4-2】 若输入、输出信号值都是 0~10mA 的比例控制器,输入从 0 变化到 4mA 时,输出相应从 0 变化到 10mA,则比例度是多少?

解:$\delta = \frac{\Delta e}{\Delta u} \times 100\% = \frac{4-0}{10-0} \times 100\% = 40\%$

单独的比例控制也称"有差控制",输出的变化与输入控制器的偏差成比例关系,偏差越大输出越大。实际应用中,比例度的大小应视具体情况而定,比例度太大,控制作用太弱,不利于系统克服扰动,余差太大,控制质量差,也没有什么控制作用;比例度太小,控制作用太强,容易导致系统的稳定性变差,引发振荡。

对于反应灵敏、放大能力强的被控对象,为提高系统的稳定性,应当使比例度稍小些;而对于反应迟钝,放大能力又较弱的被控对象,比例度可选大一些,以提高整个系统的灵敏度,也可以相应减小余差。

比例控制的特点是:

(1) 借力打力,偏差越大,调节作用越大;

(2) 有余差,精度不高;

(3) 偏差(波动、损坏)已发生。

单纯的比例控制适用于扰动不大、滞后较小、负荷变化小、要求不高,允许有一定余差存在的场合。工业生产中比例控制规律使用较为普遍,其最大优点就是控制及时、迅速。只要有偏差产生,控制器立即产生控制作用。但是,不能最终消除余差的缺点限制了它的单独使用。克服余差的办法是在比例控制的基础上加上积分控制作用。

比例调节控制规律的实现方式有机械式和电路式,参见本书 4.4 节。

4.3.3 积分作用 (I) 和比例-积分作用控制规律 (PI)

在生产过程中,有些被控量要求严格控制在给定值,不允许产生余差,为达到此目的,就需增加使用积分作用控制规律。

4.3.3.1 *积分作用控制规律* (I)

积分 (integral) 作用控制规律习惯上用其英文单词的首字母 "I" 表示。

积分调节器的作用原理是,只要被调量的偏差存在(即调节器有输入),则调节器的输出信号变化率就不会等于零,即调节器输出信号的变化率与被调量偏差值成正比,或调节器输出信号的大小与被调量偏差值的累积值成正比,其数学表达式为

$$u = I \int e dt = \frac{1}{T_i} \int e dt \qquad (4\text{-}17)$$

式中　T_i——积分时间;

I——积分速度。

积分时间的大小表征了积分控制作用的强弱。积分时间越小,控制作用越强;反之,

控制作用越弱。积分控制虽然能消除余差，但它存在着控制不及时的缺点。因为积分输出的累积是渐进的，其产生的控制作用总是落后于偏差的变化，不能及时有效地克服干扰的影响，难以使控制系统稳定下来。所以，实用中一般不单独使用积分控制。

积分控制规律的实现方式有电路式，参见本书4.4.4节。

4.3.3.2　比例-积分控制规律（PI）

积分控制器很少单独使用，一般将积分控制规律与比例控制规律配合，称作比例-积分控制规律，习惯用PI表示。PI控制器取二者之长，互相弥补，既有比例控制作用的迅速及时，又有积分控制作用消除余差的能力。因此，比例积分控制PI可以实现较为理想的过程控制。

PI控制规律由式（4-18）表示

$$u = K_P\left(e + I\!\int e\mathrm{d}t\right) = K_P\left(e + \frac{1}{T_i}\int e\mathrm{d}t\right) \tag{4-18}$$

比例-积分控制器是目前应用广泛的一种控制器，多用于工业生产中液位、压力、流量等控制系统。由于引入积分作用能消除余差，弥补了纯比例控制的缺陷，故可获得较好的控制质量。但是积分作用的引入，会使系统稳定性变差。对于有较大惯性滞后的控制系统，要尽量避免使用。

比例-积分调节控制规律的实现方式有电路式，参见本书4.4.4节。

4.3.4　微分作用（D）和比例-微分控制规律（PD）

4.3.4.1　微分控制规律（D）

比例作用和积分作用控制规律都是在被调量与给定值的偏差发生后，根据偏差值的大小或根据偏差累积的大小来指挥执行机构，完成相应的调节动作，以消除偏差。也就是说，比例、积分控制作用产生时，偏差（波动、损坏）已发生。同时，比例积分控制对于时间滞后的被控对象使用不够理想。所谓"时间滞后"指的是：当被控对象受到扰动作用后，被控变量没有立即发生变化，而是有一个时间上的延迟，比如容量滞后，此时比例积分控制显得迟钝、不及时。

调节的原则是应防患于未然。为此，人们设想：能否在偏差有发生趋势时，调节作用即发生？能否在偏差发生趋势越大时，调节作用越大？例如有经验的操作人员，即可根据偏差的大小来改变阀门的开度（比例作用），又可根据偏差变化的速度大小来预计将要出现的情况，提前进行过量控制，"防患于未然"。

微分（differential）控制规律就是具有"超前"控制作用的规律。它是根据偏差的变化趋势（即变化的速度）而动作的。微分控制规律习惯上用其英文单词的首字母"D"表示。理想的微分控制器的输出值与输入值的变化速率成正比，它的调节规律可表示为

$$u = T_d\frac{\mathrm{d}e}{\mathrm{d}t} \tag{4-19}$$

式中　　T_d——微分时间。

微分输出只与偏差的变化速度有关，而与偏差的大小以及偏差存在与否无关。如果偏差为一固定值，不管多大，只要不变化，则输出的变化一定为零，控制器没有任何控制作用。

微分控制作用的特点是：动作迅速，具有超前调节功能，当被控对象有较大滞后时可有效改善控制品质；但是它不能消除余差，偏差稳定时（变化趋势小时）作用太弱，尤其是对于恒定偏差输入时，根本就没有控制作用。因此，不能单独使用微分控制规律。

4.3.4.2 比例-微分控制规律（PD）

通常将微分控制与比例控制过程结合使用，称为比例-微分控制规律 PD。它的输出是比例作用和微分作用的综合，可调量是比例增益 K_C 及微分时间 T_d。PD 控制规律可写为

$$u = K_P\left(e + T_d \frac{de}{dt}\right) \tag{4-20}$$

比例和微分作用结合，比单纯的比例作用更快。尤其是对容量滞后大的对象，可以减小动偏差的幅度，节省控制时间，显著改善控制质量。

比例-微分调节控制规律的实现方式有电路式，参见本书 4.4.4 节。

4.3.5 比例-积分-微分控制规律（PID）

4.3.5.1 PID 控制规律

在自动控制系统中，为了得到更为满意的控制质量，常将比例、积分、微分三种作用结合起来，称三作用控制器（调节器），习惯上用 PID 表示。它的可调量是 K_P、T_i 和 T_d。PID 控制规律的输出与输入的关系为

$$u = K_P\left(e + \frac{1}{T_i}\int e dt + T_d \frac{de}{dt}\right) \tag{4-21}$$

比例-积分-微分控制规律属于较为理想的控制规律。它集三者之长：既有比例作用的及时迅速，又有积分作用的消除余差能力，还有微作用的超前控制功能。

当偏差阶跃出现时，微分立即大幅度动作，抑制偏差的这种跃变；比例也同时起消除偏差的作用，使偏差幅度减小，由于比例作用是持久和起主要作用的控制规律，因此可使系统比较稳定；而积分作用可慢慢把余差克服掉。只要 3 个作用的控制参数选择得当，便可充分发挥 3 种控制规律的优点，得到较为理想的控制效果。

图 4-12 所示是对同一对象，在受到相同的阶跃干扰作用条件下，采用四种不同控制规律时，在过渡过程中被控量的变化情况。由图可以看出，采用比例-积分-微分控制规律 PID 的曲线 2，其被控量回到了给定值，过渡过程的最大偏差值 y_{max} 和过渡过程时间 t_s 也是最小的。

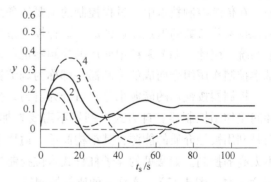

图 4-12 同一对象在相同干扰时四种不同控制规律的过渡过程比较
1—比例-微分控制规律 PD；2—比例-积分-微分控制规律 PID；3—比例控制规律 P；4—比例-积分控制规律 PI

由于 PID 控制器吸收了 3 种基本控制作用的特点，在被控对象惯性大、容量延迟大、控制精度要求较高的情况下，采用 PID 控制器往往能收到较好的控制效果，其调节质量好，常用于高质量的控制对象，如不间断稳压电源。

PID 控制略复杂，故若采用 PI 控制或其他控制规律可以满足要求时，就不必采用 PID

控制器。

4.3.5.2 PID 参数整定

PID 控制器有 3 个特性参数 K_P、T_i 和 T_d，合理选择这 3 个参数也并非易事。选择得不适当，控制效果会受到影响。

PID 控制器的参数整定是控制系统设计的核心内容。它是根据被控过程的特性确定 PID 控制器的比例系数、积分时间和微分时间的大小。如果数值挑选不当，控制系统的输入值会反复振荡，导致系统可能永远无法达到预设值。

PID 控制器参数整定的方法很多，概括起来有两大类：一是理论计算整定法。它主要依据系统的数学模型，经过理论计算确定控制器参数。这种方法所得到的计算数据未必可以直接用，还必须通过工程实际进行调整和修改。二是工程整定方法，它主要依赖工程经验，直接在控制系统的试验中进行，且方法简单、易于掌握，在工程实际中被广泛采用。PID 控制器参数的工程整定方法，主要有临界比例法、反应曲线法和衰减法。三种方法各有其特点，其共同点都是通过试验，然后按照工程经验公式对控制器参数进行整定。但无论采用哪一种方法得到的控制器参数，都需要在实际运行中进行最后调整与完善。

4.4   简单的工业控制器

4.4.1   工业控制器概述

控制器是控制规律运算单元，它往往以给定值与测量值之间的偏差值为输入信号，按照事先所确定的调节规律对输入信号进行必要的运算，以运算结果作为控制执行机构动作的指令或作为另一优化控制环的输入。

工业控制器是指成为系列化、标准化产品的控制器。它是自动化仪表的一个品种类型。在传统控制技术中，过程控制的主要任务是维持生产的稳定，所以很多控制系统都是为保持某些参数的恒定而设计的。这种控制系统称为恒值系统，而在过程控制中常称为调节系统。因此，调节系统中使用的控制器也习惯上称为调节器。以比例、积分、微分 3 种基本控制作用组合而成的控制器，都称为调节器。

控制器按使用的能源来分，可分为自力式控制器和间接作用控制器。自力式控制器不需要外加能源，而是利用被控介质的能源，其结构简单，适用于要求不太高的控制。如常见的浮子杠杆式水位控制器就属于这一类（图 4-13），这是一种比例控制器。

间接作用控制器需要外加能源。根据所加能源的不同，分为电动式、气动式、液动式等。

目前常用的控制器主要是电动式。

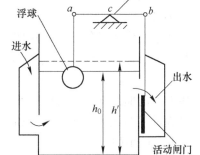

图 4-13   自力式浮子杠杆式水位控制器

4.4.2   传统的离心飞球调速器

传统的自力式机械控制器主要有蒸汽机的离心飞球调速器（图 1-7）。离心式飞球调速器，又称离心式调速器或飞球调速器，实物是一个锥摆结构连接至蒸汽机阀门，利用负反馈的原理控制蒸汽机的运行速度，如图4-14所示。

在离心式调速器中有二颗重球锥摆，其旋转速度和蒸汽机相同，当蒸汽机的速度提高时，重球因离心力移到调速器的外侧，因此会带动机构，关闭蒸汽机进气阀门，使蒸汽机速度下降；当蒸汽机速度过低时，重球会移到调速器的内侧，再开启蒸汽机进气阀门。依此原理即可将蒸汽机的速度控制在一定范围内。

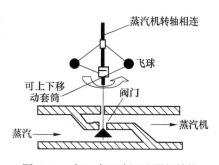

图4-14 离心式飞球调速器的结构

离心调速器是人类发明的第一个自动控制系统，属于比例控制器。

4.4.3 电路图、电路开关和继电器控制系统

4.4.3.1 电路图及图形符号

将实际的控制电路用规定的符号按一定的要求绘制在图纸上即成为电路图。根据2008年修订的GB/T4728《电气简图用图形符号国家标准汇编》，常见的电气简图用图形符号见表4-1。

4.4.3.2 隔离开关、空气开关、按钮开关和限位开关

各种电路开关是进行电路控制的基本元件。

A 隔离开关

隔离开关，俗称"闸刀开关"，其结构如图4-15所示。隔离开关是高低压开关电器中使用最多的一种电器，顾名思义，它在电路中起隔离作用。

闸刀开关由瓷座、刀片、刀座及胶木盖等组成。通常用作隔离电源的开关，以便能安全地对电气设备进行检修或更换保险丝。也可用作直接启动电动机的电源开关。选用时，闸刀开关的额定电流约大于电动机额定电流3倍。根据刀片数多少，闸刀开关分双极（双刀）、三极（三刀）。目前已很少用。

将三极闸刀开关和熔断器组装在一个用铸铁或钢板制成的箱壳内，就叫铁壳开关，铁壳侧面有手柄供操作开关之用，如图4-16所示。

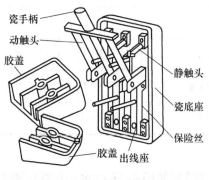

图4-15 闸刀开关的结构

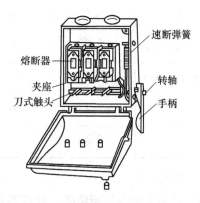

图4-16 铁壳开关的结构

4　传统控制技术基础

表 4-1　常见的电气简图用图形符号

名　称	图形符号	文字符号	名　称	图形符号	文字符号
电流		A	电流表	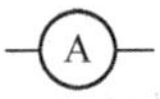	PA
电压		U	电压表	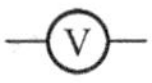	PV
交流		AC	千瓦时表	 kW·h	
直流	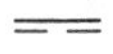	DC	灯		EL
断开		OFF	话筒		BM
闭合		ON	扬声器		BL
电阻器		R	耳塞机		BE
电位器	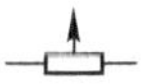	RP	继电器	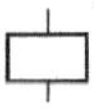	K
热敏电阻器		RT	电池	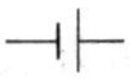	GB
电容器		C	导线		
极性电容器		C	导线连接		
可变电容器		C	导线交叉连接		
线圈		L	导线不连接		
半导体二极管		VD	开关	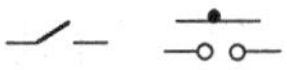	S
光电二极管		VD	天线		
发光二极管		VD	接地		E
三极管（NPN 型）		V	接机壳		
三极管（PNP 型）	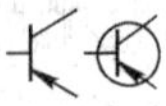	V	变压器		T
熔断器		FU	磁棒线圈		L
插座			日光灯		

B　空气开关

空气开关又名空气断路器，是断路器的一种，其结构如图 4-17 所示，外观如图 4-18 所示。

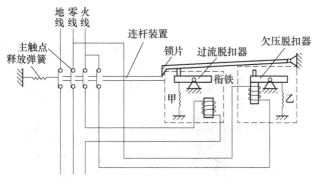

图 4-17　空气开关的结构

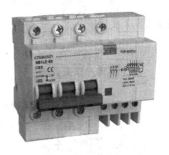

图 4-18　空气开关的外观

空气开关是一种只要电路中电流超过额定电流就会自动断开的开关，它不再用对电流值反应不准确的保险丝。空气开关是低压配电网络和电力拖动系统中非常重要的一种电器，它集控制和多种保护功能于一身，除能完成接触和分断电路外，尚能对电路或电气设备发生的短路、严重过载及欠电压等进行保护，是常用的工业和民用开关。

在正常情况下，空气开关中的过电流脱扣器的衔铁是释放着的；一旦发生严重过载或短路故障时，与主电路串联的线圈就将产生较强的电磁吸力把衔铁往下吸引顶开锁钩，使主触点断开。欠压脱扣器的工作恰恰相反，在电压正常时，电磁吸力吸住衔铁，主触点得以闭合；一旦电压严重下降或断电时，衔铁就被释放使主触点断开。当电源电压恢复正常时，必须重新合闸后才能工作，故可实现失压保护。

C　按钮开关

按钮开关的结构如图 4-19 所示。平时在按钮复位弹簧的压力下，按钮开关的常闭触头闭合。使用时人手压下按钮帽，推动可动触点与常开触点接通，并实现电路换接。按钮开关是一种结构简单、应用十分广泛的主令电器（用作闭合或断开控制电路、以发出指令或作程序控制的开关电器）。在电气自动控制电路中，用于手动发出控制信号以控制接触器、继电器、电磁起动器等。

D　限位开关（行程开关）

限位开关是一种常用的小电流主令电器，其利用生产机械运动部件的碰撞使其触头动作来实现接通或分断控制电路，达到一定的控制目的。通常，这类开关被用来限制机械运动的位置或行程，使运动机械按一定位置或行程自动停止、反向运动、变速运动或自动往返运动等。

限位开关有接触式的和非接触式的，其构造由操作头、触点系统和外壳组成，如图 4-20 所示。接触式的比较直观，在机械设备的运动部件上安装有行程开关，在与其相对运动的固定点上安装有极限位置的挡块。当行程开关的机械触头碰上挡块时，切断（或改变了）控制电路，机械就停止运行或改变运行。由于机械的惯性运动，这种行程开关有一定的"超行程"以保护开关不受损坏。非接触式的形式很多，常见的有干簧管、光电式、感应式等。

在电气控制系统中，限位开关的作用是实现顺序控制、定位控制和位置状态的检测。用于控制机械设备的行程及限位保护。

118

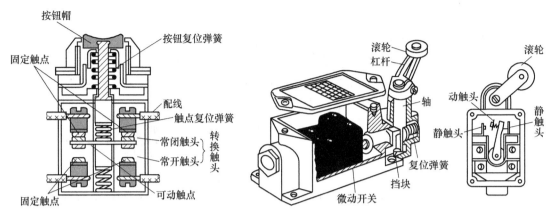

图 4-19　按钮开关的结构　　　　　图 4-20　滚轮旋转式行程开关的结构

4.4.3.3　继电器

继电器是用电磁力控制开启的电路开关。

A　电磁继电器（electromechanical relay，EMR）

用作工业开关的继电器一般是电磁继电器，其发明可追溯到 1837 年出现的莫尔斯电报机，其结构和组成电路符号如图 4-21 所示，外形如图 4-22 所示。它是由铁芯、线圈、衔铁、触点簧片等组成的。

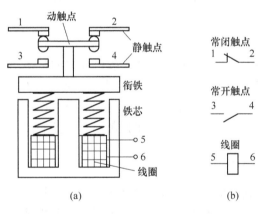

图 4-21　电磁继电器结构和组成电路符号　　　　图 4-22　电磁继电器外形
（a）结构示意；（b）组成电路符号

在电磁继电器线圈两端加上一定的电压，线圈中就会流过一定的电流，从而产生电磁效应，衔铁就会在电磁力吸引的作用下克服返回弹簧的拉力吸向铁芯，从而带动衔铁的动触点与静触点（常闭触点）吸合。当线圈断电后，电磁的吸力也随之消失，衔铁就会在弹簧的反作用力作用下返回原来的位置，使动触点与原来的静触点（常闭触点）释放。这样吸合、释放，从而达到了在电路中导通、切断的目的。

B　固态继电器（solid state relay，SSR）

固态继电器是由微电子电路、分立电子器件、电力电子功率器件组成的无触点开关，其结构原理如图 4-23 所示。

固态继电器的核心可控硅元件可关断晶闸管发明于 1957 年，其结构和电路符号如图

4-24 所示。

固态继电器利用电子组件如开关三极管、双向可控硅（双向晶闸管）交流开关等半导体组件的开关特性，达到无触点、无火花而能接通和断开电路的目的，因此又被称为"无触点开关"。

相对于以往的"线圈–簧片触点式"继电器 EMR，固态继电器 SSR 没有任何可动的机械零件，工作中也没有任何机械动作，具有超越 EMR 的优势，如反应快、可靠度高、寿命长（SSR 的开关次数可达 $10^8 \sim 10^9$ 次，比一般 EMR 的 10^6 次高出百倍）、无动作噪声、耐震、耐机械冲击、具有良好的防潮防霉防腐特性。这些特点使固态继电器 SSR 在军事、化工和各种工业民用电控设备中均有广泛应用。固态继电器 SSR 的外观如图 4-25 所示。

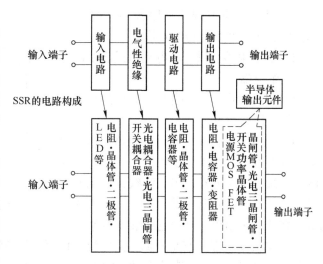

图 4-23 固态继电器 SSR 的电路构成原理

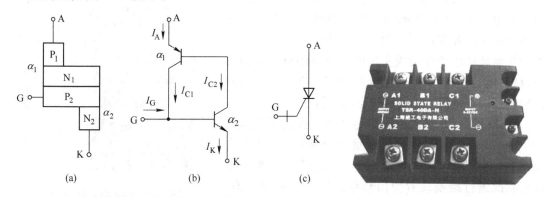

(a)　　　　　　(b)　　　　　　(c)

图 4-24 可关断晶闸管的结构、等效电路和符号
(a) 结构；(b) 等效电路；(c) 符号

图 4-25 固态继电器的外形

C 控制继电器

控制继电器是一种自动电器，它适用于远距离接通和分断交、直流小容量控制电路，并在电力驱动系统中供控制、保护及信号转换用。控制继电器的输入量通常是电流、电压等电量，也可以是温度、压力、速度等非电量，输出量则是触点动作时发出的电信号或输出电路的参数变化。继电器的特点是当其输入量的变化达到一定程度时，输出量才会发生阶跃性的变化。

控制继电器用途广泛，种类繁多，习惯上按其输入量不同分为如下几类：

（1）时间继电器。这是一种利用电磁原理或机械原理实现延时控制的自动开关装置。当加入（或去掉）输入的动作信号后，其输出电路需经过规定的准确时间才产生跳跃式变化（或触头动作）。时间继电器种类有空气阻尼式、电磁式、电动式和电子式等，主要用于生产过程的程序控制和顺序控制。图 4-26 所示为电子式时间继电器的外形。

（2）热继电器。供交流电动机过载及断相保护用的继电器。

（3）温度继电器。供各种设备作过热保护或温度控制用的继电器。

（4）电压继电器。它是根据电路电压变化而动作的继电器，如用于电动机失压、欠压保护的交直流电压继电器；用于绕线式电动机制动和反转控制的交流电压继电器；用于直流电动机反转及反接制动的直流电压继电器等。

图 4-26　电子式时间继电器的外形

（5）电流继电器。它是根据电路电流变化而动作的继电器，被用于电动机和其他负载的过载及短路保护，以及直流电动机的磁场控制或失磁保护等。

4.4.3.4　继电器控制系统

通过继电器构筑的逻辑（如"开/关"和"是/否"）可用于设计制作继电器控制系统。

继电器控制系统，是运用传统的继电器触点通断的逻辑组合实现自动控制的系统，如图 4-27 所示。主要用于传统的开关控制，如工业生产线控制等。继电器的控制是采用硬件接线实现的，是利用继电器机械触点的串联或并联及延时继电器的滞后动作等组合形成控制逻辑，只能完成既定的逻辑控制。

在 20 世纪 20 年代，虽然绝大多数控制手段只是简单的"开/关"，但中央控制室已经成为大型工厂和电站的标准配置。中央控制室中的记录器能够对系统运行状况进行绘制或者使用彩色灯泡反映系统状态，操作员则以此为依据对某些继电器开关进行操作，完成对系统的控制。

图 4-27　继电器控制系统

继电器控制系统的缺点有：连线多且复杂、体积大、功耗大；工作频率低，毫秒级，机械触点有抖动现象；机械触点易烧蚀需用银制作；系统构成后想再改变或增加功能较为困难。

目前，设备的安全控制（停电、重启、人身防护）仍都是由专门安全继电器来保证。

4.4.4　比例、微分、积分运算电路及 PI、PID 调节器

通过电路设计，可以较容易地实现比例、微分、积分运算规律及其组合作用调节规律。

4.4.4.1　比例运算电路

比例运算电路的定义是将输入信号按比例放大的电路。比例运算电路按输入信号加入不同的输入端分类，可分为反相比例运算电路、同相比例运算电路和差动比例运算电路。

以反相比例运算电路为例，其输入信号加入反相输入端，电路如图 4-28 所示。反相比例运算电路输入电压 u_i、输出电压 u_o 的关系为

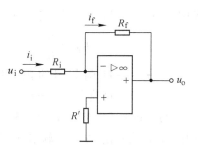

因为 $$i_i = \frac{u_i}{R_i} = i_f$$

所以 $$u_o = -i_f R_f = -\frac{R_f}{R_i} u_i \tag{4-22}$$

由式（4-22）可以看出：u_o 与 u_i 是比例关系，改变比例系数 R_f/R_1，即可改变 u_o 的数值。负号表示输出电压与输入电压极性相反。

图 4-28　反相比例运算电路

4.4.4.2　积分运算电路

积分运算电路是输出电压与输入电压呈积分关系。积分运算电路可实现积分运算及产生三角波形等。积分运算电路的电路图如图 4-29 所示，它是利用电路中电容的充放电来实现积分运算的。积分运算电路的输入电压 u_i、输出电压 u_o 的关系为

$$u_o = \frac{-1}{RC} \int_{t_0}^{t_1} u_i \mathrm{d}t + u_C \big|_{t=0} \tag{4-23}$$

式中　$u_C \big|_{t=0}$——电容两端的初始电压值。

如果积分运算电路输入的电压波形是方形，则产生三角波形输出。

4.4.4.3　微分运算电路

微分是积分的逆运算，微分运算电路的输出电压与输入电压呈微分关系。微分运算电路的电路图如图 4-30 所示，它的输入电压 u_i、输出电压 u_o 的关系为

$$u_o = -RC \frac{\mathrm{d}u_i}{\mathrm{d}t} \tag{4-24}$$

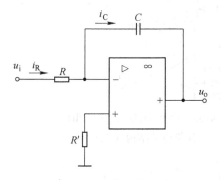

图 4-29　积分运算电路

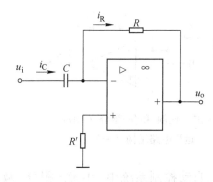

图 4-30　微分运算电路

4.4.4.4　比例-积分（PI）运算电路和 PI 调节器

将基本的比例运算电路和积分运算电路并联组合，即可构成比例-积分（PI）运算电路。比例-积分（PI）运算电路结构原理如图 4-31（a）所示。

比例-积分（PI）调节器输出电压 ΔU_2 可写成

$$\Delta U_2 = -\left(K_P \Delta U_1 + \frac{1}{\tau_r} \int \Delta U_1 \mathrm{d}t \right) \tag{4-25}$$

式中 K_P——PI 调节器的比例系

数，$K_P = \dfrac{R_2}{R_1}$；

τ_r——PI 调节器的积分时

间常数，$\tau_r = R_1 C_2$。

由式（4-25）知，调节器输入电压 ΔU_1 为一定值时，输出电压 ΔU_2 由一跃变量和随时间线性增长的两部分组成，变化规律如图 4-31 (b) 所示。

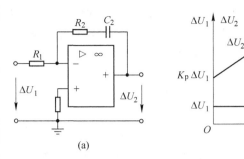

图 4-31   比例-积分（PI）运算电路

（a）原理图；（b）特性

由比例-积分（PI）运算电路组成的 PI 调节器是同时具有比例和积分运算两种作用的放大器，具有较好的调节质量。

PI 调节器属于常用控制仪表元件，生产厂家众多。

4.4.4.5 比例-积分-微分（PID）运算电路和 PID 调节器

将基本的比例运算电路、积分运算电路和微分运算电路并联组合，即可构成比例-积分-微分（PID）运算电路。图 4-32 所示是比较简化经典的一种。图 4-33 所示是比例运算电路、积分运算电路和微分运算电路直接并联组合的一种。

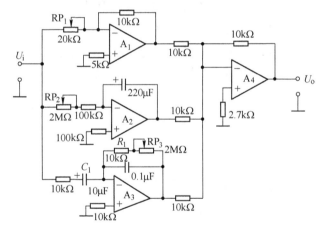

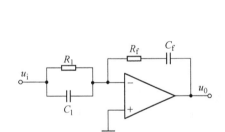

图 4-32   比例-积分-微分（PID）

运算电路结构（一）

图 4-33   比例-积分-微分（PID）

运算电路结构（二）

在自动控制系统中，比例-积分-微分（PID）运算电路经常用来组成 PID 调节器。在常规调节中，比例运算、积分运算常用来提高调节精度，而微分运算则用来加速过渡过程，因此，PID 调节器具有良好的调节质量。

PID 调节器属于常用控制仪表，生产厂家众多。图 4-34 所示是 PID 调节器的外观。

表 4-2 为某型 PID 调节器的技术指标。

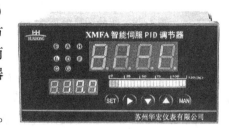

图 4-34   PID 调节器的外观

表 4-2　DDCB-34DZN3N 智能单回路 PID 调节器的主要技术指标

项　目	技 术 指 标	项　目	技 术 指 标
基本误差	0.5%FS 或 0.2%FS±1 个字	控制输出	（1）继电器触点输出；（2）固态继电器脉冲电压输出（DC12V/30mA）；（3）单相/三相可控硅过零触发；（4）模拟量 4～20mA、0～10mA、0～5V 控制输出
分辨力	1/20000、14 位 A/D 转换器		
显示方式	双排四位 LED 数码管显示		
采样周期	0.5s	通信输出	接口方式——隔离串行双向通信接口 RS485/Modem
波特率	300～9600bps 自由设定	馈电输出	DC24V/30mA
报警输出	测量值上下限及偏差报警	电源	开关电源 85～265VAC 功耗 4W 以下

4.5　执 行 器

4.5.1　执行器的基本构成

执行器（final controlling element）是自动控制系统中的执行机构和控制阀组合体。它是自动控制系统的重要环节，其作用是根据控制器发出的指令来改变控制变量参数的值，以完成调节作用。

执行器由两部分组成，其一是执行机构（也称为伺服机构），它能把控制器的输出信号转变为相对应的具有足够功率的转角或直线位移动作，以一定转矩或推力推动调节机构；其二是调节部件，具体实现对控制变量的调节，常用继电器、阀门、机架、变速器等作调节部件。

执行器以电能、压缩空气或压力油为动力。根据采用动力源的不同，通常分为电动执行器、气动执行器和液动执行器。目前最常用的是电动执行器。

电动执行器的执行机构与其调节机构（控制阀）连接的方式较多，既可以分开安装，用机械装置把两者连起来；也可以安装固定在一起。有些产品在出厂时就是执行机构与控制阀连为一体的电动执行器（电动阀），如图 4-35 所示。

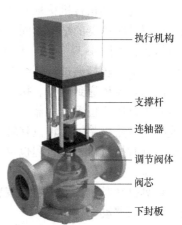

执行机构
支撑杆
连轴器
调节阀体
阀芯
下封板

图 4-35　电动执行器（电动阀）的结构

4.5.2　电动执行器的执行机构

4.5.2.1　执行机构的结构

电动执行器的执行机构，能把来自控制器的 4～20mA（或 0～10mA）的直流控制信号，转换成相应的转角（角行程）或位移（直行程），去驱动执行器的调节部件（如控制阀）。

电动执行机构实际上是一个位置自动控制系统。来自控制仪表的控制信号和由位置发送器返回的阀位反馈信号的偏差，经伺服放大器进行功率放大，然后驱动伺服电机，使减速器推动调节机构朝减小偏差方向转动，输出轴最后稳定在与控制信号相对应的转角位置上，电动操作器的作用是进行控制系统的手动/自动切换及远方手动操作。

电动执行机构分角行程、直行程两大类。

图 4-36 所示是角行程电动执行机构的工作原理方框图。伺服放大器接受来自控制器的控制信号，与执行机构的位置反馈信号进行比较，其差值经放大后提供给伺服电机。当输入信号为零时，放大器无输出，电机不转动。当有不为零的控制信号输入时，输入信号与位置反馈信号产生的偏差使放大器输出相应的功率，驱动伺服

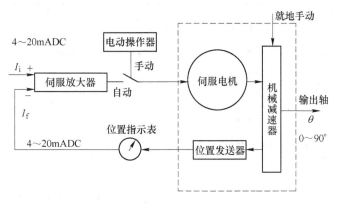

图 4-36 角行程电动执行机构的工作原理

电机正转或反转，减速器的输出轴也相应转动，这时，输出轴的转角又经位置发送器转换成电流信号送到伺服放大器的输入端。当位置反馈信号与控制器信号相等时，伺服电机停止转动。这时，输出轴就停止在控制信号要求的位置上。一旦电动执行机构断电，输出轴就停止在断电的位置上，不会使生产中断。这也是电动执行机构的优点之一。角行程执行机构输出的角位移是在 0°～90° 之间。

直行程电动执行机构输出的是直线位移，其工作原理与角行程电动执行机构完全相同，仅仅是减速器的结构不同。通常采用梯形螺纹滚珠丝杆结构将伺服电机的角行程转换为直行程，如图 4-37 所示。伺服电机按控制要求输出转矩，通过多极正齿轮传递到梯形螺纹丝杆上，丝杆通过杆螺纹变换转矩为推力。此杆螺纹能自锁，并且将直线行程通过与阀门的适配器传递到阀杆。执行机构输出轴带有一个防止转动的止转销，输出轴的径向锁定装置可以作为位置指示器。锁定装置连有一个连杆，连杆随输出轴同步运行，通过与连杆连接的线路板将输出轴位移转换成电信号，提供给伺服放大器作为比较信号和阀位反馈输出，同时执行机构的行程也可由开关板上的两个主限位开关来限制，并由两个机械限位挡块来调整限定位置。

计算机硬盘中的磁头悬挂装置就是采用丝杆结构小车，但略为复杂，是直行程加摆动的二维平面移动结构。

当需要控制探头、机架、加工刀具等在三维空间内任意移动时，可采用丝杆式三维悬臂结构，如图 4-38 所示，常用于数控机床。

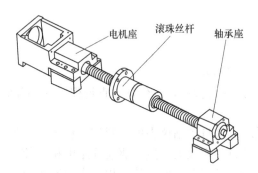

图 4-37 将角行程转换为直行程的滚珠丝杆结构

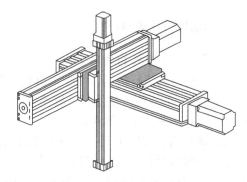

图 4-38 丝杆式三维悬臂结构

目前的工业机器人多采用 6 轴关节空间移动设计，参见第 5 章图 5-41。

4.5.2.2　伺服放大器（伺服驱动器）

伺服放大器（servo drives）又称为"伺服驱动器"，是用来控制伺服电机的一种控制器，其作用类似于变频器作用于普通交流电机，属于伺服系统的一部分，主要应用于高精度的定位系统。

电动伺服放大器主要由直流放大器、相敏继电器和反馈机构所组成。它是一种功率放大器，能将直流信号放大。它一般是通过位置、速度和力矩三种方式对伺服电机进行控制。

4.5.2.3　伺服电机

伺服电机（servo motor）是指在伺服系统中控制机械元件运转的电动机。伺服电机可使控制速度、位置精度非常准确，可以将电压信号转化为转矩和转速以驱动控制对象。

伺服电机转子转速受输入信号控制，并能快速反应，在自动控制系统中，用作执行元件，且具有机电时间常数小、线性度高、始动电压低等特性，可把所收到的电信号转换成电动机轴上的角位移或角速度输出。

伺服电机分为直流和交流伺服电动机两大类，其主要特点是，当信号电压为零时无自转现象，转速随着转矩的增加而匀速下降。

永磁交流同步伺服电机由定子、转子和检测元件三部分组成，如图 4-39 所示。电枢在定子上，定子具有齿槽，内有三相交流绕组，形状与普通交流感应电机的定子相同。

伺服电机内部的转子是永磁铁，驱动器控制的 U/V/W 三相电形成电磁场，转子在此磁场的作用下转动，同时电机自带的编码器反馈信号给驱动器，驱动器根据反馈值与目标值进行比较，调整转子转动的角度。伺服电机的精度取决于编码器的精度（线数）。

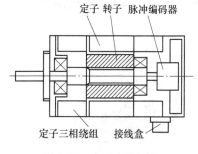

图 4-39　永磁交流同步
伺服电机的结构

伺服系统（servomechanism）是使物体的位置、方位、状态等输出被控量能够跟随输入目标（或给定值）任意变化的自动控制系统。伺服主要靠脉冲来定位，基本上可以这样理解，伺服电机接收到 1 个脉冲，就会旋转 1 个脉冲对应的角度，从而实现位移。因为，伺服电机本身具备发出脉冲的功能，所以伺服电机每旋转一个角度，都会发出对应数量的脉冲，这样，就和伺服电机接受的脉冲形成了呼应，或者叫闭环，如此一来，系统就会知道发了多少脉冲给伺服电机，同时又收了多少脉冲回来，就能够很精确地控制电机的转动，从而实现精确的定位（可以达到 0.001mm）。

4.5.2.4　位置发送器

位置发送器的作用是将减速器输出轴的控制动作反馈到前置伺服放大器中去。

位置发送器可以采用差动变压器的形式，如图 4-40 所示。在差动变压器的中心孔内有一个铁芯，受减速器输出轴上的凸轮带动。当铁芯随凸轮的转动偏离中心位置时，差动变压器就有输出，输出电压的大小由铁芯的位置决定，也就是由输出轴的转角大小决定。

当输出轴转到控制器输出信号所要求的位置时，差压变送器输出的信号值与控制器输出信号值相同，方向相反，因此前置伺服放大器输出为零。

计算机硬盘磁头定位采用信息编码原理。现代的计算机硬盘多采用音圈电机驱动。音圈是中间插有与磁头相连磁棒的线圈，当电流通过线圈时，磁棒会发生位移，进而驱动装载磁头的小车，并根据控制器在盘面上磁头位置的信息编码得到磁头移动的距离，达到准确定位的目的。

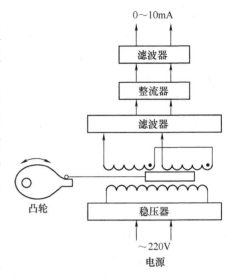

图 4-40　差动变压器形式的
位置发送器

4.5.3　调节部件

在过程控制中，执行器的调节机构主要是调节阀，也称为控制阀。

调节阀通过改变阀芯的行程，即改变阀芯与阀座之间通流面积的大小，从而改变阀的局部阻力来调节流量。调节阀的结构种类很多，图4-41 所示是常见的几种结构形式。

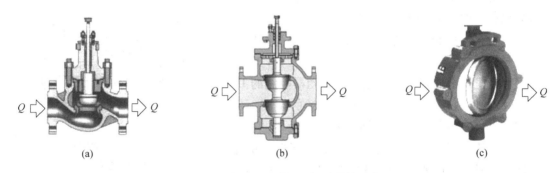

图 4-41　常见的几种调节阀的结构种类
（a）直通单座阀；（b）直通双座阀；（c）蝶阀

直通单座阀只有一个阀座和一个阀芯（实物图参见图4-35），其结构简单，全关时泄漏量小，适用于阀两端压差不大，管径较小的场合。

直通双座阀有两个阀芯和两个阀座，通流能力较大，允许阀两端的压差大，应用比较普遍。

蝶阀，又名挡板阀，结构简单，流阻极小，但泄漏量大，适用于大流量、低压差的场合。

此外还有隔膜阀、三通阀、角形阀等。

调节阀的流量特性是指流过阀门的流量与阀门开度之间的函数关系。一般用相对流量和阀门的相对开度表示。

$$\frac{Q}{Q_{\max}} = f\left(\frac{l}{L}\right) \tag{4-26}$$

式中　$\dfrac{Q}{Q_{max}}$——相对流量，即调节阀在某一开度 l 下的流量与全开时流量之比，需标定；

　　　　$\dfrac{l}{L}$——相对开度，即调节阀某一开度 l 与全开时开度 L 之比，这里 l 和 L 都是指

阀芯的行程。

图 4-42 所示是调节阀的相对流量 $\dfrac{Q}{Q_{max}}$ 与相对

开度 $\dfrac{l}{L}$ 之间的理想流量特性曲线，由图可见，调
节阀可按流量特性的不同，分为快开型、直线型、
抛物线型和对数型。一般根据实际工艺需要选择调
节阀类型和规格，并应实际标定调节阀的流量
特性。

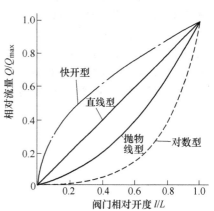

图 4-42　调节阀的理想流量特性

【例 4-3】　某直线型流量特性调节阀，全开流
量 Q_{max} 为 500L/min。求流量为 200L/min 时所需相
对开度。

　　解：因为调节阀流量特性属于直线型，所以

$$\frac{l}{L} = \frac{Q}{Q_{max}} = \frac{200}{500} = 0.4$$

习　题

4-1　经典控制技术的主要任务是什么？

4-2　自动控制系统由哪些基本单元组成？

4-3　自动控制系统有哪几种分类方法？

4-4　衡量自动控制系统稳定性及质量的标准是什么？

4-5　什么叫被控对象？被控对象的容量、自衡和滞后时间各说明被控对象的什么现象？

4-6　被控对象的静态特性与动态特性用什么表示？

4-7　某比例控制系统，其输入信号的相对变化量 $\Delta e = 3mA$，输出信号的相对变化量 $\Delta u = 10mA$，求其比
例度 δ。在该调节系统中，设在阶跃给定信号作用下，被控量最大偏差值 $y_{max} = 15$，控制调节一个
周期后，被控量 $y_1 = 3$，求该控制系统的衰减度 ψ。

4-8　被控对象的调控过程数学模型有哪些基本类型？

4-9　比例、积分、微分控制规律的含义及表示方法是什么？

4-10　PI、PD、PID 控制规律各自适用在什么场合？各有哪些优缺点？

4-11　电路开关控制采用哪些元件？简述继电器的结构原理。

4-12　什么是无触点开关？简述固态继电器的原理与应用优点。

4-13　控制器的作用是什么？简单的工业控制器有哪些类型？

4-14　简述执行器的作用与构成。

4-15　简述角行程和直行程的定义及其转换方式结构。

4-16　什么是调节阀的流量特性？

参 考 文 献

［1］苏震. 选矿自动化［M］. 第2版. 北京：冶金工业出版社，1995.

［2］连国钧. 动力控制工程［M］. 北京：西安交通大学出版社，2002.

［3］吴建华. 电路原理［M］. 北京：机械工业出版社，2009.

［4］全国电气信息结构文件编制和图形符号标准化技术委员会. 电气简图用图形符号国家标准汇编
　　［M］. 北京：中国标准出版社，2009.

［5］华伟. 现代电力电子器件及其应用［M］. 北京：北方交通大学出版社，2002.

［6］DDCB-34DZN3N 智能单回路 PID 调节器［EB/OL］. 中国化工产品网，http：//www. chemcp. com/.

［7］杨世忠，邢丽娟. 调节阀流量特性分析及应用选择［J］. 阀门，2006（5）：33~36.

5　工业控制计算机系统和先进控制执行技术

计算机是一种用于高速计算和存储分析记忆的电子计算机器。工业控制计算机系统是一种采用网络总线结构，对生产过程及其机电设备、工艺装备进行检测与控制的计算机系统总称，简称工控机系统，目前常用的有 PLC、DCS 和 FCS。

有别于以稳定过程参数为主的传统控制技术，先进控制技术是着眼于过程优化目标的控制技术，包括最优控制、模糊控制、专家系统、神经网络控制和人工智能控制等。

变频调速技术和智能化电动执行器是工业控制执行器设备的发展趋势。

5.1　计算机与工业控制计算机系统

5.1.1　计算机和计算机网络

计算机（computer）俗称电脑，是一种用于高速计算的电子计算机器，既可以进行数值计算，又可以进行逻辑计算，还具有存储记忆功能。计算机是能够按照程序运行，自动、高速处理海量数据的现代化智能电子设备。

计算机网络（computer network）是指将地理位置不同的具有独立功能的多台计算机及其外部设备，通过通信线路连接起来，在网络操作系统、网络管理软件及网络通信协议的管理和协调下，实现资源共享和信息传递的计算机系统。

5.1.1.1　*微分分析仪、图灵机、Bombe 机械计算机和 Colossus 电子管计算机*

1931 年，美国人范内瓦·布什（Vannevar Bush）设计、制造了能用来求解微分方程的机械式计算机——"微分分析仪"，这被认为是电子计算机的先驱。微分分析仪有几百根平行的钢轴，安放在一个桌子一样的金属框架上，一个个电动机通过齿轮使这些轴转动，轴的转动模拟数的运算。在第二次世界大战中，美军曾广泛用它来计算弹道射击表。

现代计算机的原型当推英国人阿兰·麦席森·图灵（Alan Mathison Turing）设计的"图灵机"。图灵探讨了通用数字计算机制造的可能性。他于 1940 年实际造出可破译德国著名的 Enigma（"迷"）密码系统的机械计算机 Bombe（"炸弹"）。1943 年图灵的同事马克斯·纽曼（Max Newman）和托马斯·弗劳尔斯（T. Flowers）造出世界首台电子管计算机 Colossus（"巨人"），可破译 Enigma 密码的升级版 Lorenz SZ，为第二次世界大战反法西斯同盟国的胜利做出了卓越的贡献。图灵被誉为计算机科学之父、人工智能之父，为纪念他而设立的"图灵奖"被誉为是世界计算机界的诺贝尔奖。

匈牙利裔美国人约翰·冯·诺伊曼（John von Neumann，1903～1957），是 20 世纪最伟大的科学全才之一，被后人称为"计算机之父"和"博弈论之父"。他为研制电子数字计算机提供了基础性的方案。1945 年，冯·诺伊曼形成了现今所用的将一组数学过程转变为计算机指令语言的基本方法，即"代码"。计算机的逻辑图式，现代计算机中信息存储、基本指令的选取以及线路之间相互作用的设计，都深深受到冯·诺伊曼思想的影响。冯·诺伊曼还参与了第一台电子数字计算机 ENIAC 的研制。

1943 年以来计算机技术飞速地发展，到目前为止大体经历了五代。

5.1.1.2　电子管计算机阶段（1943~1957）

1946 年世界首台电子数字计算机 ENIAC 在美国宾夕法尼亚大学诞生。该机使用了 1500 个继电器，18800 个电子管，占地 $170m^2$，重达 30 多吨，电功率 150kW。这台计算机每秒能完成 5000 次加法运算，400 次乘法运算。它使科学家们从复杂的计算中解脱出来，它的诞生标志着人类进入了一个崭新的信息革命时代。

发明于 1906 年的电子管的结构如图 5-1 所示。电子管计算机的主要特征是采用电子管元件作基本器件，用光屏管或汞延时电路作存储器，输入与输出主要采用穿孔卡片或纸带、体积大、耗电量大、速度慢、存储容量小、可靠性差、维护困难且价格昂贵。在软件上，通常使用机器语言或者汇编语言来编写应用程序，因此这一时代的计算机主要用于科学计算。目前仍有电子管用于大功率无线电设备和音响。

5.1.1.3　晶体管计算机阶段（1958~1964）

20 世纪 50 年代中期，晶体管发明，晶体三极管的结构如图 5-2 所示。晶体管不仅能实现电子管的功能，还具有尺寸小、重量轻、寿命长、效率高、发热少、功耗低等优点。由晶体管代替电子管作为计算机的基础器件，用磁芯或磁鼓作存储器，在整体性能上，比第一代计算机有了很大的提高。同时程序语言也相应地出现了，如 Fortran、Cobol、Algo160 等计算机高级语言。晶体管计算机被用于科学计算的同时，也开始在数据处理、过程控制方面得到应用。

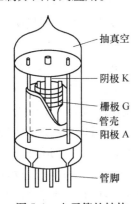

图 5-1　电子管的结构

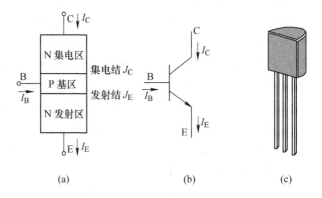

图 5-2　晶体三极管的结构、电路符号和外观
（a）晶体三极管的结构；（b）电路符号；（c）外观

5.1.1.4　中小规模集成电路计算机阶段（1965~1971）

20 世纪 60 年代中期，随着半导体工艺的发展，发明了集成电路板，如图 5-3 所示。中小规模集成电路成为计算机的主要部件，主存储器也渐渐过渡到半导体存储器。使计算机的体积更小，大大降低了计算机计算时的功耗，由于减少了焊点和接插件，进一步提高了计算机的可靠性。

在软件方面，有了标准化的程序设计语言和人机会话式的 Basic 语言，其应用领域也进一步扩大。

1965 年，英特尔公司（Intel）创始人之一戈登·摩尔（Gordon Moore）提出了著名的摩尔定律，如图 5-4 所示。其内容为：当价格不变时，集成电路上可容纳的元器件的数目，约每隔 18~24 个月便会增加 1 倍，性能也将提升 1 倍。换言之，每 1 美元所能买到的计算机性能，将每隔 18~24 个月翻 1 倍。这一定律揭示了信息技术进步的速度。摩尔定律预言的趋势已经持续了超过半个世纪，至今仍适用。

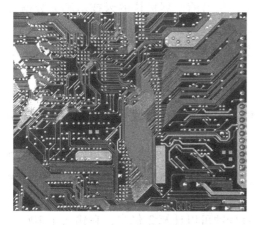

图 5-3　集成电路板

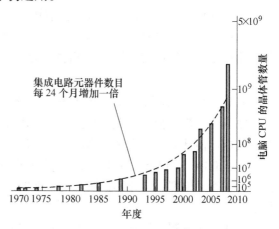

图 5-4　摩尔定律的发展

5.1.1.5　大规模和超大规模集成电路计算机阶段（1971 年至今）

如图 5-5 所示，中央处理器（central processing unit, CPU）是计算机的核心配件，也称为微处理器、芯片，其功能主要是解释计算机指令以及处理计算机软件中的数据。程序是由指令构成的序列，一旦把程序装入主存储器中，就可以由 CPU 自动地完成从主存获取指令和执行指令的任务。1972 年 Intel 推出的 8008 微处理器晶体管数目约为 3500 颗。随着大规模集成电路和超大规模集成电路的成功制作应用，CPU 中元器件的集成度进一步增加，计算机的体积进一步缩小，性能进一步提高，2016 年 Intel 的 Skymont 处理器采用了 10nm 制造工艺，集成了更高的大容量半导体存储器作为内存储器，发展了并行技术和多机系统，软件系统工程化、理论化，程序设计自动化。随着互联网技术的迅速发展，微

(a)

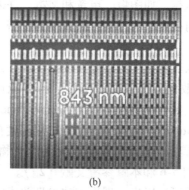

(b)

图 5-5　采用 14nm 制造工艺的 Intel Skylake CPU 处理器（2014）

（a）CPU 处理器外观；（b）CPU 处理器内部显微照片

型计算机在社会上的应用范围迅速扩大，几乎所有领域都能看到计算机的"身影"。

超大规模集成电路计算机的形象体现是超级计算机。超级计算机是能够执行一般个人计算机无法处理的大资料量与高速运算的计算机。其基本组成组件与个人计算机的概念无太大差异，但规格与性能则强大许多，是一种超大型电子计算机，具有很强的计算和处理数据的能力，主要特点表现为高速度和大容量，配有多种外部和外围设备及丰富的、高功能的软件系统。现有的超级计算机运算速度大都可以达到每秒万亿次以上。

超级计算机用于高科技领域和尖端技术研究，也是目前发展极快的云技术和大数据技术的基础。目前，世界上运算速度最快的超级计算机系统为中国的"神威·太湖之光"，其采用中国自主生产的CPU芯片组件，总体计算性能达到每秒125.40PFlops（千万亿次浮点计算）。

5.1.1.6　计算机人工智能（1956年至今）

第五代计算机指具有人工智能的新一代计算机，它具有推理、联想、判断、决策、学习等功能。使计算机可实现更高层次的应用。

人工智能（artificial intelligence，英文缩写为AI）的概念于1956年正式提出。它是研究、开发用于模拟、延伸和扩展人的智能的理论、方法、技术及应用系统的一门新的技术科学。

IBM公司研制的深蓝（deep blue）计算机，每秒钟可以计算2亿步，它输入了100多年来优秀国际象棋棋手的对局200多万局，采用枚举算法（穷举算法）。1997年，"深蓝"战胜了国际象棋大师卡斯帕洛夫（Kasparov）。

但有人提出，亚洲古老的博弈游戏围棋采用19×19纵横线棋盘，每个交叉点有黑、白、空三种行棋可能，总共有3^{361}种可能行棋变化，即其状态空间复杂度约为$3^{361} \approx 10^{170}$，而博弈树复杂度约为10^{300}，远远高于国际象棋，如果仅依靠枚举算法，计算机围棋是不可能战胜人类的。

其后，蒙特卡洛随机算法和树搜索被引入计算机围棋程序。

2006年Hinton等人提出深度学习理论，其概念源于人工神经网络技术的研究，其动机在于建立、模拟人脑进行分析学习的计算机神经网络。深度学习是机器学习研究中的一个新的领域，它模仿人脑的机制来解释数据，如图像、声音和文本，并采用蒙特卡洛随机算法加树搜索技术方案，大大减少了需要的搜索比较量。

深度学习人工智能理论的最新成果体现，是诞生了在2016年3月击败世界围棋冠军李世石的智能计算机——谷歌Alpha Go，其研究论文Mastering the game of Go with deep neural networks and tree search（《用深度神经网络和树搜索征服围棋》）已成为世界顶级科学刊物《Nature》封面论文（见图5-6和本章参考文献 [2]）。

人工智能从诞生以来，理论和技术日益成熟，应用领域也不断扩大，几乎所有生产和生活领域都能看到人工智

图5-6　创造人工智能历史的
谷歌Alpha Go

能技术发展应用的身影。

5.1.1.7 计算机网络

计算机网络是人、计算机、设备和被控对象之间的高速数据通道，分为局域网和互联网。

局域网（local area networks，简称 LAN）是指在某一区域内各种计算机、外部设备和数据库等互相联接起来组成的计算机通信网。局域网严格意义上是封闭型的。局域网常用以太网（ethernet），其采用基带局域网规范，始于 1974 年，是当今现有局域网采用的最通用的通信协议标准。企业局域网是企业自动化的基础，通常采用有线网络的形式。构建局域网可采用多种类型的网线，常见的网线主要有双绞线、同轴电缆、光缆三种。网线与计算机和设备之间的连接采用网线接头、网线接口、网络交换机等。常见的网线、接头及接口如图 5-7 所示。

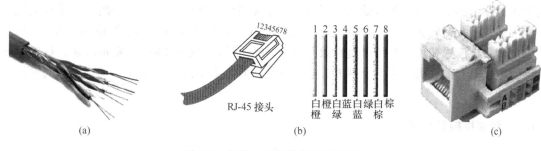

图 5-7 网线、网线接头及网线接口

（a）双绞网线；（b）网线接头（水晶头）；（c）网线接口

互联网（internet）是广域网、局域网与单机之间所连接成的庞大网络。通用的网络之间互连的协议（internet protocol，简称 IP），为互联网上的每一个网络和每一台单机分配一个互联网协议地址（IP 地址）。这些网络和单机通过路由器（router，也称网关设备）相连，形成逻辑上的单一巨大国际网络，即"互相联结一起的国际网络"，如图 5-8 所示。

互联网始于 1969 年的美国，1989 年发明检索互联网和广域网。1992 年提出分类互联网信息的超文本协议，开始电子邮件服务。1995 年，微软公司（Microsoft）推出了 Windows 95 操作系统，迅速占领了全球的个人计算机市场，并全面进入浏览器、服务器和互联网服务。

互联网的出现促进了知识的积累、交流和爆发性增长，相应带来了科技和经济的迅猛增长。互联网被誉为人类 20 世纪

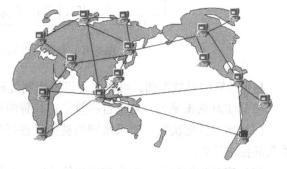

图 5-8 国际互联网（internet）

最伟大的发明。互联网的构建经历了电缆、光缆、无线网络和云网络等阶段，目前仍在迅猛发展，并深刻地影响和改变了人类社会的生产和生活方式。

以手机上网为例，手机可通过移动通信网络服务商提供的移动数据上网，但手机上网

流量费用较高，影响了其普及应用。如图 5-9 所示，无线保真（wireless fidelity，简称 Wi-Fi）是一种能够将个人计算机、手机等终端以无线电波方式连接到一个无线局域网（wireless local area networks，简称 WLAN）的技术，由澳大利亚人 John O'Sullivan 发明并于 1996 年获得专利，属于在办公室和家庭中使用的短距离

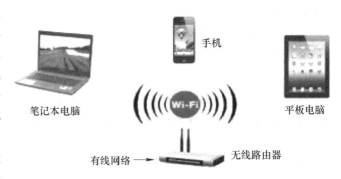

图 5-9　由无线路由器构建的无线局域网和 WiFi 信号联网

无线联网技术。Wi-Fi 信号也是由有线网络服务商提供的，比如用户家里的 ADSL、宽带网等，只要接一个无线路由器（wireless router），就可以把有线网信号转换成 Wi-Fi 信号，在这个无线路由器电波覆盖的有效范围都可以采用无线保真连接方式进行联网。连接到无线局域网通常是有密码保护的，但也可是开放的。由于无线局域网技术方便价廉，Wi-Fi 可减少耗费手机流量费用，其结果是自第一代 iPhone 智能手机于 2007 年发布以来，智能手机迅速取代原有的手机，手机上网方式迅速普及，并推动了网络移动社交平台和电商等行业的迅速发展。

5.1.2　计算机控制系统

5.1.2.1　原理

计算机控制系统（computer control system）的原理框图如图 5-10 所示。计算机控制系统由硬件和软件两个基本部分组成，硬件是指计算机本身及其外部设备，软件指管理计算机的程序及生产过程应用程序，只有硬件和软件相配合，才能保证计算机控制系统的正常运行。

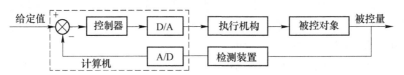

图 5-10　计算机控制系统原理框图

根据计算机系统框图，可以将计算机控制过程归纳为以下 4 个步骤：

（1）实时数据采集：对来自测量变送装置的被控量的瞬时值进行测试并输入；

（2）实时控制决策：对采集到的被控量进行分析和处理，并按已定的控制规律决定要采取的控制行为；

（3）实时控制输出：根据控制决策适时地对执行机构发出控制信号，完成控制任务；

（4）信息管理：随着网络技术和控制策略的发展，信息共享和管理成为计算机控制系统越来越重要的功能。

以上 4 个步骤的循环重复，使整个系统能按照一定的品质指标工作，并对控制量和设备本身的异常现象及时做出处理。

计算机控制系统分为硬件和软件两部分。硬件是指计算机本身及其外部设备；软件是指管理计算机的程序以及过程控制的应用程序。

5.1.2.2 计算机控制系统的硬件组成

计算机控制系统中可以有各种规模的计算机，如从微型到大型的通用或专用计算机，但一般是指微型计算机（微机）控制系统。计算机控制系统由计算机系统、受控对象、检测装置和执行机构组成。用计算机（软件）实现控制规律及其控制算法。计算机与受控对象的联系和部件间的关系，可以是有线方式，如通过电缆的模拟信号或数字信号进行联系；也可以是无线方式，如用红外线、微波、无线电波、光波等进行联系。被控对象的范围很广，包括各行各业的生产过程、机械装置、交通工具、机器人、实验装置、仪器仪表、家庭生活设施、家用电器等。

计算机控制系统中的计算机应是广义的，可以是工业控制计算机（IPC）、嵌入式计算机（ARM）、可编程序控制器（PLC）、单片机（SCM）、数字信号处理器（DSP）等。

计算机控制系统的硬件主要由主机、检测与执行机构、系统总线、过程输入输出设备、外部设备（人-机联系设备、外存储器）等部分组成，如图5-11所示。

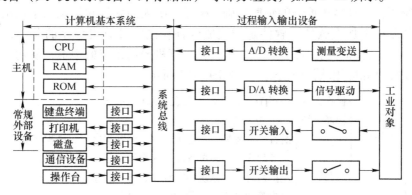

图5-11 计算机控制系统硬件组成

主机由中央处理器（CPU）和内部存储器（RAM、ROM）组成，是整个控制系统的核心。其主要功能是按控制规律进行各种控制计算（如最优化计算等）和操作，根据运算结果做出控制决策；对生产过程进行监督，使之处于最优工作状态；对事故进行预测和报警；编制生产技术报告、制表等。

系统总线是高速数据通道，即网络。工业局域网常用以太网（ethernet）。

在控制过程中，为了收集和测量各种参数，采用了各种检测元件及变送器，其主要功能是将被检测参数的非电量转换成电量。而执行机构的功能是根据微机输出的控制信号，改变输出的角位移或直线位移，并通过调节机构改变被调介质的流量或能量，使生产过程符合预定的要求。

过程输入输出设备是计算机和生产过程之间进行信息传递的纽带和桥梁。输入设备把生产对象的被控参数转换成微机可以接收的数字代码。输出设备把微机输出的控制命令和数据转换成可以对对象进行控制的信号。

过程输入设备包括模拟量输入通道（简称A/D通道）和开关量输入通道（简称DI通道），分别用来输入模拟量信号（如流量、压力、温度、物位等）和开关量信号（如继电器触点信号、开关位置等）。过程输出设备包括模拟量输出通道（简称 D/A 通道）和开关量输出通道（简称 DO）通道，分别用来输出送往模拟执行器的模拟量信号和开关量信号或数字量信号。

外部设备实现微机与外界的信息交换，包括人-机联系设备、外存储器以及常用输入输出设备。

常用输入设备包括键盘、鼠标、触摸屏，用来输入程序、数据和操作命令。

常用输出设备包括显示器、打印机、绘图仪等，它们以字符、曲线、表格和图像等形式来反映生产过程工况和控制信息。

常用外存储器包括光盘、磁带、USB 闪存盘等，兼有输入和输出两种功能，用来存放程序和数据。

人-机联系设备是计算机控制系统中的重要设备，又称操作台，是实现操作员与计算机之间信息交换的设备，通过它可向计算机输入程序、修改内存数据、显示被测参数，以及发出各种操作命令等。

5.1.2.3 计算机控制系统的软件系统

硬件系统提供了计算机控制的物质基础，但是，把人的思维和知识用于控制过程，就必须在硬件的基础上加上软件。软件是指完成各种功能的计算机程序的总和，如完成操作、监控、管理、计算和自诊断程序等。软件是计算机控制系统的中枢，从功能上讲，软件可分为系统软件和应用软件两大部分，如图 5-12 所示。

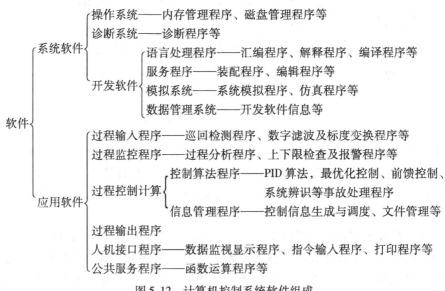

图 5-12   计算机控制系统软件组成

系统软件一般由计算机厂商提供，用于管理计算机本身资源，具有一定的通用性。应用软件是为生产过程编制的特定程序，如数据采集程序、控制量计算程序、报警处理程序等。应用程序一般由用户根据生产需要自行开发，其优劣对控制系统的功能、精度和效率具有很大的影响，是整个控制系统的指挥中心。

5.1.2.4 工业控制计算机 IPC

工业控制计算机（industrial personal computer，简称 IPC），简称工控机，或工业 PC、

工业微机、工业电脑。它在个人计算机的基础上加以改造，使其系统结构及功能模板的划分更适合工业过程控制的需要，用以处理来自工业控制系统的输入信号，再根据控制要求将处理结果输出到控制器，去控制生产过程，同时对生产进行监督与管理。

工业电脑基本性能及相容性与商用电脑相差无几，但工业电脑更多地是注重在不同环境下的稳定性和可靠性。一般要求工业电脑必须具备以下特点：

（1）高可靠性。具备坚固、防震、防潮、防尘、防电磁干扰、耐高温性能，可连续开机。国际上要求工控机有 99.95% 的运转率，并有完善的检测故障程序，即使出现故障，也能在极短时间内修复。

（2）实时性。工业 PC 对工业生产过程进行实时在线检测与控制，对工作状况的变化给予快速响应，及时进行采集和输出调节，遇险自复位处理。

（3）扩充性。工业 PC 由于采用底板 + CPU 卡结构，因而具有很强的输入输出功能，最多可扩充 20 个板卡，能与工业现场的各种外设、板卡等相连，以完成各种任务。

早期，一般计算机的可靠性不高，故出现了专门用于工业控制系统的计算机，即工控机，以及专门的工控机开发商。这样做的结果是价格高，且性能时间比商用机滞后。

目前，商用计算机性能已相对可靠。因此，目前大多数工业控制系统采用商用计算机作为控制系统的监控主机，并常采用双机工作冗余系统技术来保证其可靠性。控制系统常用的计算机品牌有 DELL、联想等。

5.1.2.5　计算机控制系统的冗余技术可靠性保证

冗余技术又称储备技术，它是利用系统的并联模型来提高系统可靠性的一种手段。冗余技术方式分为工作冗余和后备冗余两种。

工作冗余也称为热备用，是一种两个或两个以上的单元并行工作的并联模型。平时，由各处单元平均负担工作，因此工作能力有冗余。

后备冗余也称为冷备用，平时只需一个单元工作，另一个单元是冗余的，用于待机备用。

以计算机为例，其服务器及电源等重要设备，都采用双机、一用二备甚至一用三备的冗余配置。正常工作时，几台服务器同时工作，互为备用；电源也是这样，一旦遇到停电或者机器故障，自动转到正常设备上继续运行，确保系统不停机，数据不丢失。

冗余技术是提高计算机控制系统可靠性的重要手段。计算机控制系统的冗余措施包括通信网络的冗余、操作站的冗余、现场控制站的冗余、电源的冗余、输入/输出模块的冗余等。如图 5-13 所示，计算机控制系统的通信网络至

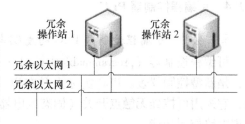

图 5-13　计算机控制系统的冗余技术保证

关重要，在设计建造时都采用一用一备的双网配置。操作站采用 1:1 的工作冗余。电源采用交流电、蓄电池等多级掉电保护冗余措施。

5.1.3　工业生产过程控制系统的设计选型

连续生产过程是一个非常复杂的工业过程，离开自动控制系统，生产就无法进行。合

理地设计每一个控制系统，对稳定生产、提高产品质量和产量，节能降耗，保护环境是十分重要的。

在控制工程中，为了满足特定任务的要求，总是预先给出系统的性能指标，要求设计出一个良好性能的控制系统。控制系统的性能指标，主要反映了对控制系统的稳定性，控制过程的快速性、超调量和控制精度方面的要求。

一个较合理的控制系统，首先应该是稳定的，而且要有一定的稳定裕量；其次，控制系统要有较好的动态性能。一般情况下，都希望动态过程具有衰减振荡特性。因为这样的系统响应快、调节时间短。过程控制中绝大多数控制系统都是恒值调节系统。这样的系统给定值很少变动，系统的主要任务是快速消除各种干扰的影响，维持被控变量与给定值一致，所以描述动态过程的动态性能指标主要是强调衰减率 Ψ（或衰减比）和调节时间 t_s。系统在达到稳态后则要求有较小的稳态误差，满足生产要求的控制精度。

设计一个控制系统大体要经过以下几个步骤：

（1）建立被控对象的数学模型。这可以通过理论法或实验法来完成。

（2）选择正确的控制方案。要选择正确的控制方案，必须对被控对象的特性、生产工艺的技术要求、被控对象受到的主要扰动、被控对象在整个生产过程中的地位及与其他系统的关系等进行深入的了解，以确定合理的控制指标及实现这些指标的合适的控制方式。

（3）按控制方案进行工程设计。根据已确定的控制方案，进行仪表选型、控制室设计等。

（4）对已设计的系统进行分析。这是对所设计的控制系统进行的检验。分析可分为两个内容，首先对控制系统进行理论分析，确定系统的各项性能指标；其次，进行实验验证，检验设计的正确性。若不能满足要求，则必须进行再设计。

在控制系统的设计中，有两个最重要的环节，即控制方案的设计和控制器的整定（校正）。控制方案选择得不好，即使使用再先进的仪表，都不可能完成预定的控制任务。在控制系统确定之后，控制器参数的整定就成为决定系统控制质量的决定因素。求取能达到控制性能指标要求的控制器的参数的过程，称为控制器参数整定。在整个控制系统设计过程中，要注意把握好这两个重要环节。

5.1.4 可编程控制器 PLC

5.1.4.1 可编程控制器 PLC 的发明与硬件结构

可编程控制器（programmable logical controller，简称 PLC）是工业控制计算机系统之一，是新型控制仪表。PLC 实际上是在以往继电器开关逻辑控制系统的基础上发展的产物，它采用可控硅无触点开关（固态继电器）系统，以计算机微处理器为核心，通过编程实现电路控制功能。

1957 年，可控硅无触点开关发明（图4-24）。1968 年，美国通用汽车公司确立了第一个可编程控制器的标准，他们的目的是取代既复杂又昂贵的继电器控制系统。该设计标准要求采用可控硅无触点开关系统和计算机技术，并要求能够在工业环境中生存，也能方便地编程，并且可以重复使用。1969 年，第一个 PLC 诞生。在很短的时间里，PLC 应用就迅速扩展到众多的工业行业。

如图 5-14 所示，一套典型的 PLC 通常包括 CPU 模块、电源模块和一些输入/输出模块（I/O 模块）。这些模块被插在一块背板上。如果配置增加，可能会包括一个操作员界面、监控计算机、通信模块、软件以及一些可选的特殊功能模块。

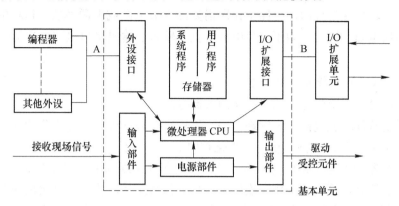

图 5-14 可编程控制器 PLC 的硬件结构

（1）CPU 模块。CPU 是 PLC 的核心部分，包括微处理器和控制接口电路。微处理器是 PLC 的运算和控制中心，实现逻辑运算、数字运算、协调控制系统内部各部分的工作。控制接口电路是微处理器和主机内部其他单元进行联系的部件，主要有数据缓冲、单元选择、信号匹配、中断管理等功能。

（2）存储器。存储器是具有记忆功能的半导体电路，用来存放系统程序、用户程序、逻辑变量和一些其他信息。PLC 内部存储器有两类，一类是 RAM（随机存取存储器），可以随时由 CPU 对它进行读出、写入，主要用来存放各种用户程序、中间结果等；另一类是 ROM（只读存储器），CPU 只能从中读取而不能写入，主要用来存储监控程序以及系统内部数据。

（3）输入、输出接口电路。是 PLC 与外围设备之间信息传递的通道。PLC 通过输入接口电路将开关、按钮等输入信号转换成 CPU 能接收和处理的信号。输出接口电路是将CPU 送出的弱电控制信号转换成现场需要的强电信号输出，驱动被控设备。

（4）外设接口。PLC 主机通过外设接口与编辑器、图形终端、打印机等外围设备相连，或与其他 PLC 及上位机连接，从而实现人-机对话，机-机对话。

（5）编程器。编程器是 PLC 最重要的外围设备，它实现了人与 PLC 的联系对话。用户利用编程器不但可以输入、检查、修改和调试用户程序，还可以监视 PLC 的工作状态、修改内部系统寄存器的设置参数以及显示错误代码等。编程器分两种，一种是手持编程器，只需通过编程电缆与PLC 相接即可使用，如图 5-15 所示；另一种是带有 PLC 专用工具软件的计算机，它

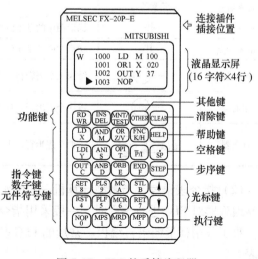

图 5-15 PLC 的手持编程器

通过通信接口与 PLC 连接。

（6）电源。PLC 的电源是将外部交流电经整流、滤波、稳压转换成满足 PLC 中 CPU、存储器、输入、输出接口等内部电路工作所需要的直流电源或电源模块。PLC 的电源一般采用开关型稳压电源，同时，为了避免电源干扰，输入、输出接口电路的电源回路彼此相互独立。

5.1.4.2 PLC 的软件和编程语言

PLC 的软件分为系统软件和用户程序两大部分。

PLC 的系统软件一般包括系统管理程序、用户指令解释程序、标准程序库和编程软件等。系统软件由 PLC 生产厂商提供，并固化在内部 ROM 上。

可编程控制器 PLC 最突出的特点就在于其系统程序中编制了能完成 PID 运算、算术运算、函数运算、逻辑运算等的子程序模块。用户只需将这些模块按照规定的编程方法进行软连接（称为组态），就能完成复杂的控制功能，而不必像单元仪表那样要由多台仪表进行硬连接。因此，可编程调节器的功能非常丰富，通用性强，这是模拟仪表无法比拟的。

用户程序是用户根据生产过程控制要求，用 PLC 规定的编程语言编写的应用程序，并利用编程装置输入到 PLC 的程序存储器中。

PLC 的编程语言不同于一般的计算机高级语言和汇编语言，因为高级语言显得太深奥，而在汇编语言中常量和变量又太烦琐。PLC 应用场合是工业生产过程，为了方便对专业计算机软件语言了解不多的工程技术人员使用，要求其编程语言要易于编写和调试。PLC 具有多种形式的面向工程技术人员的编程语言：

（1）供顺序控制用的梯形图语言。梯形图语言沿袭了继电器控制电路图的形式，是在常用的继电器与接触器逻辑控制电路图基础上简化了符号演变而来的，具有形象、直观、实用等特点，电气技术人员容易接受，是目前运用最多的一种 PLC 的编程语言。各国公司生产的 PLC 所用的梯形图语言不完全相同，但一般都具有表 5-1 所示的基本元素。

表 5-1 梯形图的基本元素符号及功能

元素名称	元素符号	功　能
常开触点	——┤├——	梯形图中的基本继电器触点，受一个输入点或一个线圈的控制
常闭触点	——┤╱├——	梯形图中的基本继电器触点，受一个输入点或一个线圈的控制
输出线圈	——○——	结束一个逻辑行，把相应电路的操作结果输出给指定的继电器线圈
定时器	——(TIM)	占一个逻辑行，接通延时设置时间为 0～999.9s
计数器	计数输入 ┤CP 复位输入 ┤R CNT	占两个逻辑行，上为计数输入，下为复位输入，预置数为 0～9999

（2）指令表语言。与微型计算机采用的汇编语言类似，采用助记符形式编程。在使用简易编程器对 PLC 进行编程时，一般采用指令表语言，这主要是因为简易编程器显示屏很小，难于采用梯形图语言编程。常用的 PLC 基本指令表符号与梯形图符号和助记符的关系见表 5-2。

需要指出的是，PLC 梯形图中的某些编程元件沿用了继电器这一名称，但它们不是真实的物理继电器（即硬件继电器），而是在梯形图中使用的编程元件（即软元件）。

表5-2　常用的 PLC 基本指令表符号与梯形图符号和助记符的关系及功能

指令表符号	梯形图符号	助记符	操作数字	功　　能	数　　据
LD（或 LOAD）	—┤├—	LD	继电器号	以常开触点开始的操作符号	继电器编号 输入继电器 0000-0915 输出继电器 0500-0915 保持继电器 HR000-HR915 暂存继电器 TR0-TR7
LD NOT	—┤/├—	LD NOT	继电器号	以常闭触点开始的操作符号	
AND	—┤├—	AND	继电器号	逻辑"与"操作，即串联常开触点	
AND-NOT	—┤/├—	AND NOT	继电器号	逻辑"与–非"操作，即串联常闭触点	
OR	—┤├—	OR	继电器号	逻辑"或"操作，即并联常开触点	
OR-NOT	—┤/├—	OR NOT	继电器号	逻辑"或–非"操作，即并联常闭触点	
OUTPUT	—○	OUT	继电器号	相应电路操作结果输出给指定继电器	
AND-LD		AND LD		串联联接两组接点	
OR-LD		OR LD		并联联接两组接点	
TIMER	—(TIM)	TIM	计时器号和设定计时值	接通延时，设定时间 0~999.9s	计时器号 TIM00-47 设定计时值 0~999.9s
COUNTER	计数输入 ─┐ 复位输入 ─┤ CP CNT R	CNT	计数器号和设定计数值	减计数操作，设定值 0~9999	计数器号 CNT00-47 设定计数值 0~9999

表5-3 为基本逻辑指令的梯形图形式和指令表形式的比较举例。显然，指令表就像是描述绘制梯形图的文字，指令语句表主要由指令助记符和操作数组成。

表5-3　基本逻辑指令的梯形图形式和指令表形式的比较举例

梯形图形式基本指令	指令表形式基本指令和数据代码	说　　明	动作时序图
	LD0000 AND0001 OR0002 OUT500	输入 0000 和 0001ON 时，或输入 0002ON 时，继电器 500 都 ON	
	LD0000 AND-NOT0001 TIM00 #0075 LD-TIM00 OUT-500	输入 0000 和 0001 都闭合时（即 0000ON 和 0001OFF），7.5s 后 TIM00 闭合，继电器 500ON	

梯形图形式基本指令	指令表形式基本指令和数据代码	说　明	动作时序图
	LD0000 LD0001 CNT00 #0003 LD-CNT00 OUT-500	输入 0000 通断 3 次时，CNT00 接通，继电器 500 ON；当 0001 接通时，CNT 复位	

（3）适用于数值控制的功能块图语言、系统流程图语言等。此类语言用图形方式表达运算功能，指令由不同的符号图形组成，易于理解记忆。在 PLC 系统中已把工业控制中所需的独立运算功能编制成象征性图形。应用程序编写者的任务是把这些图形按照过程控制的需要进行组合，并填入适当的参数即可。

（4）BASIC 语言、C 语言等高级语言。

以上语言还可组合使用，如采用梯形图语言加高级语言。

有关具体品牌 PLC 所用的编程语言、程序模块组合应用图和控制程序图的实例，读者可参阅具体品牌 PLC 的说明书，本书不做详细介绍。

【例 5-1】　延时顺序控制指令编程举例

某选矿厂，其 1 号、2 号、3 号设备分别由 3 个输出继电器 0501、0502、0503 控制，从 1 号、2 号至 3 号设备需顺序延时 15s 和 20s 启动。编程设计其延时顺序控制指令。

解：画出设备工作流程图，见表 5-4。

参照表 5-2、表 5-3，编程设计延时顺序控制指令，见表 5-4。

表 5-4　延时顺序控制指令编程举例

设备工作流程图	梯形图形式基本指令	指令表形式基本指令和数据
		LD0000 OR0501 AND-NOT0001 OUT0501 LD0501 TIM00 #0150 LD-TIM00 OUT-0502 LD0502 TIM01 #0200 LD-TIM01 OUT-0503

5.1.4.3　PLC 的工作原理

PLC 虽然具有计算机的很多特点，但工作方式却大不相同。计算机一般采用等待命令的工作方式，而 PLC 则以循环扫描的方式进行工作。在 PLC 中，用户程序按先后顺序存放。当 PLC 运行时，在系统程序的控制下，CPU 从第一条程序开始执行，按顺序逐条执行程序，直到遇到结束符后又返回第一条，如此周而复始不断循环，每一个循环称作一个扫描周期。

如图 5-16 所示，PLC 的工作过程由 3 个阶段组成，分别为输入采样阶段、程序执行阶段和输出刷新阶段，完成这 3 个阶段即为一个扫描周期。

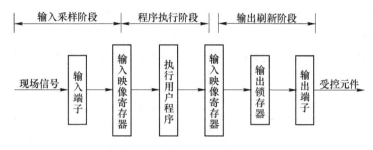

图 5-16　PLC 扫描工作过程

各阶段的工作任务如下：

（1）输入采样阶段。在该阶段，PLC 主要以扫描方式对不同接口的数据和状态进行读入，同时将读入的数据存储于输入映像区的寄存器中，并保持在非采样输入阶段，无论输入状态是否改变，寄存器中的数据和状态不受影响，直到进入下一个扫描周期。因此，在 PLC 的工作过程中必须要保证输入的脉冲信号大于一个扫描周期，这样才能保证输入信号被准确输入。

（2）程序执行阶段。该阶段是 PLC 扫描周期中运行的第二个阶段，该阶段中，PLC 主要是通过梯形图的模式按照从上到下的顺序对用户存储区中的程序进行扫描，针对单个梯形图，通过先左后右、然后再先上后下的顺序进行扫描，遇到跳转指令，则根据转移条件决定程序的走向。若指令中的元件为输出元件，则使用当时输入映像寄存器中的状态值进行运算；若程序的结果要送给输出元件，则将运算结果写入输出映像寄存器。输出映像寄存器中的每一个元件会随着程序执行的进程而变化。

（3）输出刷新阶段。在 PLC 的工作过程中输出刷新是最后一个工作阶段，发生在程序执行完毕后，存储在输出映像寄存器中的信号送至输出锁存器中，并对上部分输入和输出阶段映像寄存器区域内相对应的数据和状态进行刷新处理；之后，由锁存器驱动 PLC 的输出电路，最后成为 PLC 的实际输出，驱动外接电路，并在输出电路中的驱动程序帮助下对输出锁存器进行刷新处理。

这就完成了 PLC 的一个工作扫描周期，扫描周期的长短与用户程序的长短和扫描速度有关。由于 PLC 采用循环扫描的工作方式，其输出对输入的响应速度会受到扫描周期的影响。PLC 的这一特点，一方面使它的响应速度变慢，但另一方面也使它的抗干扰能力增强，对一些短时的瞬间干扰，可能会因响应滞后被过滤而躲避开。这对一些慢速控制系统是有利的，但对一些快速响应系统则不利，使用中应特别注意这一点。

5.1.4.4 PLC 的硬件技术发展

PLC 的硬件技术从诞生之日起，就不停地发展，如：

（1）采用新的先进的微处理器和电子技术达到快速的扫描时间。

（2）基于微处理器的智能 I/O 接口扩展了分布式控制能力，典型的接口如 PID、网络、CAN 总线、现场总线、ASCII 通信、定位、主机通信模块和语言模块（如图形、BASIC、PASCALC）等。

（3）特殊接口允许某些器件可以直接接到控制器上，如热电偶、应力测量、快速响应脉冲等。

（4）外部设备改进了操作员界面技术，系统文档功能成为 PLC 的标准功能。

以上这些硬件的改进，导致了 PLC 产品系列的丰富和发展，使 PLC 从最小的只有 10个 I/O 点的微型 PLC，到可以达到 8000 点的大型 PLC，应有尽有。表 5-5 是 PLC 的分类及应用。

表 5-5   PLC 的分类及应用

PLC 种类	外观	典型 I/O 点数范围	典型应用
微型 PLC	固定 I/O 点，砖块式	<32 点	替代继电器，分布式 I/O
小型 PLC	砖块式，模块式	33～128 点	工业机器开关控制和商业用途
中型 PLC	模块式，小机架	129～512 点	复杂机器控制和一些分布式系统
大型 PLC	大机架	>513 点分布式系统	监控系统

5.1.4.5 　PLC 的软件技术发展

与硬件的发展相似，PLC 的软件也取得了巨大的进展，大大强化了 PLC 的功能：

（1）PLC 引入了面向对象的编程工具，并且根据国际 IEC61131-3 的标准形成了多种语言；

（2）小型 PLC 也提供了强大的编程指令，并且因此延伸了应用领域；

（3）高级语言，如 BASIC、C，在某些控制器模块中已经可以实现，在与外部通信和处理数据时提供了更大的编程灵活性；

（4）梯形图逻辑中可以实现高级功能块指令，可以使用户用简单编程方法实现复杂的软件功能；

（5）诊断和错误检测功能从简单的系统控制器的故障诊断扩大到对所控制的机器和设备的过程和设备诊断；

（6）浮点算术可以进行控制应用中计量、平衡和统计等牵涉的复杂计算；

（7）数据处理指令得到简化和改进，具备了涉及大量数据采集、存储、跟踪、存取和处理的复杂控制处理功能。

PLC 的硬件和软件的发展不仅改进了 PLC 的设计，也改变了控制系统的设计理念。过去，PLC 适用于离散过程控制，如开关、顺序动作执行等场所，但随着 PLC 的功能越来越强大，PLC 也开始进入过程自动化领域，用普通的 I/O 系统和编程外部设备，可以组成局域网，并与办公网络相连。

5.1.4.6 　PLC 的典型产品

通过对功能模块的灵活组态，PLC 可以对输入信号进行数字滤波、温度压力补偿、线性化处理等，可以完成 PID 运算、算术运算、取绝对值运算、最大最小值等运算，以及高值选择、低值选择、高值限幅、低值限幅、逻辑运算等，实现逻辑判断和某些人工智能。这些运算不会像模拟仪表那样容易受环境干扰，因而精度高、性能稳定。

可编程控制器不仅容易安装、占用空间小、能源消耗小，带有诊断指示器可以帮助故障诊断，而且可以被重复使用到其他的项目中去。

目前，国内外 PLC 过程控制系统的主要厂家有：德国西门子（Siemens）公司、美国罗克韦尔（Rockwell）公司、法国施耐德（Schneider）公司、日本三菱（Mitsubishi）公司、日本欧姆龙（OMRON）公司。图 5-17 是日本欧姆龙公司的 CP1H-XA40DR-A 型 PLC 的外接面板结构示意图。

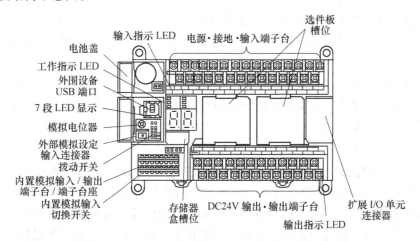

图 5-17　CP1H-XA40DR-A 型 PLC 的外接面板结构示意图

美国罗克韦尔（Rockwell）公司推出的 AB 系列模块化 PLC，称为 Control Logix 控制系统，将顺序控制、过程控制、传动控制、运动控制、通信、I/O 技术集成在一个平台上，可为各种工业应用提供强有力的支持，是目前世界上最具竞争力的控制系统之一。

5.1.4.7　PLC 的功能与应用领域

伴随着微电子技术以及计算机技术的迅速发展，PLC 也更多地具有了计算机的功能，其不仅能够实现逻辑控制，还具有数据处理、通信以及网络等功能。另外，PLC 的体积小，组装和维护比较方便，编程较为简单，可靠性高以及抗干扰能力强，这一系列的特点使它备受各个行业的青睐，得到了广泛的应用。

A　用于顺序控制和开关量控制

由于 PLC 系统具有操作简便、速度快、维修方便和可靠性高等优点，从而取代了传统的继电器控制系统，实现了自动化过程中的逻辑控制与顺序控制。PLC 既可以进行单台设备的控制，又可以进行多机群的控制以及自动化流水线的控制。比如现在工业中应用比较多的组合机床、注塑机、传动机等，都应用了 PLC 控制技术，也正是 PLC 控制技术的应用，才使得这些机器的功能越来越强大，从而更好地满足要求。在矿物加工破碎作业常采用 PLC 顺序控制；在浮选作业中，需按需要添加浮选药剂，添加点位和药剂种类往往都很多，浮选加药机一般也都是采用 PLC 控制。

B　用于过程控制

目前，PLC 的应用已不仅仅在离散过程的控制领域，而且也被广泛地应用在连续过程控制中。在过程控制中，要对模拟量进行控制，模拟量一般是指如电流、电压、温度和压力等连续变化的物理量。目的是根据有关模拟量的当前与历史输入状况，产生所要求的开关量或模拟量输出，以使系统工作参数能按一定要求工作。过程控制是连续生产过程中最常用的控制，因为使用 PLC 进行模拟量的控制，不仅能够对过程进行控制还能够通过编程语句实现对仪表的控制。再加上各种过程控制模板的开发应用，以及相关软件的推出与应用，用 PLC 进行各种过程控制变得十分容易，其编程也简便。

C 用于运动控制

运动控制主要指通过对脉冲的控制实现对工作对象的位置、速度以及加速度所做的控制。运动控制可以是单坐标，使控制对象做直线运动；也可以是多坐标，控制对象的平面、立体以及角度变换等运动。甚至可以控制多个对象，对它们之间的相互运动关系进行协调、控制。

目前，PLC 在运动控制方面的应用呈上升趋势，除了在工业自动化中的应用，PLC 控制技术对于电梯、机器人、各类运动机械的运动都可以进行很好的控制，这些也都是 PLC 控制技术的今后的发展方向。

D 用于信息控制

信息控制也称数据处理，PLC 控制技术在数据传送、数学运算（函数运算、矩阵运算、逻辑运算）、数据排序、数据转换、位操作、查表等方面具有突出优势，可在较短的时间内完成数据的采集、分析及处理等多个方面的不同任务，并将处理得到的数据与之前存储在存储器中的参考值进行比较，比较二者数据的差别，接着完成控制操作，或传送到别的智能装置进行远程控制。PLC 用于信息控制有专用和兼用两种，专用是只用于采集、处理、存储和传送数据；兼用是在 PLC 实施控制的同时，进行信息控制。PLC 用于信息控制，既是 PLC 应用的一个重要方面，又是信息化的基础。

E 用于远程控制

远程控制是指对系统的远程部分的行为及其效果实施检测与控制，PLC 能够进行远程控制是由于它有多种通信接口，有很强的联网、通信能力，并不断有新的联网模块与结构推出。其中，PLC 之间可以组成控制网，还可以与智能传感器、智能执行装置、可编程终端以及计算机等智能设备连成设备网，从而实现通信、数据交换、相互操作等。远程控制提升了 PLC 的控制能力，扩大了控制地域，提高了控制效益，成为 PLC 应用的重要部分。目前，PLC 与 DCS 的差异已经较小。

PLC 价格较低、便于掌握，是目前最为常用的工业控制主机，约占工业自动化系统的一半以上。可以肯定的是，未来的工厂自动化中，PLC 仍将占据重要的地位。

PLC 在矿物加工专业的具体应用实例参见本书 6.7.1 节。

5.1.5 集散控制系统 DCS

5.1.5.1 集中控制系统

计算机控制把被控对象的有关参数（如温度、压力、流量、状态）通过输入通道进行采样，计算机根据这些参数按照预先设置好的控制策略进行计算，并通过输出通道把计算结果转换成相应的模拟量去控制被控对象，使被控量达到预期的指标。

计算机的计算结果直接改变常规调节器的给定值或直接送往执行器控制生产过程的控制方法称为在线控制；计算结果仅供生产管理人员作为指导生产的参考，而生产的控制仍是在人的指挥下进行的控制方法称为离线控制。

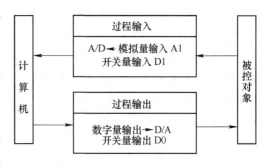

图 5-18 在线集中控制系统的结构

显然在线控制的计算机必须具有高可靠性，以保证系统的正常工作。图 5-18 所示是一个在线控制系统的结构实例，这种由单一计算机构成的控制系统也叫集中控制系统。

实际生产过程是复杂的、分散的，各工序、各设备通常是同时并行地工作，而且各自独立。计算机控制发展初期，控制计算机采用的是中、小型计算机，价格昂贵，为充分发挥计算机的功能，对复杂的生产对象的控制都是采用集中控制方式，即由一台中心计算机控制多个设备、多个回路。这使得控制系统配置、反应速度及系统可靠性等方面都受到很大限制。计算机的可靠性对整个生产过程的影响举足轻重，一旦计算机出故障，生产过程就会受到极大影响。显然，集中控制系统已不能满足生产过程的控制要求。

5.1.5.2 集散控制系统 DCS 及其硬件构成

对量大、地域分布广、需要进行监控的数目多的设备，显然应根据每种设备的不同特点，分别采用不同规律相对独立地控制，并且这种监视（治理）与控制之间应该保持密切的联系，以达到最优的效果。

1975 年前后，在原来采用中小规模集成电路形成的直接数字控制器（DDC）的自控和计算机技术的基础上，开发出了以集中显示操作、分散控制为特征的集散控制系统（distributed control system，简称 DCS）。由于当时计算机并不普及，所以开发 DCS 应强调不懂计算机的用户也能使用 DCS；同时，开发 DCS 还应强调向用户提供整个系统。

集散控制系统 DCS 的原理框图如图 5-19 所示。DCS 由若干台微处理器或微型计算机分别承担各分散工业对象的控制任务，并通过高速数据通道把各个分散点的信息集中起来，进行集中的监视和操作，实现复杂的控制和优化。DCS 的实质是利用计算机技术对生产过程进行集中监视、操作、管理和分散控制的一种控制技术。它是由计算机技术、信号处理技术、测量控制技术、通信网络技术和人机接口技术相互发展、渗透而产生的。

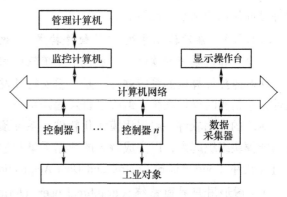

图 5-19 集散控制系统 DCS 原理框图

显示操作台是人-机接口，原用 CRT 显示器，现均采用液晶显示器。显示操作台可以存取和显示多种画面，用以全面监控全部控制过程变量以及其他参数，并可直接远程操纵各控制器，从而实现集中监视和集中操纵。

如图 5-20 所示，DCS 的基本骨架是计算机网络，即高速数据通道，然后是连接在网络上的三类节点：面向被控过程现场的现场 I/O 控制站、面向操作职员的操作站和面向 DCS 监视管理职员的工程师站。

DCS 系统中，监控计算机的主要 I/O 设备为现场的输入、输出处理设备，以及过程输入、输出（PI/O），包括信号变换与信号调理，A/D、D/A 转换。监控计算机是整个 DCS 的基础，它的可靠性和安全性最为重要，死机和控制失灵的现象是绝对不允许的，其冗余技术、掉电保护、

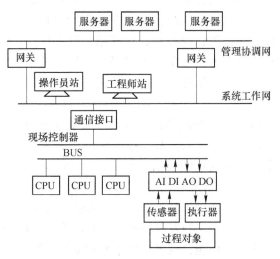

图 5-20　集散控制系统 DCS 结构

抗干扰、构成防爆系统等方面都应十分有效而可靠，才能满足用户要求。

操作员站主要功能是为系统的运行操纵职员提供人机界面，使操作员了解现场运行状态、各种运行参数的当前值、是否出现异常情况等的报警显示，并可作历史趋势、系统状态等多种显示。操作员通过键盘执行，同时操纵员也可对过程进行调节和控制，操作员站的主要设备是彩色显示器、键盘、鼠标。工程师站用于对 DCS 进行离线的配置、组态工作和在线的系统监视、控制、维护。

DCS 系统采用大系统分级递阶控制的思想，将产生过程作水平分解而将功能作垂直分解，生产过程的控制采用全分散的结构，而生产过程的信息则全部集中并存储于数据库中，利用通信网络向上传递，这种控制分散、信息集中的结构使系统的危险分散、可靠性提升，因此被称为集散控制系统。

第三代 DCS 操作站是在个人计算机（PC）及 Windows 操作系统普及和通用监控图形软件已商品化的基础上诞生的。

5.1.5.3　集散控制系统 DCS 软件构成、组态软件及应用

一个计算机系统的软件，一般包括系统软件和应用软件两部分。

DCS 监控计算机的系统软件，是一组支持开发、生成、测试、运行和维护程序的工具软件，包括实时操作系统、编程语言及编译系统、数据库系统、自诊断系统等。

DCS 的应用软件一般采用模块化软件，系统预先根据实际生产过程控制的需要，将软件功能模块组织起来，以完成特定的数据采集和过程控制任务，并称为组态软件，又称组态监控软件（Supervisory Control and Data Acquisition）。组态软件一般组件组成如下所述。

A　图形用户界面系统（graphical user interface，GUI）

图形用户界面又称图形用户接口，是指采用图形方式显示的计算机操作环境用户接口。与早期计算机使用的命令行界面相比，图形界面对于用户来说更为简便易用。GUI 的广泛应用是当今计算机发展的重大成就之一，它极大地方便了非专业用户的使用，人们从此不再需要死记硬背大量的命令，取而代之的是可通过窗口、菜单、按键等方式来方便地

进行操作。在图形用户界面中，计算机画面上显示窗口、图标、按钮等图形表示不同目的的动作，用户通过鼠标等指针设备进行选择。

现代集散控制系统 DCS 与早期的系统相比，最大的区别之一就是普遍使用了"面向对象"（object oriental）的编程和设计方式，使用户在不需要专业代码程序的情况下便可编写生成自己需要的"应用程序"。

在图形画面生成方面，构成现场各过程图形的画面被分成几类简单的对象：线、填充形状和文本。每个简单的被控对象均有其对应的图形属性，其动态属性因对象表达式值的变化而实时改变。例如，用一个矩形充填体模拟某浮选柱的液位，在组态这个矩形的充填属性时，指定代表液位的工位号名称、液位上下限及对应的充填高度，就完成了某浮选柱液位的图形组态。这个组态过程通常叫作动画连接。

在图形用户界面上还具备报警通知及确认、报表组态及打印、历史数据查询与显示等功能。各种报警、报表、趋势都是动画连接的对象，其数据源都可以通过组态来指定。

B 实时数据库系统（real time data base，RTDB）

实时数据库系统是开发实时控制系统、数据采集系统、CIMS 系统等的支撑软件。在工业流程中，大量使用实时数据库系统进行控制系统监控，系统先进控制和优化控制，并为企业的生产管理和调度、数据分析、决策支持及远程在线浏览提供实时数据服务和多种数据管理功能。实时数据库已经成为企业信息化的基础数据平台。

实时数据库是极重要的组件，基于 PC 极强的处理能力，实时数据库能充分表现出组态软件的长处。实时数据库可以存储工业流程中每个工艺点的多年数据，具有很大的价值。用户既可浏览工厂当前的生产情况，也可回顾过去的生产情况，进行对比优化分析。同时，计算机也需依托实时数据库系统实施最优控制。

C 通信组件与第三方程序接口组件

通信与第三方程序接口组件是开放系统的标志，是组态软件与第三方程序交互及实施远程数据访问的重要手段之一。它主要用于双机冗余系统中主机与从机间的通信、分布式应用时多机间的通信和基于 Internet 应用中的通信。

通信组件中有的功能是一个独立的可单独使用的程序，有的被"绑定"在其他程序当中，不被"显示"地使用。

D 控制功能组件

控制功能组件以基于 PC 和网络的策略编辑/生成组件为代表，是组态软件的主要组成部分。策略编辑/生成组件也被称为软逻辑或软 PLC。

随着 DCS 的发展，DCS 系统中一般都配有一套功能十分齐全的组态生成工具软件，其通用性很强，具有一个友好的用户界面，可在 32 位 Windows 平台上运行。自动化工程设计技术人员在组态软件中只需填写一些事先设计的表格，再利用图形功能把被控对象（如浮选柱、液位仪、浮选给药机、趋势曲线、报表等）形象地画出来，通过内部数据连接把被控对象的图形属性与 I/O 设备的实时数据进行逻辑连接。当由组态软件生成的应用系统投入运行后，与被控对象连接的 I/O 设备数据发生变化后会直接带动被控对象的图形属性发生变化，非常直观明了。若要对应用系统进行修改，也十分方便，这就是组态软件的直观方便性。当今国际上较知名的工业监控组态软件产品见表 5-6。

表 5-6　国际上较知名的工业监控组态软件产品

组态监控软件产品名称	国　家	公　司
Fix，IFix	美国	通用电气（GE-IP）
Intouch	美国	万维（Wonderware）
Wincc	德国	西门子（SIEMENS A&D）
组态王 Kingview	中国	北京亚控科技（WellinTech）

5.1.5.4　集散控制系统 DCS 的应用

由 DCS 的结构可知其工程实现是不困难的，国外早有现成商业产品。一般可以自己设计，现场控制级可以采用工控机保证高可靠性，治理决策级采用高档 PC 机，应用软件可根据工程需要自己编程。特别是一些复杂控制对象，其控制算法是没有现成控制模块可以调用的，应在正确策略选取的基础上，自己设计控制算法。

DCS 具有通用性强、系统组态灵活、控制功能完善、数据处理方便、显示操作集中、人机界面友好、安装简单规范化、调试方便、运行安全可靠的特点。该系统能够适应工业生产过程的各种需要，提高生产自动化水平和管理水平，提高产品质量，降低能源消耗和原材料消耗，提高劳动生产率，保证生产安全，促进工业技术发展，创造最佳经济效益和社会效益。

DCS 产品价格高于 PLC，主要应用于中、大型自动化系统，其在矿物加工专业的具体实例参见本书 6.7.2 节。

5.1.6　现场总线控制系统 FCS

集散型控制 DCS 以及计算机分级控制的应用极大地提高了工业企业的综合自动化水平，但 DCS 各控制单元之间没有直接通信联系，它们之间是通过决策单元交换信息取得联系的，事实上 DCS 只是做到了半分布，测控层并没有实现彻底分布，控制依靠于控制站，DCS 是半数字化系统。

随着工业应用领域需求的日趋提高，现场总线控制系统（field bus control system，简称 FCS）应运而生。现场总线是指以工厂内双向数字通信网络，也称现场网络，它是一种全数字通信系统，作为一种局域网，用于连接现场工业控制底层的智能仪表和执行器，其原理框图如图 5-21 所示。

现场总线控制系统 FCS 的结构如图 5-22 所示。FCS 将分散在各个工业现场的

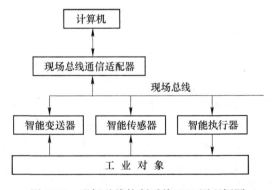

图 5-21　现场总线控制系统 FCS 原理框图

智能仪表通过数字现场总线连为一体，并与控制室的控制器和监视器共同构成控制系统。FCS 顺应了控制系统的分散化、网络化、智能化的发展方向。

现场总线控制系统 FCS 的突出特点，在于它把集中与分散相结合的 DCS 集散控制结构，变成新型的全分布式结构，把控制功能彻底下放到现场，依靠现场智能设备本身实现

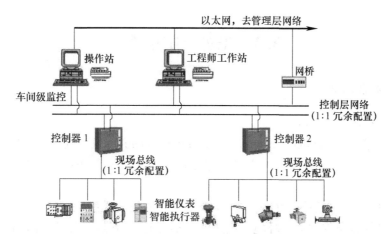

图 5-22 现场总线控制系统 FCS 结构

基本控制功能。

现场总线的特点主要表现为以下几个方面：

（1）以数字信号完全取代传统的模拟信号。现场总线控制系统 FCS 以数字信号完全取代传统 DCS 的 4～20mA 模拟信号，且双向传输信号。一条电缆上通常可挂接多个设备，因而电缆、端子、槽盒、桥架的用量大为减少。同时，通信总线延伸到现场传感器、变送器、控制器和伺服机构，并且还能通过总线对设备供电，操作人员在控制室就能实现主控系统对现场设备的在线监视、诊断、校验和参数整定，节省了硬件数量与投资。

（2）实现了结构上的彻底分散。现场总线控制系统 FCS 在结构上只有现场设备和操作管理站两个层次，将传统 DCS 的 I/O 控制站并入现场智能设备，取消了 I/O 模件，现场仪表均内装微处理器，输出的结果直接送到邻近的调节阀上，完全不需要经过控制室主控系统，实现了结构上的彻底分散。

（3）总线网络系统是开放的。现场总线控制系统 FCS 将系统集成的权力交给用户，用户可以按自己的需要和考虑，把来自不同供应商的产品组成规模各异的系统。可以用不同厂家的现场仪表互相替换。

现场总线控制系统 FCS 具有现场通信网络、现场设备互连、互操作性、分散的功能块、通信线供电、开放式互连网络等技术特点。这些特点不仅保证了它完全可以适应目前各界对数字通信和自动控制的需求，而且使它与互联网互连构成不同层次的复杂网络成为可能，代表了今后控制体系结构发展的一种方向。

FCS 系统内测量和控制设备如探头和控制器可相互连接、监测和控制。在工厂网络的分级中，它既作为过程控制（如 PLC、LC 等）和应用智能仪表（如变频器、阀门、条码阅读器等）的局域网，又具有在网络上分布控制应用的内嵌功能。

现场总线控制系统 FCS 一般也采用与 DCS 系统基本相同的组态软件。

由于 FCS 系统广阔的应用前景，众多国外有实力的厂家竞相投入力量，进行产品开发。目前，国际上已知的现场总线控制系统 FCS 商品类型有 40 余种，比较典型的有 FF、ProfiBus、LONworks、CAN、HART、CC-LINK 等。FCS 产品价格高于 DCS 和 PLC，主要应用于中、大型自动化系统，其在矿物加工专业的具体实例参见本书 6.7.3 节。

5.2　先进控制技术

5.2.1　先进控制技术概述

5.2.1.1　传统控制技术

传统控制技术（conventional control, or traditional control）是以稳定过程参数为主要任务的控制技术，是目前工业上应用最多的控制技术，以采用 PID 调节器进行稳态控制为主。

传统的控制技术隐含着两个前提，一是要求对象的数学模型是精确的、不变换的，且是线性的；二是操作条件和运行环境是确定的、不变的。但是，复杂工业过程往往具有不确定性（环境结构和参数的未知性、时变性、随机性、突变性）、非线性、变量间的关联性以及信息的不完全性和大纯滞后性等，要想获得精确的数学模型十分困难。一般的工业控制只是粗略近似地满足传统控制技术的前提条件，在控制要求不高的情况下是可行的。

在工业生产过程中，一个良好的控制系统不但要保护系统的稳定性和整个生产的安全，满足一定的约束条件，而且应该带来一定的经济效益和社会效益。然而设计这样的控制系统会遇到许多困难，特别是对于复杂过程控制系统的设计，已不能采用单一基于定量的数学模型的传统控制理论和控制技术，必须进一步开发高级的过程控制系统，研究先进的过程控制规律和方法。

5.2.1.2　先进控制技术

先进控制技术（advanced control）不同于常规 PID 稳态控制，它是着眼于过程目标优化从而具有更好控制效果的控制技术。习惯上，将基于数学模型而又必须用计算机来实现的控制算法，统称为先进控制技术。

工业过程的多输入-多输出的高维复杂系统难于建立精确的数学模型，工业过程模型结构、参数和环境都有大量不确定性；工业过程都存在着非线性，只是程度不同而已；工业过程都存在着各种各样的约束，而过程的最佳操作点往往在约束的边界上等，这些使得理论与工业应用之间鸿沟很大。为克服理论与应用之间的不协调，20 世纪 70 年代以来，各国学者针对工业过程特点，寻找探索了各种对模型精确度要求低、控制综合质量好、在线计算方便的优化控制算法。

在实际应用需求的激励下，在计算机技术迅速发展所提供的高速运算、小型化、大存储量和低成本等良好的物质条件支持下，一系列新型控制技术应运而生，并迅速在实际中得到应用、改进和发展。

世界各国学者在数学建模理论、辨识技术、优化控制、最优控制、高级过程控制等诸多方面进行了广泛的研究，推出了从实际工业过程特点出发，对模型要求不高，在线计算方便，对过程和环境的不确定性有一定适应能力的先进控制技术，如自适应控制、预测控制、鲁棒控制、智能控制等先进控制系统等。

对于含有大量不确定性和难于建模的复杂系统，则推出了基于知识的专家系统、模糊控制、人工神经网络控制、学习控制和基于信息论的智能控制等先进控制技术。

先进控制技术在许多工业领域都得到了应用，成为了自动控制的前沿学科之一。

5.2.2　控制系统数学模型

5.2.2.1　控制系统数学模型的作用

对现实事物进行简化、抽象，用方程、公式、图表、曲线等表示，这些就是现实事物的数学模型（mathematical models）。数学模型舍弃了现实事物的具体特点，而抽象出了它们的共同变化规律，因此这类模型称为抽象模型。

计算机之所以能够对生产过程进行控制，就是因为人们事先将生产过程中的输入参数与输出参数之间的关系，生产过程的内部结构关系，用数学形式归纳成数学模型，存入计算机，通过计算机中的程序安排，对生产过程中的有关参数进行有次序的运算，并通过一些判断方法，自动选出较好的控制方案交由执行器执行，从而指导生产过程。

控制系统数学模型是包括被控对象和伴随控制系统在内的整体描述。有关被控对象的数学模型的一般介绍和构建，已在本书4.2.3节介绍。

控制系统的数学模型主要是指描述控制系统及其各组成部分特性的微分方程、状态空间表达式、差分方程、传递函数、频率特性等，以及基于神经网络、模糊理论而建立的模型等。

为了对控制系统进行定性和定量的分析研究，深刻地揭示分析研究控制系统的内在规律，建立控制系统的数学模型成为一项必不可少的基础工作。

用于控制方面的数学模型有以下作用：（1）预测滞后较大对象的未知状态；（2）求多变量系统的最优解；（3）用推动方法求出目标函数或状态变量；（4）模拟复杂的系统等。

数学模型有各种分类方法。根据参数与时间的关系，可分为静态模型和动态模型两大类。

5.2.2.2　静态模型

各参数的性态不随时间变化的逻辑符号表达式，称为静态模型。它描述了被控系统（或对象）处于稳态时，各输入量与各输出量之间的相互数学关系，可以由一个或一组代数方程来描述，其通式为：

$$h(x_i) = 0 \tag{5-1}$$

例如，用数理统计法建立的某铜矿铜浮选回收率的静态模型可写为

$$\varepsilon = a_0 + a_1 x_1 + a_2 x_2 + a_3 x_3 + a_4 x_4 \tag{5-2}$$

式中　ε——铜浮选回收率；

a_i——系数，$i = 0，1，2，3，4$；

x_1——浮选捕收剂添加量，g/t；

x_2——浮选起泡剂添加量，g/t；

x_3——原矿铜品位，%；

x_4——入选给矿量，t/d。

在生产过程比较平衡，各参数的性态不随时间变化时，或对象的时间参数和滞后时间都比较小时，可采用静态模型。目前在选矿过程最优控制中，主要采用静态模型。

5.2.2.3　动态模型

各参数的性态随时间的变化而变化的逻辑符号表达式，称为动态模型。它描述了被控

系统（或对象）处于动态过程中，各输入量与各输出量之间的相互数学关系，可以由一个或一组微分方程或积分方程来描述，其通式为

$$\frac{\mathrm{d}x}{\mathrm{d}t} = f(x, u, t) \tag{5-3}$$

式中　x——状态变量；

　　　u——控制变量；

　　　t——时间变量。

如果在生产过程中，各有关参数的性态随时间变化时，或对象的时间参数和滞后时间都比较大时，采用动态模型能得到更好的控制质量。

5.2.2.4　构建控制系统数学模型的基本方法

建立控制系统的数学模型有两种基本方法。

A　机理建模法（理论分析法）

机理建模法也称理论分析法，它是根据控制系统内部的运动规律，分析各种变量间的因果关系来构建系统的数学模型。

如果对控制系统的运动机理、内部规律比较了解，适合应用机理建模法。用这种方法建立的数学模型，能科学地揭示系统内部及外部的客观规律，因而代表性强，适应面广。

B　系统辨识法（实验测定分析法）

系统辨识法也称实验测定分析法，它是根据实际测得的系统的输入-输出数据，按一定的数学方法，归纳出系统的数学模型。

在系统运动机理复杂很难掌握其内在规律的情况下，往往需要按系统辨识的方法得到系统的数学模型。这种模型的特点是完全从外部特性上测试和描述被测对象或系统的动态特性，可以不究其内部复杂的结构和机理。

由于此类模型是根据具体对象得出的，因而仅适用于该具体对象，故适应面较窄、通用性差。

5.2.2.5　构建控制系统数学模型的一般过程

以采用基本的数学工具微分方程为例，建立控制系统微分方程的一般过程为：

（1）明确要解决问题的目的和要求，确定系统的输入变量和输出变量。

（2）全面深入细致地分析系统的工作原理、系统内部各变量间的关系。在多数情况下，所研究的系统比较复杂，涉及的因素很多，不可能把所有复杂的因素都考虑到。因此，必须抓住能代表系统运动规律的主要特征，舍去一些次要因素，对问题进行适当的简化，必要时还必须进行一些合理的假设。

（3）如果把整个控制系统作为一个整体，组成控制系统的各元器件及装置则可以成为子系统。从输入端开始，依照各子系统所遵循的物理定律或其他规律，写出子系统的数学表达式。

（4）消去中间变量，最后得到描述输入变量与输出变量关系的微分方程式。

（5）写出微分方程的规范形式，即所有与输出变量有关的项应在方程左边，所有与输入变量有关的项应在方程右边，所有变量均按降阶排列。

（6）对所得到的数学模型进行实际验算。

具体的简单对象的一阶微分方程模型实例，可参阅本书4.2.3节。对于复杂对象以及整个系统的数学模型构建实例，可参阅相关教科书。

选矿数学模型内容可参阅本章参考文献[8]、[9]、[10]。

团矿数学模型内容可参阅本章参考文献[14]、[15]。

矿物加工全流程仿真建模专用软件参见本书6.8.1节。

5.2.3 目标函数

目标函数（objective function）是指对生产过程进行最优控制时，要求达到的数量指标、质量指标，或者某种性能指标。目标函数也是一个数学模型。

5.2.3.1 静态模型目标函数

在静态最优控制中，目标函数是一个代数式，可表述为

$$J = f(x_i, u_i) \tag{5-4}$$

式中　J——目标函数；

x_i——过程（或系统）的状态变量；

u_i——过程（或系统）的控制变量。

在实际生产过程中，通常是以获取最大经济效益作为控制目标。例如，在选矿生产过程中，影响经济效益的主要技术指标是选矿回收率 ε 和精矿品位 β，这两者均可作为选矿生产的目标函数的构成参量，并建立其与过程状态变量和控制变量之间的关系，如 ε 和 β 与磨矿细度（与处理量相关）、浮选加药量、浮选机风量等变量之间的关系等。

由于选矿回收率 ε 和精矿品位 β 往往是彼此关联的，所以在选矿生产过程中常参考采用选矿效率 E 作为目标函数的构成参量。

$$E = \frac{\beta(\alpha - \vartheta)(\beta - \alpha)}{\alpha(\beta - \vartheta)(\beta_P - \alpha)} \times 100\% = \frac{\beta - \alpha}{\beta_P - \alpha} \times \varepsilon(\%) \tag{5-5}$$

式中　E——选矿效率,%；

ε——选矿回收率,%；

α——原矿品位,%；

β——精矿品位,%；

β_P——目的矿物纯矿物的理论金属品位,%；

ϑ——尾矿品位,%。

实际选矿生产过程中，因为通常精矿品位越低则相应其中含量金属售价越低，所以一般采用精矿品位品级计价系数的方式来计算选矿生产经济效益，构成选矿生产目标函数。

例如，某铜矿选矿厂，经分析归纳，得出其选矿生产目标函数为

$$J = Q\left[\frac{\alpha - \vartheta}{\beta - \vartheta}\beta P_{Cu}R_{Cu} - \frac{b_1(Q - Q_0)}{Q_0} - b_2\right] \tag{5-6}$$

$$R_{Cu} = \frac{C_{Cu}}{P_{Cu}} \times 100\% \tag{5-7}$$

式中　J——选矿生产目标函数，元/d；

Q——选矿处理量，t/d；

Q_0——选矿额定处理量，t/d；

α——原矿铜品位，%；

β——精矿铜品位，%；

ϑ——尾矿铜品位，%；

P_{Cu}——标准金属铜近期价格，元/t；

b_1——处理量 Q 增加导致磨矿细度及选矿回收率下降的影响系数，元/t；

b_2——成本影响系数，元/t；

R_{Cu}——铜精矿计价系数，%；

C_{Cu}——不同品级铜精矿中的含量金属铜近期价格，元/t。

5.2.3.2　动态模型目标函数

在动态最优控制中，往往要求目标函数是一个时间积分式，它的形式可以表述为

$$J = \int_{t_0}^{t_1} f\left[X(t), U(t) \right] \mathrm{d}t \tag{5-8}$$

式中　J——目标函数；

$X(t)$——过程（或系统）的状态变量或偏差；

$U(t)$——控制变量。

5.2.4　优化计算方法

最优化（optimization），就是寻找一个最优控制方案或最优控制规律，使系统能最优地达到预期的目标。在最优化问题的数学模型建立后，主要问题是如何通过不同的求解方法解决寻优问题。一般而言，最优化求解计算方法有静态最优化方法和动态最优化方法。

静态最优化方法是目前矿物加工过程领域通常采用的方法，包括有数学模型的解析法，以及无数学模型的数值解法（直接法，搜索法）。

5.2.4.1　有数学模型的解析法

对于目标函数及约束条件具有简单而明确的数学表达式的最优化问题，通常可采用解析法来解决。其求解方法是先按照函数极值的必要条件，用数学分析方法求出其解析解，然后按照充分条件或问题的实际物理意义间接地确定最优解。

例如，对目标函数式（5-4），可先假设系统的状态变量 x_i 保持不变，对系统的控制变量 u_i 求导函数，令该导函数等于零并求解，然后代入原函数式即可求出函数极值，可表述如下：

设　　　　　　　　　　$J = f(x_1, x_2, u_1, u_2)$ 　　　　　　　　　　(5-9)

对 u_i 求导，并令　　　　$\dfrac{\partial J}{\partial u_1} = 0 , \dfrac{\partial J}{\partial u_2} = 0$

解得　　　　　　　　　　$u_1 = a , u_2 = b$

所以　　　　　　　$J_m = f(x_1, x_2, u_1 = a, u_2 = b)$ 　　　　　　(5-10)

式中　J_m——目标函数 J 在状态变量 x_i 保持不变时的极值（极大值或极小值）。

5.2.4.2　无数学模型的数值解法（直接法、搜索法）

对于生产过程数学模型和目标函数较为复杂，或无明确的数学表达式，或在稳定点不连续无法用解析法求解等类的最优化问题，通常可采用对控制变量进行逐步试算或试探的数值解法（亦称为直接法或搜索法）来解决。

搜索法的基本思想，就是用直接搜索方法，经过一系列的迭代，以产生点的序列，使之逐步接近到最优点。搜索法不需要建立对象的数学模型，而直接在对象（生产过程）上进行搜索，寻找在满足约束条件下目标函数成为极值的控制变量的数值。搜索法利用程序和计算机的逻辑判断能力，逐个地改变变量的数值，然后分别测量出（或计算出）各种控制变量条件下的目标函数值，从中找出目标函数最佳时所对应的控制变量值作为最佳工况。

搜索法中最基本的方法是试行法。为了使搜索的速度加快，研究出了很多方法，如步长加速法、优选法（0.618法）、最速下降法、梯度法等。我国著名的数学大师华罗庚先生曾身体力行介绍推广"优选法"。

A 单因素优选法（0.618法）

如果在试验时，只考虑一个对目标影响最大的因素，其他因素尽量保持不变，则称为单因素问题。对于单因素控制变量的最优化问题，可以采用优选法（0.618法）。优选法是采用黄金比例分割数0.618来选定控制变量的试验搜索步长。

在使用"优选法"时，要根据以往的研究和经验来确定试验范围，这是非常重要的。当然，有时候最优点可能在试验范围之外，这时可在做过几次试验后，再在剪掉的另一段做一次试验，若试验效果好就必须向该端扩大试验范围。

如已建立单因素模型，则可编写优选程序，依次计算搜索。

【例5-2】 浮选药剂用量的优选法举例

某红铁矿反浮选厂，反浮选过程需要加入某种铁矿抑制剂 x，设定目标函数 $J(x)$ 为反浮选脱杂泡沫中夹带的 Fe 含量，其与 x 的添加量相关，其评价标准为 $J(x)$ 越小越好。根据以往的生产经验，估计 x 的添加量在 $1000 \sim 2000\text{g/t}$ 之间。要研究合适的用量，常规方法需要作大量的试验，例如以每 20g/t 做一次试验的话，就要作 50 次试验，显然这样就要耗费许多人力、物力、财力以及时间。

现该厂采用"优选法"做试验，如图 5-23 所示，用一张长度为 a_0b_0 有刻度的纸条表示 $1000 \sim 2000\text{g/t}$，试验点的取值计算和试验安排步骤为：

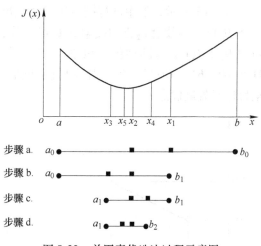

图 5-23 单因素优选法过程示意图

步骤 a. 取纸条 a_0b_0，$a_0 = 1000$、$b_0 = 2000$；

取 $x_1 = a_0 + (b_0 - a_0) \times 0.618 = 1618$；

取 $x_2 = a_0 + (b_0 - a_0) \times (1 - 0.618) = 1382$，可由 a_0b_0 纸条对折找出 x_1 的对称点，即为 x_2 点；

比较目标函数，若 $J(x_2) < J(x_1)$，即 x_2 点对应指标较好，可去掉 x_1 点至 b_0 试验区间。

步骤 b. 取纸条 a_0b_1，$a_0 = 1000$、$b_1 = x_1 = 1618$；

取 $x_3 = a_0 + (b_1 - a_0) \times (1 - 0.618) = 1236$，可由 $a_0 b_1$ 纸条对折找出 x_2 的对称点，即为 x_3 点；

比较目标函数，若 $J(x_2) < J(x_3)$，即 x_2 点对应指标较好，可去掉 x_3 点至 a_0 试验区间。

步骤 c. 取纸条 $a_1 b_1$，$a_1 = x_3 = 1236$、$b_1 = 1618$；

取 $x_4 = a_1 + (b_1 - a_1) \times 0.618 = 1472$，可由 $a_1 b_1$ 纸条对折找出 x_2 的对称点，即为 x_4 点；

比较目标函数，若 $J(x_2) < J(x_4)$，即 x_2 点对应指标较好，可去掉 x_4 点至 b_1 试验区间。

步骤 d. 取纸条 $a_1 b_2$，$a_1 = 1236$、$b_2 = x_4 = 1472$；

取 $x_5 = a_1 + (b_2 - a_1) \times (1 - 0.618) = 1326$，可由 $a_1 b_2$ 纸条对折找出 x_2 的对称点，即为 x_5 点；

比较目标函数，$J(x_2) \approx J(x_5)$，即抑制剂 x 的用量范围在 $1326 \sim 1382 \mathrm{g/t}$ 区间。

以上步骤试验点数总计为 5 个点，显然单因素优选法可大大节约试验搜索次数。

B　双因素优选法（陡度法、联合法、"瞎子爬山法"）

如图 5-24 所示，假设有 $A(u_{1.1}, u_{2.1})$ 和 $B(u_{1.2}, u_{2.2})$ 两点，已知在各点的目标函数为 $J(A)$ 和 $J(B)$，而且 $J(A) < J(B)$，则下列关系式称为从 A 点上升到 B 点的陡度：

$$\frac{J(B) - J(A)}{AB} = \frac{J(B) - J(A)}{\sqrt{(u_{1.2} - u_{1.1})^2 + (u_{2.2} - u_{2.1})^2}} \tag{5-11}$$

显然，沿陡度大的方向行进，目标函数要上升得快一些，该方法称为陡度法。如果将陡度法与试行搜索法联合使用，则称为联合法。

如图 5-25 所示，采用试行搜索法从 A 点出发沿 u_2 方向搜索到 B 点，若实测或计算出 $J(B) > J(A)$，继续沿 u_2 方向搜索到 C 点，若 $J(C) > J(B)$，转向沿 u_1 方向搜索到 D 点，得知 $J(D) > J(C)$。此时要用陡度法来确定下一步搜索的最快方向，即按式（5-10）分别计算出 AD、BD、CD 的陡度，若 AD 的陡度最大，则沿 AD 方向搜索到 E 点，再依次进行，直至目标函数最优点。

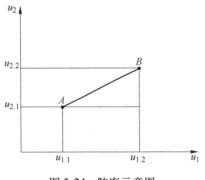

图 5-24　陡度示意图

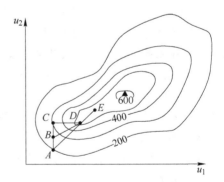

图 5-25　联合法搜索示意图

5.2.4.3　动态最优化方法

动态最优控制一般是用于时间因素对过程影响明显的对象，如导弹和飞行器的控制等。动态最优控制问题，就是综合考虑整个动态过程，根据最优控制理论计算出为使目标函数达到极值（极大值或极小值）所必须的控制变量。

以现代控制理论为基础的动态最优化方法，是用系统的状态方程和目标函数来描述，运用动态最优控制理论予以求解的控制方法。

动态最优化方法有变分法、最短时间控制法、最小值原理和动态规划法等。

以动态规划法为例，它是把一个总体最优化问题，分解成若干个分布最优化问题来解决。它适用于如下类型的问题，即某一个时期的决策，影响到下一个时期的状态，而下一次决策又进而规定了再下一时期的状态，因此动态规划法又称为多段决策法。多阶段决策问题，就是要在可以选择的那些策略中间，选取一个最优策略，使在预定的标准下达到最好的效果。集合中达到最优效果的策略称为最优策略，最优性原理实际上是要求问题的最优策略的子策略也是最优。

动态规划法通常以网络图作为数学模型，用图论方法作为进行搜索的寻优方法，使用的软件有 MATLAB、LINGO 等。例如，最短路径算法问题，用于计算一个节点到其他所有节点的最短路径，主要特点是以起始点为中心向外层层扩展，直到扩展到终点为止，常用算法有 Dijkstra 算法。

以图 5-26 所示的中国铁路交通网为例，采用动态规划法经搜索寻优计算，从昆明到天津的最短路径为：昆明—成都—西安—郑州—北京—天津，长度为 3285km。

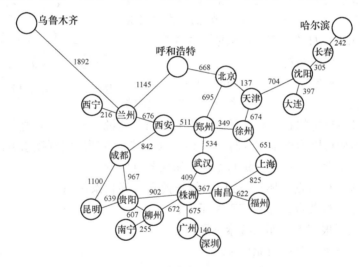

图 5-26　中国铁路交通网里程示意图

动态最优化方法在目前矿物加工过程领域应用较少，因此本书对该方面的内容不做详细介绍。对该方面内容感兴趣的读者，可参阅相关专业教科书。

5.2.4.4　枚举法、随机算法、搜索树和蒙特卡罗树搜索算法

A　枚举法

枚举法（enumeration method）亦称穷举法，是利用计算机运算速度快、精确度高的特点，对要解决问题的所有可能情况，一个不漏地进行检验，从中找出符合要求的答案，因此枚举法是通过牺牲时间来换取答案的全面性。

解决对弈问题，比如五子棋，一种人工智能方法就是采用枚举搜索算法，即对手走一步，计算机就枚举后面多步，根据游戏规则，看枚举出来的哪种走法最优，就按照那种走法进行对弈。但对于复杂的游戏，比如围棋，由于可能的走法太多，枚举搜索算法就十分

困难。

B　随机算法

所谓随机算法，是指在采样不全时，尽量寻找计算最优解的方法。根据如何"尽量"，可将随机算法分成蒙特卡罗算法（Monte Carlo method）和拉斯维加斯算法两类。

蒙特卡罗随机算法是一类随机方法的统称，又称随机抽样或统计试验方法，因模拟摩纳哥著名的蒙特卡罗赌场而得名。这类方法的特点是，可以在随机采样上计算得到近似结果，随着采样的增多，得到的结果是正确结果的概率逐渐加大，但在放弃随机采样，而采用类似全采样这样的确定性方法获得真正的结果之前，无法知道目前得到的结果是不是真正的结果。简而言之，随机采样越多，越近似最优解，但不一定是最优解。

C　搜索树

在数据库结构中，树（tree）是元素的集合。树有多个节点（node），用以储存元素。某些节点之间存在一定的关系，用连线表示，连线称为边（edge）。边的上端节点称为父节点，下端称为子节点。树像是一个不断分叉的树根。树有一个没有父节点的节点，称为根节点（root）。没有子节点的节点称为叶节点（leaf）。树中节点的最大层次被称为深度（depth），如图 5-27 所示的树的深度为 4。计算机的文件系统是树的结构。

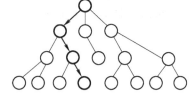

图 5-27　二叉搜索树的结构示意图

图 5-27 是二叉搜索树（binary search tree）的结构示意图。二叉搜索树要求：每个节点都不比它左子树的任意元素小，而且不比它的右子树的任意元素大。简单地说，就是小的值在左边，大的值在右边。二叉搜索树可以通过采用计算机 C 语言来构建，方便地实现搜索算法。

例如，在搜索元素 x 的时候，我们可将 x 和根节点比较：

（1）如果 x 等于根节点，那么找到 x，停止搜索（终止条件）；

（2）如果 x 小于根节点，那么搜索左子树；

（3）如果 x 大于根节点，那么搜索右子树。

D　蒙特卡罗树搜索算法（MCTS）

蒙特卡罗树搜索算法是一种博弈搜索算法。该算法使用蒙特卡洛（Monte Carlo）算法的模拟结果来估算一个搜索树中每一个状态的值，随着模拟次数增加，相关的值也会变得越来越精确。通过选择值更高的子树，选择策略也会不断进化。

蒙特卡罗树搜索算法主要应用于人工神经网络控制技术，参阅本书 5.2.8 节。

5.2.4.5　机器学习算法

机器学习（machine learning）是人工智能领域如神经网络控制和数据分析的重要组成部分。

根据数据类型的不同，对一个问题的建模有不同的方式。在机器学习或者人工智能领域，人们首先会考虑算法的学习方式。

A　监督式学习

图 5-28 所示是 BP 神经网络监督式学习算法流程图。在监督式学习下，输入数据被称为"训练数据"，每组训练数据有一个明确的标识或结果，如对手写数字识别中的"1"、

"2"、"3"、"4"等。在建立预测模型的时候，监督式学习建立一个学习过程，将预测结果与"训练数据"的实际结果进行比较，不断地调整预测模型，直到模型的预测结果达到一个预期的准确率。监督式学习的常见应用场景有分类问题和回归问题。常见算法有逻辑回归（logistic regression）。

B 非监督式学习

在非监督式学习中，数据并不被特别标识，学习模型是为了推断出数据的一些内在结构。常见的应用场景包括关联规则的学习以及聚类等。常见算法包括 Apriori 算法以及 k-Means 算法。

C 半监督式学习

在此学习方式下，输入数据部分被标识，部分没有被标识，这种

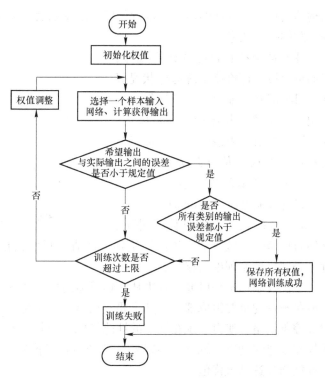

图 5-28　BP 神经网络监督式学习算法流程图

学习模型可以用来进行预测，但是模型首先需要学习数据的内在结构以便合理地组织数据来进行预测。应用场景包括分类和回归，算法包括一些对常用监督式学习算法的延伸，这些算法首先试图对未标识数据进行建模，在此基础上再对标识的数据进行预测。如图论推理算法（graph inference）。

D 强化学习

在这种学习模式下，输入数据作为对模型的反馈，不像监督模型那样，输入数据仅仅是作为一个检查模型对错的方式，在强化学习下，输入数据直接反馈到模型，模型必须对此立刻作出调整。常见的应用场景包括动态系统以及机器人控制等。常见算法包括 Q-Learning 以及时间差学习（temporal difference learning）。

在企业数据应用的场景下，人们最常用的可能就是监督式学习和非监督式学习的模型。在图像识别等领域，由于存在大量的非标识的数据和少量的可标识数据，目前半监督式学习是一个很热的话题。而强化学习更多的应用在机器人控制及其他需要进行系统控制的领域。

根据机器算法的功能和形式的类似性，还可以将其分类为回归算法、基于实例的算法、决策树算法、深度学习算法、集成算法等等。

5.2.5　最优控制

5.2.5.1　最优控制概述

随着工业应用领域的扩大，控制精度和性能要求的提高，必须考虑控制对象参数乃至

结构的变化、非线性的影响、运行环境的改变以及环境干扰等变化和不确定因素，才能得到满意的控制效果。

任何系统都有自己的运行规律，我们可以设立评价该系统运行状况好坏的目标函数，如性能、指标等。一般说来，系统在其运行区间范围内，在不同的参数约束条件下，目标函数具有特定的最优值（最大值或最小值）区间，如图5-29所示。

最优控制系统（optimizing control system）是指在一定的具体条件下，

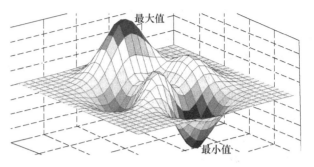

图 5-29　系统目标函数的最优值示意图

能使目标函数（或性能、指标）达到最优值（最大值或最小值）的控制系统。最优控制理论是现代控制理论的核心。

最优控制理论是研究和解决从一切可能的控制方案中寻找最优解的一门学科，它是现代控制理论的重要组成部分。其主要实质是，在满足一定的约束条件下，寻求最优控制规律或控制策略，使得系统在规定的性能指标（目标函数）下具有最优值，即寻找一个容许的控制规律使动态系统（受控对象）从初始状态转移到某种要求的终端状态，保证所规定的性能指标达到最优值。

最优控制的实现离不开最优化技术，最优化技术是研究和解决最优化问题的一门学科，它研究和解决如何从一切可能的方案中寻找最优的方案。也就是说，最优化技术是研究和解决如何将最优化问题表示为目标函数，以及如何根据目标函数尽快求出其最优解这两大问题。一般而言，用最优化技术解决实际工程问题可分以下三步进行：

（1）根据所提出的最优化问题，建立最优化问题的过程数学模型和目标函数，确定状态变量和控制变量，列出约束条件；

（2）对目标函数进行具体分析和研究，确定寻找最优工况的计算方法（即最优化计算方法）；

（3）根据最优化方法的算法列出程序框图和编写程序，用计算机求出最优解，并对算法的收敛性、通用性、简便性、计算效率及误差等作出评价。

5.2.5.2　最优控制工作程序

将数学模型、目标函数和最优化方法三方面的内容编成程序后，计算机就能进行最优控制工作：

（1）自动地对生产过程的有关变量进行采样；

（2）按数学模型计算出相应的输出参数值，计算出此时的目标函数值；

（3）通过最优化算法，计算出为达到最好的目标函数需要施加的控制变量值；

（4）以此值作为直接数字控制 DDC 系统中有关控制回路（或常规仪表控制回路）的新给定值；

（5）由 DDC 回路或常规仪表控制回路完成控制任务。

5.2.5.3　工业过程的局部参数最优化方法

尽管工业过程（对象）被设计成按一定的正常工况连续运行，但是环境的变动、触媒和设备的老化以及原料成分的变动等因素形成了对工业过程的扰动，因此原来设计的工况条件就不是最优的。

局部参数最优化方法的基本思想是：按照参考模型和被控过程输出之差来调整控制器可调参数，使输出误差平方的积分达到最小。这样可使被控过程和参考模型尽快地精确一致。

此外，静态最优与动态最优相结合，可将局部最优转换为整体最优。整体最优由总体目标函数体现。整体最优由两部分组成：一种是静态最优（或离线最优），它的目标函数在一段时间或一定范围内是不变的；另一种是动态最优（或在线最优），它是指整个工业过程的最优化。工业过程是一个动态过程，要让一个系统始终处于最优化状态，必须随时排除各种干扰，协调好各局部优化参数或各现场控制器，从而达到整个系统最优。

5.2.5.4　工业过程的基于模型的预测控制最优化方法

预测控制，又称基于模型的控制（model-based control）。它与通常的离散最优控制算法不同，不是采用一个不变的全局优化目标，而是采用滚动式的有限时域优化策略。这意味着优化过程不是一次离线进行，而是反复在线进行的。这种有限化目标的局部性使其在理想情况下只能得到全局的次优解，但其滚动实施，却能顾及由于模型失配、时变、干扰等引起的不确定性，及时进行弥补，始终把新的优化建立在实际的基础之上，使控制保持实际上的最优。这种启发式的滚动优化策略，兼顾了对未来充分长时间内的理想优化和实际存在的不确定性的影响。在复杂的工业环境中，这比建立在理想条件下的最优控制更加实际有效。

20世纪70年代后期，模型算法控制（MAC）和动态矩阵控制（DMC）分别在锅炉、分馏塔和石油化工装置上获得成功的应用，取得了明显经济效益，从而引起工业控制界的广泛重视。国外一些公司如 Setpoint、DMC、Adersa、Profimatics 等也相继推出了预测控制商品化软件包，获得了很多成功的应用。

20世纪80年代初期，人们在对自适应控制的研究中发现，为了克服最小方差控制的弱点，有必要吸取预测控制中的多步预测优化策略，这样可增强算法的应用性和鲁棒性，因此出现了基于辨识模型并带有自校正的预测控制算法，如扩展时域自适应控制（EPSAC）、广义预测控制（GPC）等。

5.2.6　专家系统

专家系统（expert system，ES）是一类具有专门知识和经验的计算机智能程序系统，它通过对人类专家的问题求解能力的建模，采用人工智能中的知识表示和知识推理技术来模拟通常由专家才能解决的复杂问题，达到具有与专家同等解决问题能力的水平。

一个专家系统一般应该具备以下三个要素：

（1）具备某个应用领域的专家级知识；

（2）能模拟专家的思维；

（3）能达到专家级的解题水平。

专家系统的典型结构组成如图5-30所示。

建造一个专家系统的过程可以称为"知识工程"，它是把软件工程的思想应用于设计基于知识的系统。知识工程包括下面几个方面：

（1）从专家那里获取系统所用的知识（即知识获取）；

（2）选择合适的知识表示形式（即知识表示）；

（3）进行软件设计；

（4）以合适的计算机编程语言实现。

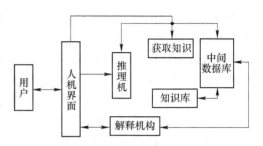

图 5-30　典型专家系统的结构组成

5.2.7　模糊控制

在传统的控制领域里，控制系统动态模式精确与否是影响控制优劣的关键，系统动态的信息越详细越能达到精确控制的目的。然而，对于复杂的系统，由于变量太多，往往难以正确描述系统的动态，于是工程师便利用各种方法来简化系统动态，以达成控制的目的，但却不尽理想。换言之，传统的控制理论对于明确系统有强而有力的控制能力，但对于过于复杂或难以精确描述的系统，则显得无能为力了。

对于含有大量不确定性和难于建模的复杂系统，可以采用模糊控制。模糊控制是利用模糊数学的基本思想和理论的控制方法，模糊控制器的基本构成框图如图 5-31 所示。

模糊数学是在模糊集合、模糊逻辑的基础上发展起来的模糊拓扑、模糊测度论等数学领域的统称，是研究现实世界中许多界限不分明甚至是很模糊的问题的数学工具。

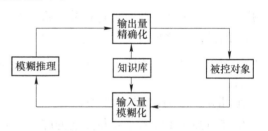

图 5-31　模糊控制器的基本构成框图

最优化问题一直是模糊理论应用最为广泛的领域之一。自从 Bellman 和 Zadeh 在 20 世纪 70 年代初期对这一研究作出开创性工作以来，其主要研究集中在一般意义下的理论研究、模糊线性规划、多目标模糊规划，以及模糊规划理论在随机规划及许多实际问题中的应用。主要的研究方法是将模糊规划问题转化为经典的规划问题来解决。

在控制领域中，模糊控制与自学习算法、遗传算法相融合，通过改进学习算法、遗传算法，按给定优化性能指标，对被控对象进行逐步寻优学习，从而能够有效地确定模糊控制器的结构和参数。

5.2.8　人工神经网络

5.2.8.1　人工神经网络的结构与功能

人工神经网络（neuron network）是一种人工智能系统，它是由大量处理单元互联组成的非线性、自适应信息处理系统。人工神经网络是在现代神经科学研究成果的基础上提出的，试图通过模拟大脑神经网络处理、记忆信息的方式进行信息处理。

一种典型的多层结构的前馈型人工神经网络由三部分组成，如图 5-32 所示。

（1）输入层（input layer），众多神经元（neuron）接受大量非线性输入信息。输入的信息称为输入向量。

（2）输出层（output layer），信息在神经元链接中传输、分析、权衡，形成输出结果。输出的信息称为输出向量。

（3）隐藏层（hidden layer），简称"隐层"，是输入层和输出层之间众多神经元和链接组成的各个层面。隐层可以有多层，习惯上会用一层。隐层的节点（神经元）数目不定，但数目越多神经网络的非线性越显著，从而神经网络的强健性更显著。

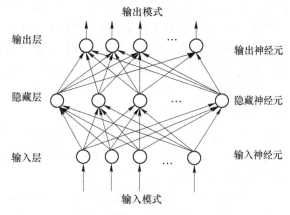

图 5-32 典型的人工神经网络结构

人工神经网络的特点和优越性，主要表现在三个方面：

第一，具有自学习功能。例如实现图像识别时，只要先把许多不同的图像样板和对应的应识别的结果输入人工神经网络，网络就会通过自学习功能，慢慢学会识别类似的图像。自学习功能对于预测有特别重要的意义。预期未来的人工神经网络计算机将为人类提供经济预测、市场预测、效益预测，其应用前景很广阔。

第二，具有联想存储功能。用人工神经网络的反馈网络就可以实现这种联想。

第三，具有高速寻找优化解的能力。寻找一个复杂问题的优化解，往往需要很大的计算量，利用一个针对某问题而设计的反馈型人工神经网络，发挥计算机的高速运算能力，可能很快找到优化解。

5.2.8.2 人工神经网络技术的发展

人工神经网络技术是 20 世纪 80 年代就已经提出来的算法，曾经风靡一时，但后来因系统训练时间长、学习缓慢、效率低下、难以商用而有所停滞。

进入 21 世纪，由于计算机性能的大幅度提高，以及算法机制方面的很大改进，人工神经网络技术进步迅速。

2006 年，Hinton 等人提出了深度学习（deep learning）的概念，人工神经网络领域又重新热起来，各种研究成果不断涌现。深度学习和普通的多层人工神经网络的区别在于，前者让网络每一层都进行无监督学习，让网络每一层都自己提炼特征。很多模糊信息的抽象归纳，人类都还做不到，所以没法直接给神经网络直接明晰的输入输出，但计算机通过无监督学习来提炼特征可以进行抽象。

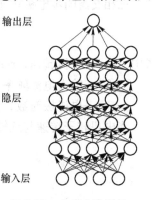

图 5-33 含多个隐层的深度学习模型

深度学习参考人的分层视觉处理系统，需要多层来获得更抽象的特征表达。对于深度学习来说，其思想就是堆叠多个层，也就是说这一层的输出作为下一层的输入。通过这种方式，可以实现对输入信息进行分级表达。

如图 5-33 所示，深度神经网络（deep neural network，DNN）系统是由包括输入层、隐层（多层）、输出层组成的多层网络，只有相邻层节点之间有连接，同一层以及跨层节点之间相互无连接，每一层可以看作是一个 logistic regression 模型；这种分层结构比较接近人类大脑的结构。

以 2016 年击败世界围棋冠军的谷歌 Alpha Go 为例，其采用了蒙特卡洛算法树搜索算法和两种深度神经网络组合，其中一种是 policy network（策略网络），用来计算赢得比赛的每一步的选择，另外一种是 value network（评估网络），用于评估棋局胜率。Alpha Go 需要上千个 CPU 同时进行运算。谷歌 Alpha Go 具备了不断学习、智能判断的能力，是一种算法的创新应用，包括：

（1）采用类似深度卷积网络（使用多层神经元，安排在交叠的区块中来构建抽象和本地化的图片）的架构，用 19×19 的图像来表现棋盘，使用卷积层来构建位置表示，从而减少搜索树的有效深度和宽度。

（2）使用 value network 来评估位置，使用 policy network 来选择步法。它们的任务在于合作"挑选"出那些比较有前途的棋步，抛弃明显的差棋，从而将计算量控制在计算机可以完成的范围里。

（3）在训练过程中，首先使用人类棋手的棋谱来训练可监督学习策略网络 p_σ，以及快速决策网络 p_π；之后训练强化学习策略网络 p_ρ，通过自我对抗模拟（即自己和自己下棋，左右互搏）来改善 p_σ，将策略调整至赢棋而非预测准确率最大化；最后训练价值网络 v_θ，用来预测 p_ρ 所得到的策略中哪种是最佳策略。简而言之，通过完全随机的模拟下棋，再利用棋类的规则对结果进行精确评分，评分低的步骤舍弃，然后按照评分最高的下一步进行对弈搜索。

随着人工智能的迅速发展和控制理论与其他学科的交叉渗透，先进控制技术将会得到更深入的发展，应用更加广泛，产生更大的经济效益和社会效益。

5.3　先进执行器技术

5.3.1　变频调速技术

5.3.1.1　变频调速技术原理

三相交流同步电机转速 n 与工作电源输入频率 f 的关系为

$$n = \frac{60f}{p} \tag{5-12}$$

式中　n——电机转速，$r/\min$；

　　　f——输入电流频率，Hz；

　　　p——电机极对数，如四极电机的 $p = 2$，八极电机的 $p = 4$。

当电机转子转速与旋转磁场转速不同步时即为异步电机。对三相交流异步电机有

$$n = \frac{60f(1 - s)}{p} \tag{5-13}$$

$$s = \frac{n_t - n}{n_t} \tag{5-14}$$

式中　s——转差率，当为同步电机时 $s = 0$；

　　　n_t——同步转速，$r/\min$。

对同步电机和异步电机均有

$$\psi = \frac{n}{n_0} \times 100\% = \frac{f}{f_0} \times 100\% \qquad (5\text{-}15)$$

式中　ψ——电机相对转速率，% ；

　　　n_0——电机额定转速，r/min；

　　　f_0——标准电流频率，在中国 $f_0 = 50\text{Hz}$。

电机变极调速是通过改变电机磁极对数，产生 1/2、1/3 等的转速。显然，一般电机出厂时定子绕组磁极对数已经固定，靠此进行调速是难以进行的，也不能无极调速。

电机变频调速则是通过改变电动机工作电源频率达到改变电机转速的目的。显然，这是容易做到和实现的。

【例 5-3】　四极同步电机标准转速为 1500r/min，某四极异步电机标准转速为 1455r/min。中国标准电流频率值为 50Hz。求该四极异步电机的转差率 s、变频调速至电流频率值 40Hz 时的转速，以及此时的电机相对转速率。

解：四极电机的 $p = 2$

$$s = \frac{n_t - n}{n_t} = \frac{1500 - 1455}{1500} = 0.030$$

$$n = \frac{60f(1 - 0.030)}{p} = \frac{60 \times 40(1 - 0.030)}{2} = 1164(\text{r/min})$$

$$\psi = \frac{f}{f_0} \times 100\% = \frac{40}{50} \times 100\% = 80.00\%$$

电机的额定功率计算式为

电机的额定功率 = 额定转矩 × 额定转速　　　　　(5-16)

电机输出功率与电流频率的关系主要取决于电机带动设备的类型，需根据不同类型的设备、工艺情况进行具体分析。

对于容积式压缩机，在工艺系统压力不变的情况下（恒压控制模式），电机的输出功率与电流频率成正比关系。

对于离心式水泵、鼓风机（抽风机）等变转矩的设备，一般输入功率与转速的 3 次方成正比，输出压力与转速成平方关系，输出流量与转速成正比。

5.3.1.2　变频器

变频器（variable-frequency drive，VFD）是应用变频技术与微电子技术，通过改变电机工作电源频率方式来控制交流电动机的电力控制设备。

21 世纪初以来，变频器主要采用交-直-交电源变换技术，即利用电力半导体器件的通断作用将工频电源变换为另一频率的电源。

变频器的电路一般由整流部分（交流-直流）、中间直流环节（滤波和直流储能）、逆变部分（直流-交流）和控制系统 4 个部分组成，如图 5-34 所示。

变频器外观如图 5-35 所示。

在变频器电路中，工频交流电源先通过整流器转换成直流电源。整流器大多使用两组晶体二极管变流器构成可逆变流器。

在整流器整流后的直流电压中，含有电源 6 倍频率的脉动电压，此外逆变器产生的脉

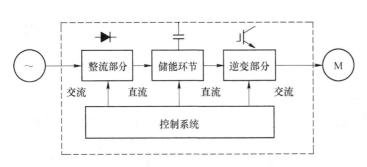

图 5-34　交流低压交-直-交通用变频器系统框图   图 5-35　变频器外观

动电流也使直流电压变动。为了抑制电压波动，采用高容量电容和电感组成的中间直流环节吸收脉动电压。

同整流部分相反，逆变部分是将直流功率变换为所要求频率的交流功率。逆变部分将直流电通过开关器件（晶闸管）的频繁关断，形成近似成交流正弦波的矩形波输出交流电，晶闸管的工作频率决定了输出交流电的频率。采用 6 个开关器件导通、关断就可以得到 3 相交流输出。

控制电路是给异步电动机供电（电压、频率可调）的主电路提供控制信号的回路，它由频率、电压的"运算电路"，主电路的"电压、电流检测电路"，电动机的"速度检测电路"，将运算电路的控制信号进行放大的"驱动电路"，以及逆变器和电动机的"保护电路"组成。

5.3.1.3　变频调速电机

变频调速电机简称变频电机，是变频器驱动的电动机的统称。工业上可直接使用普通三相异步电机（图 5-36），加装一个变频控制器就可以调节工业设备的转速。

但实际上传统的鼠笼式电动机等普通电机是根据标准交流电频率和相应的功率设计的，一般只有在额定频率的情况下才能稳定运行，低频时易过热与振动。

为变频器设计的电机即为变频电机。变频电机可以在变频器的驱动下实现不同的转速与扭矩，以适应负载的需求变化。变频电机要克服低频时的过热与振动，所以在设计上要比普通电机性能好一点。变频电动机由传统的鼠笼式电动机发展而来，把传统的电机风机改为独立的较大的风机，并且提高了电机绕组的绝缘性能，如图 5-37 所示。

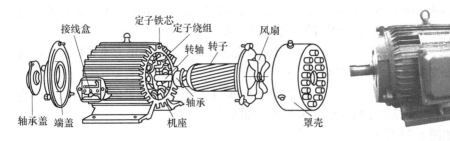

图 5-36　普通三相异步电机的结构   图 5-37　变频调速电机

使用中应注意各类电机均应满频全速启动，再降频调速，以免出现启动扭矩不足和过热现象。

5.3.1.4　变频调速技术应用

电气传动控制系统通常由电动机、控制装置和信息装置3部分组成。电气传动关系到合理地使用电动机以节约电能和控制机械的运转状态（位置、速度、加速度等），实现电能-机械能的转换，达到优质、高产、低耗的目的。

工业生产和日常生活中，经常有设备负载和需求发生变化，需要采用不同的转速与扭矩的情况。以往的技术对于实现此类需求比较麻烦，往往采用一般常规不调速电机，直接由电网供电，造成电力浪费。随着电力电子技术的发展，这类原本不调速的机械越来越多地改用调速传动，以适应变化负荷的需求和节约电能（可节约15%~20%或更多）。

变频器节能主要表现在风机、水泵的应用上。为了保证生产的可靠性，各种生产机械在设计配用动力驱动时，都留有一定的富余量。当电机不能在满负荷下运行时，除达到动力驱动要求外，多余的力矩增加了有功功率的消耗，造成电能的浪费。风机、泵类等设备传统的调速方法是通过调节入口或出口的挡板、阀门开度来调节给风量和给水量，其输入功率大，且大量的能源消耗在挡板、阀门的截流过程中。当使用变频调速时，如果流量要求减小，通过降低泵或风机的转速即可满足要求，相应带动泵或风机的电机功率消耗降低。

电机交流变频调速技术是当今节能环保、改善工艺流程和推动技术进步的一种主要手段。变频调速以其优异的调速和启制动性能；高效率、高功率因数和节电效果；广泛的适用范围及许多优点而被国内外公认为最有发展前途的调速方式。

近十几年来，变频调速已经成为主流的调速方案，可广泛应用于各行各业的无级变速传动。

5.3.2　智能电动执行器

电动执行器是工业过程控制系统中一个十分重要的现场驱动装置，已在本书4.5.2节介绍。

电动执行器智能化是当前一切工业控制设备的流行趋势。价格低廉的单片机和新型高速微处理器将逐步代替以模拟电子器件为主的电动执行器的控制单元，从而实现完全数字化的控制系统。全数字化的实现，将原有的硬件控制变成了软件控制，从而可以在电动执行器中应用现代控制理论的先进算法来提高控制性能。

图5-38所示是基于现场总线的智能型执行器系统结构框图。智能电动执行器一般采用数字集成芯片、数字力矩传感器、数字位移传感器、菜单式操作和显示等机电一体化的结构设计。

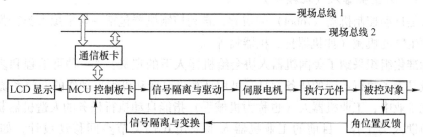

图5-38　基于现场总线的智能型执行器系统结构框图

将执行机构输出轴的转动通过增速机构传至霍尔效应脉冲式传感器，电机蜗杆轴向力产生的轴向位移传到机械式的力矩控制机构（开关机构）上，可以实现阀位和力矩的控制。

图 5-39 所示是英国罗托克公司（Rotork）IQM 智能型电动执行器的结构，其结构呈高度集成模块化，双层密封，控制方式为可控硅，数据液晶显示。IQM 智能型电动执行器可适应所有需要控制的多转式、角行程、直行程阀门，与阀门联结装置配套选择的有闸阀、球阀、蝶阀等。

智能电动执行器多采用三相伺服电机驱动。

目前，智能电动执行器伺服电机驱动已发展至采用最新一代的开关磁阻电动机（SRM）无级调速系统，其结构原理如图 5-40 所示。

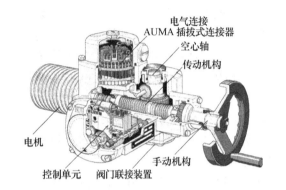

图 5-39 英国罗托克公司（Rotork）的
IQM 智能型电动执行器结构

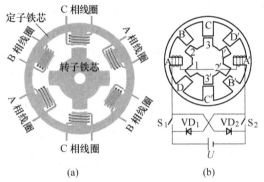

图 5-40 四相八级开关磁阻电动机（SRM）的
结构和原理电路
（a）结构；（b）原理电路

SRM 是双凸极可变磁阻电动机，其定子、转子的凸极均由普通硅钢片叠压而成。转子既无绕组也无永磁体，定子极上绕有集中绕组，径向相对的两个绕组联结起来，称为"一相"，SRM 电动机可以设计成多种不同相数结构，且定子、转子的极数有多种不同的搭配。通过控制加到 SRM 电动机绕组中电流脉冲的幅值、宽度及其与转子的相对位置（即导通角、关断角），即可控制 SRM 电动机转矩的大小与方向，这就是 SRM 电动机调速控制的基本原理。

5.3.3 机器人

5.3.3.1 工业机器人（机械手）

机器人是自动控制机器（robot）的俗称，自动控制机器包括一切模拟人类行为或思想及模拟其他生物的机械（如机器狗、机器猫等）。

国际标准化组织采纳了美国机器人协会给机器人下的定义："一种可编程和多功能的操作机；或是为了执行不同的任务而具有可用计算机改变和可编程动作的专门系统。"

在当代工业中，工业机器人（也称为机械手）指能自动执行任务的人造机器装置，用以取代或协助人类工作。目前的工业机器人多采用 6 轴关节空间移动设计，如图 5-41 所示。

工业机器人主要用于工业自动生产线，它是一个十分重要的现场智能型电动执行器，它可在预定的位置和时间抓取和安装零部件，进行托举传送制造件、焊接、拧装螺丝、喷涂油漆等工作，代替流水线上的人工。机器人可以大大提高生产效率，降低生产成本，甚至实现无人化数字工厂。

图 5-42 所示是应用了工业机器人的自动上下料生产线。自动生产线通常采用 PLC 控制。

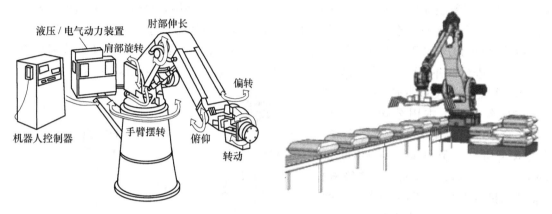

图 5-41　工业机器人结构图　　　　　图 5-42　应用了工业机器人的自动上下料生产线

目前，工业机器人的应用已十分普遍。2014 年，中国新增工业机器人 5.6 万台，其中有 1 万多台是国产的。这标志着我国已成为世界最大的工业机器人生产国，工业机器人是我国先进制造业的核心装备。2015 年，国务院发布《中国制造 2025》，工信部相应拟定了《机器人产业"十三五"发展规划》。根据其中的重点领域技术路线图，到 2025 年，我国工业机器人年销量将达 26 万台，保有量将达 180 万台。

5.3.3.2　仿真智能机器人

理想中的高仿真智能机器人是高级整合控制论、机械电子、计算机与人工智能、材料学和仿生学的产物，目前科学界正在向此方向研究开发，有望用于社会服务等行业领域，极大地改变人类生活。

仿真智能机器人一般由执行机构、驱动装置、检测装置和控制系统及复杂机械等组成。

执行机构即机器人本体，其臂部一般采用空间开链连杆机构，其中的运动副（转动副或移动副）常称为关节，关节个数通常即为机器人的自由度数。出于拟人化的考虑，常将机器人本体的有关部位分别称为基座、腰部、臂部、腕部、手部（夹持器或末端执行器）和行走部（对于移动机器人）等。

驱动装置是驱使执行机构运动的机构，按照控制系统发出的指令信号，借助于动力元件使机器人进行动作。它输入的是电信号，输出的是线、角位移量。机器人使用的驱动装置主要是电力驱动装置，如步进电机、伺服电机等，此外也有采用液压、气动等驱动装置。

检测装置是机器人的神经末梢和感觉器官。检测装置实时检测机器人的运动及工作情况，根据需要反馈给控制系统，与设定信息进行比较后，对执行机构进行调整，以保证机器人的动作符合预定的要求。检测装置包括内部信息传感器，用于检测机器人各部分的内部状况，如各关节的位置、速度、加速度等，并将所测得的信息作为反馈信号送至控制器，形成闭环控制。检测装置还包括外部信息传感器，用于获取有关机器人的作业对象及外界环境等方面的信息，使机器人具有某种"感觉"，如视觉、声觉等，以使机器人的动作能适应外界情况的变化，向智能化发展。

　　控制系统是机器人的大脑。控制系统有两种，一种是集中式控制，即机器人的全部控制由一台微型计算机完成；另一种是分散（级）式控制，即采用多台微机来分担机器人的控制，如当采用上下两级微机共同完成机器人的控制时，主机常用于负责系统的管理、通信、运动学和动力学计算，并向下级微机发送指令信息；作为下级从机，各关节分别对应一个 CPU，进行插补运算和伺服控制处理，实现给定的运动，并向主机反馈信息。

　　仿真智能机器人的外观如图 5-43 所示。1997 年，日本本田公司（Honda）研发了全球最早具备人类双足行走能力的类人型机器人阿西莫（ASIMO，advanced step innovative mobility，高级步行创新移动机器人）。ASIMO 和人类一样，有髋关节、膝关节和足关节。至 2015 年，ASIMO 已经完成了几次升级换代，身体自由度（关节）由第一代的 26 个上升至第三代的 57 个，被认为是世界最先进的人形行走机器人，已经具有高度的行动力和稳定性，能够完成慢速跑、上下楼梯、单足跳跃等高难度动作，也能

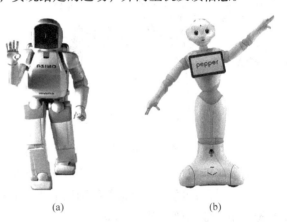

(a)　　　　　　　　　(b)

图 5-43　仿真智能机器人
(a) ASIMO；(b) Pepper

端茶递水提供服务。此外，ASIMO 还具备了人工智能和基本的记忆与辨识能力，可以预先设定动作，还能依据人类的声音、手势等指令来从事相应动作。ASIMO 在家庭和公共场所服务方面被认为具有广阔的应用前景。

　　2015 年，由日本电信巨擘软银公司（Softbank）和法国机器人公司 Aldebaran 合作研发生产的世界第一款人形情感机器人佩珀（Pepper）上市。Pepper 配备了语音识别技术、分析表情和声调的情绪识别技术、可呈现优美姿态的关节技术。Pepper 不会打扫房间或做饭，它是一款非常健谈的机器人产品，旨在扮演一个家庭伙伴的角色，可以与使用者交流，能读懂人类情感并作出相应的反应，支持声音指令，可综合考虑周围环境，并积极主动地作出相应的语言和肢体反应。Pepper 推出后市场销售情况和前景十分看好。

　　2016 年，中国科技大学正式发布国内首台特有体验交互机器人佳佳（Jiajia）。佳佳有近乎真人的颜值，初步具备人机对话理解、面部微表情、口型及躯体动作匹配，能通过自主定位导航和云服务行动自如。

习　题

5-1　简述计算机和人工智能的发展，阅读本章参考文献［2］的原文及译文，撰写学习心得。

5-2 什么是工业计算机控制系统？对工业控制计算机有何要求？

5-3 简述 PLC 控制系统的结构、特点与应用。

5-4 某厂 3 号设备需 1 号和 2 号设备同时运转后延时 30s 启动，试编写其梯形图和指令表程序。

5-5 简述集散控制系统 DCS 的结构与应用。

5-6 简述现场总线控制系统 FCS 的结构与应用。

5-7 简述构建控制系统数学模型和目标函数的基本方法与过程。

5-8 评述优化计算方法的类型与应用。

5-9 最优控制的一般原理方法是什么？

5-10 先进控制技术中的人工智能技术有哪些方面的内容？

5-11 简述变频调速技术的基本原理与应用。

5-12 简述工业机器人的结构组成与其在工业上的应用。

5-13 课堂辩论：人工智能控制技术发展对人类社会的利与弊。

参 考 文 献

[1] 黄俊民. 计算机发展史 [M]. 北京：机械工业出版社，2009.

[2] Silver D, Huang A, Maddison C J, et al. Mastering the game of Go with deep neural networks and tree search [J]. Nature, 2016, 529 (7587)：484~489.

[3] Intel Skylake CPU [EB/OL]. 英特尔中国，http：//www. Intel. com. cn.

[4] 王万强，张俊芳，等. 工业自动化 PLC 控制系统应用与实例 [M]. 北京：机械工业出版社，2013.

[5] CP1H-XA40DR-A PLC [EB/OL]. 欧姆龙中国，http：//www. fa. omron. com. cn/.

[6] 徐立芳，莫宏伟. 工业自动化系统与技术 [M]. 哈尔滨：哈尔滨工程大学出版社，2014.

[7] 李擎，曹荣敏，等. 计算机控制系统 [M]. 北京：机械工业出版社，2011.

[8] 胡为柏，李松仁. 数学模型在矿物工程中的应用 [M]. 长沙：湖南科技出版社，1983.

[9] 王泽红，陈晓龙，袁致涛，等. 选矿数学模型 [M]. 北京：冶金工业出版社，2015.

[10] 刘建远. 国外几个矿物加工流程模拟软件述评 [J]. 国外金属矿选矿，2008 (1)：4~7.

[11] 巨永峰，李登峰. 最优控制 [M]. 重庆：重庆大学出版社，2005.

[12] 袁南儿，王万良，苏宏业. 计算机新型控制策略及其应用 [M]. 北京：清华大学出版社，1998.

[13] 王树青，金晓明. 先进控制技术应用实例 [M]. 北京：化学工业出版社，2005.

[14] 范晓慧，王海东. 烧结过程数学模型与人工智能 [M]. 长沙：中南大学出版社，2002.

[15] 范晓慧. 铁矿造块数学模型与专家系统 [M]. 北京：科学出版社，2013.

[16] 曾允文. 变频调速技术基础教程 [M]. 第 2 版. 北京：机械工业出版社，2012.

[17] IA、IM 系列智能型电动执行装置 [EB/OL]. 罗托克执行器有限公司，http：//www. zjrotork. com/.

[18] Pepper is the World's First Personal Robot That Reads Emotions [EB/OL]. 日本软银公司，http：//www. softbank. jp.

[19] 国发 [2015] 28 号，国务院关于印发《中国制造 2025》的通知 [EB/OL]. 中国政府网，http：//www. gov. cn.

6 矿物加工工艺过程控制系统

6.1 破碎工艺过程控制

破碎（crushing）是大块原矿物料在破碎机的机械冲击挤压力作用下粒度变小的过程。常用的破碎设备有颚式破碎机（jaw crusher）、圆锥破碎机（cone crusher）和高压辊磨机。

破碎是矿物加工的第一个过程，也是一个重要的过程，它为磨矿提供合适的物料，因此破碎物料的大小是破碎过程的主要控制目标。破碎过程一般为三段一闭路，即粗碎、中碎、细碎和闭路筛分。过程的复杂性和矿石物料的复杂性导致控制的复杂性。

6.1.1 破碎系统设备开、停车的顺序控制和机械联锁

顺序控制系统是按预先设计的程序自动操纵某些生产设备进行周期性操作，其在破碎过程中对某些设备（如各段破碎机、皮带运输机、振动筛、油泵等）按流程要求进行顺序的启动或停机。

于整体而言，破碎控制主要为破碎机的控制和辅助设备的联锁与控制。为保障设备正常运转和生产的连续性，以及避免发生生产事故，需要实现整个破碎系统的联锁控制。这就使得破碎设备之间的开车与停车要有一个正确的操作顺序。现在多数选厂采用稳定可靠而且灵活的可编程逻辑控制器（PLC）来代替传统的继电器、半导体等逻辑器件对操作进行逻辑控制。

顺序控制操作要遵循以下几点基本原则：

（1）开车从后往前开，停车从前往后停。即破碎设备开车顺序与矿料运行方向相反，而停车顺序与开车顺序相反。

（2）在某一环节的设备出现问题时，其前面的供给设备必须停车，后续设备可停可不停，但若有返回物料给设备的则必须停。

（3）除尘设备要先于破碎设备开启，且要晚于破碎设备关停。

下面以图 6-1 为例介绍具体操作顺序。

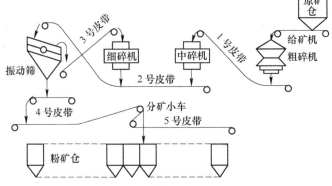

图 6-1 三段破碎工艺设备联系图

开车顺序：5 号皮带→4 号皮带→振动筛→3 号皮带→2 号皮带→细碎机→中碎机→1

号皮带→粗碎机→给矿机。为减少残留矿石的影响，破碎设备除按顺序启动外，开启之间应有短暂的时间间隔。

停车顺序：给矿机→粗碎机→1号皮带→中碎机→细碎机→2号皮带→3号皮带→振动筛→4号皮带→5号皮带。为避免紧急情况下出现生产事故，对于关键环节的设备应配有紧急停车装置并能产生联锁反应。

具体PLC顺序控制指令编程参见例5-1。

6.1.2 破碎机的挤满给矿控制

6.1.2.1 液压圆锥破碎机

从局部来讲，在满足矿石粒度的前提下，破碎机自动调节以达到最大破碎效率是整个破碎过程的关键所在。下面以比较常见的圆锥破碎机为例进行介绍。

弹簧圆锥破碎机，由于其排矿口尺寸不能动态调整，生产中一般采用固定排矿口并定期进行人工调整的方法来控制产品粒度。控制系统主要选取主传动电机的功率（或电流）作为被控参数，控制策略一般采用恒功率或优化功率方式，来动态调整给矿机给矿量的大小，使主机的负荷稳定在设定的要求之内。同时监测破碎机润滑系统的温度、压力、流量等，对设备进行保护作业。

液压圆锥破碎机控制系统的主参数控制以主传动电机功率和破碎机排矿口尺寸两个参数作为被控变量，通过检测给矿量、油压、功率、油温、排矿口尺寸等来动态调整排矿口尺寸和给矿速率，其目标函数是排矿口尺寸最小、给矿量最大。因为系统的所有控制动作均是向这两个目标逼近，因此又被称作挤满给矿控制，如图6-2所示。

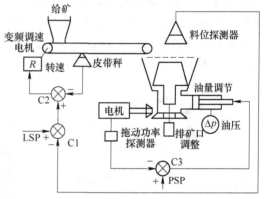

图6-2 液压圆锥破碎机挤满给矿自动控制图

用计算机或模拟仪表自动地调节排矿口的大小，合理地调节给矿量，使破碎机满负荷运转，有效地利用输入能量，生产出最多数量合格产品，提高破碎作业生产率。

破碎机负荷是根据油缸内的油压和驱动破碎机的电动机电流进行检测的。通过改变皮带给矿机的速度来改变给矿量，从而进行破碎机的负荷调节。破碎机的排矿口大小是根据进入高压油缸内的油量来确定的。该油量在低压等截面油箱内转换为油位高低，它与排矿口大小成比例，并通过液位传感器转换为排矿口大小的信号。

6.1.2.2 高压辊磨机

高压辊磨机（high pressure roller grinding）是20世纪80年代中期发展起来的一种新型破碎设备。如图6-3所示，两个相向转动的辊子组成破碎区，物料在两辊之间受液压驱动高压辊的压力而被粉碎，产生大量细粒，且颗粒有众多裂缝，使磨矿过程更易实现矿物单体解离。这可大大节约后续磨矿作业的单位能耗。所以，应用高压辊磨机符合"多碎少磨"的原则，很有推广前景。

高压辊磨-球磨工艺具有良好的经济性，是选矿行业破碎磨矿工艺的发展方向。

高压辊磨机在工作过程中要求挤满给矿，其控制过程与液压圆锥破碎机的挤满给矿控制过程类似。一般也是通过一个给矿料位探测器，探测是否达到了挤满给矿。自动控制系统通过高压油泵调节两个压辊之间的排矿口间隙大小，保持给矿量稳定和挤满给矿。

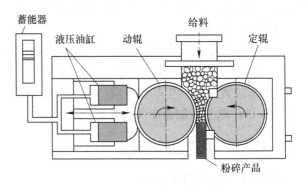

图 6-3　高压辊磨机的挤满给矿工作原理示意

此外，高压辊磨机还安装有主传动电机过负荷控制保护系统。

6.1.3　粉矿粒度检测与破碎机排矿口尺寸开度控制

采用如本书 3.6.5 节介绍的机器视觉图像分析技术，可在线检测破碎最终产物粉矿粒度。根据检测粒度与设定要求粒度的偏差，可反馈自动调节液压破碎机的排矿口尺寸，从而获得设定要求的粉矿粒度，达到选矿界具有共识的"多碎少磨"的技术要求。

图 6-4 所示是美国 Split Engineering 公司开发的 Split-Online 矿石粒度分析系统（Split-Online Rock Fragmentation Analysis System）。

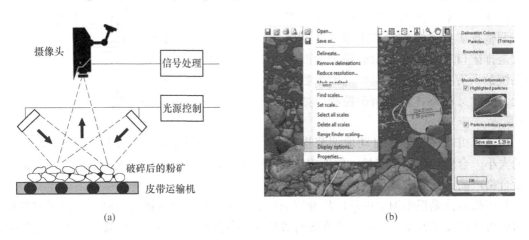

(a)　　　　　　　　　　　　　　　　　(b)

图 6-4　Split-Online 矿石粒度分析系统

(a) 矿石粒度图像拍摄；(b) 矿石粒度图像信号分析

瑞典山特维克公司（Sandvik）是著名的矿业设备生产商，其生产的大型圆锥破碎机在全世界均有较多应用。图 6-5 所示是 Sandvik 研发的 ASRi 液压圆锥破碎机开度控制系统，控制对象是破碎机开度（排矿口尺寸）。

6.1.4　粉矿仓的料位检测与布料控制

粉矿仓是中间矿仓，由一个或多个矿仓组成。破碎系统一般为每天工作两班或三班，

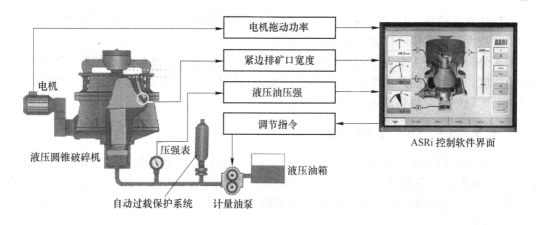

图 6-5　Sandvik 研发的 ASRi 液压圆锥破碎机开度控制系统

每班工作 5h，其产出粉矿通过皮带运输机和布料小车，按照矿仓料位情况，装入各个粉矿仓。

图 6-6 所示是某铁矿的多矿仓料位超声波料位检测与布料控制图。

该系统由多点超声波换能器 LR-21、温度传感器 TS-2、多点输入转换信号处理器 XPL、模拟输出装置 AO-10、可编程序控制器 PLC 和工业计算机 IPC 等组成。该系统能实现多矿仓料位的远程监控，合理安排布料，保证生产的稳定和工作条件的安全。

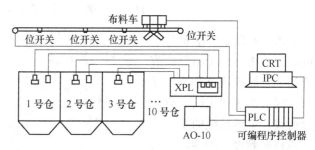

图 6-6　某铁矿的多矿仓料位超声波料位检测与布料控制图

6.2　磨矿分级工艺过程控制

磨矿（grinding）是破碎后的粉矿或大块原矿在磨机内钢球和矿块的机械冲击磨剥力作用下粒度变小的过程。常用的磨矿设备有球磨机（ball mill）、半自磨机（semi-autogenous grinding mill，SAG mill）。给入球磨机的物料通常为经过细碎的粉矿或半自磨机排矿，给入半自磨机的物料通常为经过粗碎的块矿。

磨矿过程是选厂最耗能源的一个环节，通常是采取"多碎少磨"的方法来尽量减少磨矿的能耗。由于人为调节磨矿过程会造成劳动强度的增加，而且磨矿效率一般都比较低，因此开发磨矿过程的自动控制技术是提高磨矿效率行之有效的关键策略。磨矿分级过程是指磨机和分级机组成闭路来达到磨矿粒度和浓度这两大目标，它的好坏对选矿工艺指标、能源消耗以及生产成本的影响至关重要，直接关系到选矿生产的处理能力、磨矿产品的质量，对后续作业的指标乃至整个选矿厂的经济技术指标有很大的影响。因此，对磨矿分级自动控制的试验研究和应用具有十分重要的意义。

要实现磨矿的自动化控制，各个单元环节稳定可靠的自动监测是实现灵活调节的必要条件，包括矿量检测、粒度检测、矿浆浓度检测。矿量检测常用的仪表是皮带秤。粒度检测和矿浆浓度检测常用的仪表是超声波粒度仪。

磨矿分级系统有4个主要的技术指标：球磨机台时处理量、磨矿分级粒度、磨矿浓度和溢流浓度。影响这些技术指标的因素除了原矿性质以外，还与磨机排矿水量、磨机给矿水量、磨矿返砂比、磨机钢球充填率等因素有关。

6.2.1 矿量定值控制和磨矿粒度控制

矿量定值控制系统主要用于破碎和磨矿作业，目的是使处理量恒定，其被控量是矿石处理量 q，执行机构是给矿机，控制作用是调节给矿机调速电机的转速，一般用电子皮带秤作传感器，其结构框图如图6-7所示。该控制系统结构简单，工作可靠，有利于选别作业的稳定操作。

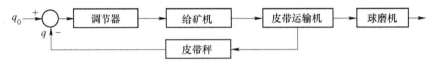

图6-7　矿量定值控制系统结构框图

如图6-8所示，磨机排矿粒度调节系统由一个串级调节系统和一个简单调节系统并联组成，两个系统使用同一台粒度分析仪。串级系统的主参数是磨机排矿粒度，副参数是磨矿分级溢流矿浆浓度，调节变量是磨机加水量。采用串级调节的目的是根据磨机排矿粒度的变化调整磨矿分级溢流矿浆

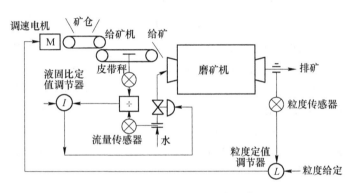

图6-8　磨机排矿粒度调节系统

浓度的给定值。与此并联的简单调节系统的被调量是磨机排矿粒度，调节变量是磨机给矿量。

6.2.2 磨矿返砂比（循环负荷）的检测控制

6.2.2.1 磨矿返砂比（循环负荷）及其对磨矿过程影响

在磨矿生产中，磨矿机通常与螺旋分级机（或水力旋流器）构成闭路磨矿循环系统，如图6-9所示。磨矿开始后，分级机送入磨机的返砂量经过一段时间后趋于稳定。稳定的磨矿返砂比叫循环负荷。

$$R = \frac{S}{Q} \times 100\% \qquad (6-1)$$

式中　R——磨矿返砂比（循环负荷），%；

　　　Q——磨机给矿量，t/h；

　　　S——磨矿分级返砂量，t/h。

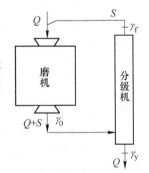

图6-9　闭路磨矿
循环示意图

磨矿动力学理论分析研究表明，磨矿返砂比（循环负荷）对磨矿生产率有着直接的影响。在一定范围内，当磨矿细度和分级效率相同时，返砂比愈大，则磨机生产率愈高：

$$\frac{Q_2}{Q_1} = \frac{(1 + C_1)\left[\ln(1 + C_1) - \ln C_1\right]}{(1 + C_2)\left[\ln(1 + C_2) - \ln C_2\right]} \tag{6-2}$$

式中　Q_1——磨机在磨矿返砂比为 C_1 时的给矿处理量，t/h；

　　　Q_2——同一磨机在磨矿返砂比为 C_2、磨矿细度与 Q_1 相同时的给矿处理量，t/h；

　　　C_1——磨矿返砂比（循环负荷）1，%；

　　　C_2——磨矿返砂比（循环负荷）2，%。

取 $C_1 = 100\%$，对式（6-2）计算，可绘制磨机生产率与磨矿返砂比的关系，如图 6-10 所示。C_2 趋于无穷大时，Q_2/Q_1 趋于 1.386。显然，C_2 取值范围在 250%~350% 之间为好，此时 Q_2/Q_1 值已趋于最大值。

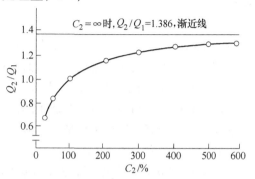

图 6-10　磨机生产率与磨矿返砂比的
　　　　　关系（$C_1 = 100\%$）

6.2.2.2　磨矿返砂比（循环负荷）的检测控制

A　理论检测计算

磨机返砂比（循环负荷）的检测，如图 6-9 所示，理论上可在磨机排矿（分级机给料）、分级机（或旋流器）溢流和分级机（或旋流器）返砂三处取样，筛分测定其中某一特定粒级（如 -0.074mm）的含量 γ_0、γ_y 和 γ_f，根据分级机物料进出平衡的原理导出计算。

因为

$$(Q + S)\gamma_0 = Q\gamma_y + S\gamma_f$$

所以

$$S = \frac{\gamma_y - \gamma_0}{\gamma_0 - \gamma_f} Q \tag{6-3}$$

$$R = \frac{\gamma_y - \gamma_0}{\gamma_0 - \gamma_f} \times 100\% \tag{6-4}$$

式中　R——磨矿返砂比（循环负荷），%；

　　　γ_0——磨机排矿（分级机给料）某一特定粒级（如 -0.074mm）的含量，%；

　　　γ_y——分级机（或旋流器）溢流某一特定粒级（如 -0.074mm）的含量，%；

　　　γ_f——分级机（或旋流器）返砂某一特定粒级（如 -0.074mm）的含量，%。

【例 6-1】　磨矿返砂比（循环负荷）的理论检测计算

某选矿厂一段磨机，测得磨矿分级循环中的磨机排矿（分级机给料）-0.074mm 粒级含量 $\gamma_{01} = 40\%$，分级机溢流 -0.074mm 粒级含量 $\gamma_{y1} = 65\%$，分级机返砂 -0.074mm 粒级含量 $\gamma_{f1} = 24\%$，求磨矿返砂比 R_1。若增加磨机排矿补加水，将分级机给料矿浆浓度降低，此时测得 $\gamma_{02} = 37\%$、$\gamma_{y2} = 70\%$、$\gamma_{f2} = 26\%$，求磨矿返砂比 R_2。

解： $R_1 = \dfrac{\gamma_{y1} - \gamma_{01}}{\gamma_{01} - \gamma_{f1}} \times 100\% = \dfrac{0.65 - 0.40}{0.40 - 0.24} \times 100\% = 156\%$

$R_2 = \dfrac{\gamma_{y2} - \gamma_{02}}{\gamma_{02} - \gamma_{f2}} \times 100\% = \dfrac{0.70 - 0.37}{0.37 - 0.26} \times 100\% = 300\%$

B　实际检测计算

生产实际中，因为磨矿返砂比越大，螺旋分级机电机的输入轴功率越大，从而电机电流越大，通常采用测定螺旋分级机的电机电流大小来测定磨矿返砂比。一般可先用理论计算式（6-4）预先人工检测标定某一磨机额定磨矿返砂比与螺旋分级机电机电流大小的关系。

C　磨矿返砂比的控制

生产实际中磨矿返砂比一般控制在 150%~300% 之间。磨矿返砂比过大没有必要，同时也会增加磨机工作电流与电耗。调节磨矿返砂比 R 的方法通常有两种：

（1）采用调节磨机排矿（分级机给料）矿浆浓度 C_0 的方法来控制磨矿返砂比 R，即调节磨机排矿补加水和磨机给矿补加水的总水量。一般磨机给矿补加水不动，以保证磨矿矿浆浓度，主要调节磨机排矿补加水来调节 C_0。C_0 越小，则矿砂沉积越快，R 越大；C_0 越大，则矿砂沉积越慢，R 越小。

（2）采用调节螺旋分级机溢流堰高度方法，溢流堰越高，则磨矿返砂比 R 越大。

6.2.3　磨机装球负荷和给矿负荷的检测

6.2.3.1　磨机装球负荷的检测

磨机的运行状态中，磨机的装球负荷直接决定磨矿效率的高低。磨机装球负荷一般用研磨介质充填率（装球率）ϕ 表示，ϕ 是指磨机静止时磨机内研磨介质的几何容积（包括介质间空隙在内）占磨机有效容积的百分数。通常球磨机的装球率为 40%~50%（溢流型球磨机略低、格子型球磨机略高），棒磨机为 35%~45%。

随着磨矿过程的进行，钢球磨损会导致装球率 ϕ 下降，影响磨矿效率下降，生产中一般每班按磨矿钢球消耗定额定量补加钢球，以保持磨机装球率 ϕ。

磨机装球率 ϕ 的人工检测，一般由工人在停机的状态下由磨机排矿口用电筒照射观察估计。

磨机装球率 ϕ 的仪表检测一般用电流法。当磨机的给矿负荷保持在额定值不变时，磨机的电机工作电流与装球率 ϕ 相关，装球率 ϕ 越小电机电流越小。一般对某一磨机，可预先标定，设定的装球率对应于相应的球磨机电机工作电流。磨机装球率 ϕ 的调节即为补球到相应的球磨机电机工作电流大小。

【例 6-2】　某球磨机装球率 ϕ 的检测与补加

广西车河 5000t/d 锡石多金属硫化矿选矿厂，选矿工艺为破碎粉矿经筛分，+4mm 进一段开路磨矿（MBY2100×3000 棒磨机）返回筛分；-4mm 进前重选（跳汰、螺溜、抬浮）分选得粗粒锡精矿和粗粒尾矿。跳汰、螺溜的中矿进二段磨矿（MQY2100×3000 球磨机），磨矿细度要求 -0.246mm（-60 目）占 85%，配套螺旋分级机溢流矿浆浓度为60%~70%，分级返砂返回前重选螺溜，分级溢流进硫化矿全浮，全浮粗精矿与前重选抬浮脱硫产物经再磨后浮选分离得铅精矿和锌精矿，全浮底流进后重选（矿砂摇床）分选得细粒锡精矿，矿砂摇床中矿经三段磨矿后进后重选（+0.037mm 矿泥摇床）分选得细粒锡精矿。-0.037mm 粒级经脱除 -0.020mm 矿泥后，进浮锡作业分选得细泥锡精矿。

工艺设备中的二段磨矿 MQY2100×3000 球磨机，有效容积为 9m³，电机额定功率为

210kW，额定电流为395A，装球量为 16~18t，处理给矿粒度 -3.2mm，给矿量 30~35t/h，磨矿介质添加规定：在额定处理给矿量条件下，钢球添加至球磨机电机最高相电流不小于390A。

　　芬兰奥图泰公司（Outotec，原名奥拓昆普 Outokumpu）通过分析磨机功率曲线中的脉动信息预测磨机装载量，并基于 Morrell 压力模型的假设，采用扩充卡尔曼滤波器建立了一个以磨机功率、轴承压力、电机转矩为输入参数的钢球装载率预测模型。钢球装载率的定义为

$$钢球装载率 = \frac{钢球质量}{矿石质量 + 钢球质量} \tag{6-5}$$

　　Outotec 还进行了利用功率曲线分析磨机衬板磨损和钢球运动轨迹的预测研究，研发出了 Outotec-MillSense 磨机状态监测技术系统，如图 6-11 所示。Outotec-MillSense 的测量对象为磨机功率信号，测量方法为对磨机功率的幅值和相位进行频谱分析，输出结果为钢球装载率或磨机填充率。

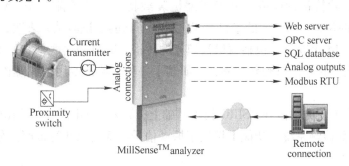

图 6-11　Outotec-MillSense 磨机状态监测技术系统

6.2.3.2　磨机给矿负荷的检测

　　磨机运行中另一个很重要的参数就是磨机给矿负荷，它直接决定磨矿效率的高低。目前，磨机负荷量（包括给矿负荷和装球负荷）的检测方法主要有电流法、振动法、有功功率法、电耳法等。

　　A　电流法和有功功率法

　　电流法采用电流表检测球磨机的电机定子电流，并通过电流变化的分析，判断球磨机的负荷状态，包括给矿负荷和装球负荷，从而充分挖掘球磨机的潜力。该法对球磨机的严重欠载和过载具有较精确的判断，基本能满足控制要求。

　　有功功率法与电流法类似，也能反映出磨机是否运行在最佳状态，采用的传感器是有功功率表。

　　B　电耳法

　　电耳法采用磨音测量仪（即电耳，见图 6-12），采集磨机运转时其内部声音的强度及频率，然后转变成电信号，传送给控制器（PLC 等），作为判断磨

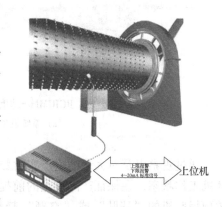

图 6-12　磨音测量仪（电耳）

机是否涨肚或空转的依据，也可以作为给矿量控制的外设定值。

　　C　振动法

　　不同负荷的磨机内，由于钢球和物料对磨机筒壁的冲击不同，从而在筒壁表面形成不同的振动。基于这一原理，通过在磨机筒壁上安装振动传感器可实时采集包含筒壁振动频率和能量的信号，通过数学方法从中提取出具有代表意义的特征参数，从而对磨机的负荷进行监测。

　　D　综合检测法

　　磨机负荷检测精度越高，控制越有效果，磨机效率也会越高，因此不会只有一种检测手段，多是几种手段叠加得出最佳测量结果，而且国内外的研究重点是在这些方法的基础上提高其测量精度。国外比较有名的公司也做了许多这方面的研究，如 AMIRA、CSRIO、COREM、METSO 和 Outotec 等。

　　加拿大矿业技术研究组织 COREM 与加拿大麦吉尔大学（McGill University）一直致力于磨机装载率及装载特征的研究，开发了磨机装载特征在线监测系统 SAG-Tools，并在 Brunswick 选矿厂的 8.5m×4.3m 的半自磨机上进行了试验。试验结果表明，该系统能够实时预测出磨机内部 14 个变量，包括磨机被填充的体积，磨机物料底部和肩部所在角度等，可以用于对磨机运行状态的监测和控制，并研制了一种仪器化专用检测螺栓，用于分析磨机的负荷特征等。

　　国内的北京矿冶研究总院在 CSIRO 技术基础上，开发了如图 6-13 所示的 BGRIMM -球磨机/半自磨机负荷检测系统，功能上扩展了振动信号特征提取和衬板磨损分析。

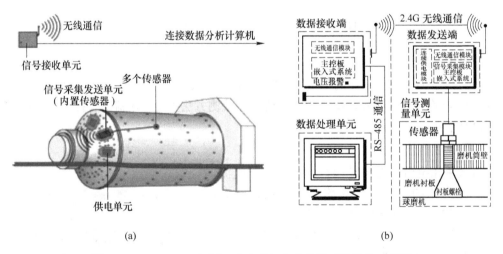

(a)　　　　　　　　　　　　(b)

图 6-13　BGRIMM -球磨机/半自磨机负荷检测系统结构示意图
(a) 系统设备联系图；(b) 系统模块结构图

　　通过观察以及对大量的生产实时数据的分析表明，磨机负荷监测系统可以有效地反映磨机工作状态，在保证产品质量的前提下，有助于提高磨机的平均处理量。系统还可以有效预报磨机的"涨肚"或"空砸"趋势，保证设备的安全稳定生产，减少工人的巡检次数，降低劳动强度。

6.2.4 磨矿分级的系统优化控制软件

磨矿分级系统是一个复杂的作业过程，参数的耦合性很强，仅靠单输入、单输出的 PID 控制回路难以实现很好的控制效果，必须由一模糊控制器进行协调，以确保各控制回路的协调工作，实现控制系统的智能化控制。根据控制系统回路的特点，采用不同的控制策略，对于简单的回路采用智能 PID 控制，复杂的回路采用串级控制、模糊控制等。目前国内外研究和应用比较多的系统控制主要有模糊控制、专家系统和系统优化软件。

6.2.4.1 模糊控制

模糊控制是用语言归纳操作人员的控制策略，运用语言变量和模糊集合理论形成控制算法的一种控制。它不需要对控制对象建立精确的数学模型，只要求把现场操作人员的经验和资料总结成较完善的语言规则，因此它能绕过对象的不确定性、噪声以及非线性、时变性、时滞等的影响。模糊控制系统性强，尤其适用于非线性、时变、滞后系统的控制。

控制系统设置了给矿量、电流检测、磨机电耳值、工艺流程、返砂水控制、排矿水控制、磨矿浓度检测、溢流浓度检测和报警信号等检测控制项目，通过这些项目控制磨矿分级阶段的各个工艺参数。当矿石硬度、粒度、磨机介质、负荷量等发生变化时，模糊控制器就会根据各个工艺参数的检测数据，自动计算给定值与实际值的偏差，综合分析判断磨矿分级状态，并通过控制回路的各智能 PID 指导控制，增加或减少给矿量，补加或减少水量等，从而保障现场的稳定。其控制界面已经比较人性化，只需人工设置给定值即可实现自动化控制。

6.2.4.2 磨矿分级专家系统

专家系统是一个基于知识的智能推理系统，它拥有某个特殊领域内专家的知识和经验，并能像专家那样运用这些知识，即具有在专家级水平上工作的知识、经验和能力，通过推理作出智能决策，即机器专家。

图 6-14 所示为基于物料平衡和智能工况识别的磨矿分级专家系统。磨矿分级系统具有输入输出变量多、非线性时变特性强及易受干扰因素影响的特点，而磨矿分级专家系统通过对物料平衡模型和工况操作经验的总结分析，将通用与专用规则相结合，智能识别各种工况并进行优化设定，可保证磨矿分级生产的平稳、安全和高效运行，避免人工操作的随意性和主观性，优化磨矿分级产品的指标。

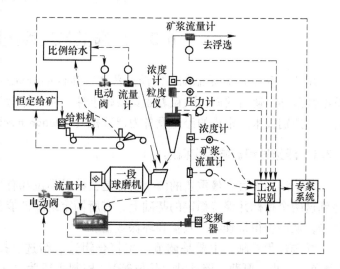

图 6-14 基于物料平衡及智能工况识别的磨矿分级专家系统

6.2.4.3 **系统优化软件**

在这两种系统的基础之上，国内外自动化研究现在也有一些新的进展，如磨矿模糊自控系统中引入 Fuzzy-PID 自适应模糊控制器进行复合控制，起到了 PID 控制器参数自校正作用；利用神经网络系统的学习、联想记忆、非线性并行分布处理功能，建立了基于神经网络的球磨专家系统等。这些是在基础系统之上进行的比较简单的组合优化。而国外在系统优化方面的研究一般更综合些，他们更倾向于提供一个完整的平台，从而从整体上对磨矿分级系统进行优化。

MillStar（磨矿之星）是南非国家矿物研究院（Mintek）研发的 PlantStar 控制系统中针对磨矿过程的分支系统，包括给矿控制模块、加球控制模块、质量控制模块和功率优化模块。上述模块的组合使用，据生产实践报道可提高磨机处理量 6% ~ 16%，优化磨矿产品的粒度分布，进而提高浮选回收率 0.5% ~ 1.5%。

瑞士斯特拉塔（Xstrata）集团公司是全球十大矿业公司之一，其研发的 Xstrata 磨矿过程模糊专家多变量控制系统如图 6-15 所示，应用于智利科亚瓦西铜矿，可提高处理量 4% ~ 5%。

图 6-15 Xstrata 磨矿过程模糊专家多变量控制系统

6.3 浮选工艺过程控制

浮选（flotation）是添加特定浮选药剂（flotation reagents），造成不同矿物颗粒间表面润湿性差异，使目的矿物颗粒表面具备疏水性，从而黏附于气泡上浮，并与其他矿物分离的一种选别技术。常用的浮选设备为浮选机（flotation machines）。

6.3.1 浮选过程影响因素概述

对于浮选而言，最重要的两个指标是：精矿品位和有用矿物的回收率。除此之外，在达到这两个指标并保持稳定的基础上，有所侧重地降低能源和药剂消耗，减少废物排放和污染，从而获得最佳经济效益和环保效益。

浮选过程控制，主要是调节产出符合粗选、精选、扫选各作业要求的合适浮选泡沫（颜色、大小、厚薄、流动性、品位等）。控制手段为"三度一准一位"，即细度、浓度、酸碱度（pH 值）、加药量及顺序准确、浮选槽液位。此外，浮选机充气量、浮选机转速频率调节、泡沫槽加水量和泡沫层厚度等也是需要调节的对象。某些氧化矿浮选还需保持在一定温度下进行。

浮选过程控制中的磨矿细度和矿浆浓度控制在磨矿工序进行。浮选泡沫调节主要与浮选槽液位调节有关，其次与 pH 值和药剂控制有关。

浮选过程常用的检测仪表包括工业 pH 计、在线 X 射线荧光品位分析仪、超声波液位测量计等，已在本书第 3 章中详细介绍。

6.3.2 浮选槽液面控制

6.3.2.1 浮选槽液面调节与浮选泡沫厚度调节的关系

浮选槽液面是浮选工艺操作中的主要参数之一。一般通过调节浮选槽出口的闸板高度来调节浮选槽内矿浆液面高度。

气泡在泡沫层中上升兼并，会发生二次富集作用，浮选的泡沫层中上部的品位质量恒高于下层。

浮选泡沫应调节分出层次，粗选、精选、扫选有区别。如图 6-16 所示，为提高精矿的质量，可降低精选液面，调厚精选泡沫层。泡沫层愈厚，刮泡速度愈慢，泡沫产品的质量愈高。一般精选泡厚，粗选中等，扫选泡薄。

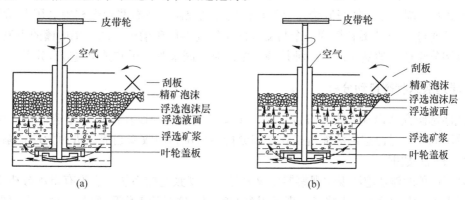

图 6-16 浮选槽液面调节与浮选泡沫厚度调节的关系
(a) 精选液面低，泡沫层厚；(b) 扫选液面高，泡沫层薄

浮选机刮出或者浮选柱溢出泡沫的质量直接影响品位和回收率，而泡沫的质量与液位有直接关系。因为液位调高刮出的或者溢出的泡沫量就会增多，回收率就会提高但精矿品位就会下降，所以在药剂制度合适的情况下，可以通过调节液位的高低来保证产品的质量。

6.3.2.2 浮选槽液位控制

浮选槽液位检测目前大都采用超声波液位计，参见图3-105。浮选槽液位控制均采用反馈控制系统。

系统被调量是浮选槽矿浆面高度，调节变量一般是浮选槽闸门的开启度，执行机构可用电动阀或气动阀。当用 X 射线荧光分析仪或者其他方法测得尾矿或者精矿品位偏高时，金属量损失就会增多，即回收率降低，浮选槽闸门就会自动上升（或下降）来增加浮选槽液位，刮出的泡沫量就会增多，从而减少金属量的损失。

大型浮选机组一般采用阶梯配置，为保证遇到临时停电时仍能及时关闭浮选槽闸门以避免矿浆下溢，执行机构一般采用气动阀，空压机气包内储存的压缩空气可保证随时执行浮选槽闸门操作。图 6-17 所示是国产 320m² 浮选机的气动控制闸门。

图 6-17　320m² 浮选机的气动控制闸门

6.3.2.3　浮选柱液位控制

浮选柱与传统的浮选机不同，它不使用机械搅拌装置，没有了剧烈的搅拌，有助于提高选择性及微细粒级矿物的回收率，液位也相对容易稳定。常见的浮选柱液位控制有两种方式：一种是液位定值调节，另一种是品位调节。液位定值调节是指浮选柱液位会根据经验设定一个定值，矿浆液位由于矿浆量的波动会在这个定值附近上下波动。当矿浆量大，液位升高时，系统会自动调节尾矿阀开度，使得尾矿口排矿量增加，液位恢复到设定值附近；同理，当矿浆量变少时，系统会进行相反的调节，使液位保持稳定。

泡沫与矿浆的界面位置通过球形浮子和超声波探测器进行测定，由 PID 控制器（或 DCS，或 PLC）调节浮选柱底流管路上的自控夹管阀控制。在有些浮选柱中采用 U 形管原理，将尾矿通过一个 U 形管接到一个与受控液位等高的尾矿槽中，调节尾矿槽的溢流口的高度便可调节浮选柱的液位。另一种是调节尾矿泵或阀来改变尾矿排出量以稳定液位。

6.3.3　浮选泡沫状态自动分析

现代浮选研究认识到泡沫状态也是一个重要的变量。与以往的传统浮选参数，如 pH 和电位等不同，通过浮选泡沫能直接观察和分析出品位和回收率趋势，进而为浮选系统调节提供更直观的数据。

最初最简单的浮选泡沫视觉观察器仅仅只是一个视频监控系统，它没有自动分析功能，只是可供人工观察和分析，省略了去现场观察的麻烦，这对于工作环境差、观察不方便、工厂占地面积大和浮选设备分布不均匀的选矿厂提供了方便，同时也大大降低了劳动强度。

浮选泡沫状态分析仪是近几年出现的比较新颖的检测手段，其技术基础为机器视觉系统，其结构如图 3-123 所示。它通过对浮选泡沫图像特征的分析，如颜色（红、绿、蓝三原色及灰度）、尺寸、纹理、流动速度、稳定性等参数，提取出反映泡沫层的特征状态，结合模式识别的方法，作为浮选最优控制的判决条件信息。

在实际浮选工业应用方面，国外已研发的浮选泡沫图像分析系统包括 Froth- Master（Outotec，芬兰奥图泰公司）；VisioFroth（Metso，芬兰美卓公司）、SmartfrothTM（UCT，南非开普敦大学）、JKFrothCam（JKMRC，澳大利亚昆士兰大学矿物研究中心）等。这些系统可通过摄像头采集视频信号，提取泡沫颜色、速度、稳定度、大小等泡沫表面视觉特征参数，并统计分析其金属成分含量，指导浮选生产过程，现已实现商品化并广泛应用于工业生产。

国内北京矿冶研究总院、中南大学、中国矿业大学等单位在浮选泡沫图像处理系统的开发上也取得了良好的结果。图 6-18 所示是北京矿冶研究总院开发的 FD-01 浮选泡沫图像处理系统的硬件配置，其软件包括浮选泡沫图像的实时采集、处理计算、显示、储存、工艺情况在线分析、异常报警和网络通信等。

中南大学与国内多家大型有色冶金企业合作研究了基于机器视觉的浮选泡沫过程监控技术，提出并建立了如图6-19所示的浮选工况趋势识别策略。数据库的构建是通过采集大量的浮选泡沫图片和相应时刻的泡沫样品，根据泡沫样品化验分析品位结果，计算相应矿物金属回收率，形成不同浮选泡沫图像特性与浮选指标的分类对应数据库。

中南大学研发了可用于铝、铜、金、锑等多种矿石的浮选泡沫图像监测分析系统，主要性能指标超过了世界上最先进的 Froth- Master 泡沫图像监测分析仪。特别针对我国首创的低品位铝土矿浮选脱硅的选矿拜耳法新工艺，研发了如图6-20所示的铝土矿浮选泡沫图像分析系统。能够自动提取泡沫颜色、大

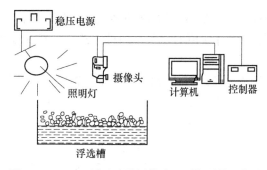

图6-18　FD-01浮选泡沫图像处理系统硬件示意图

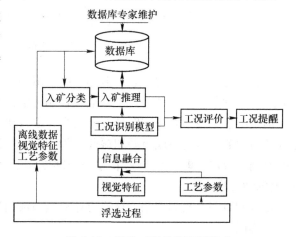

图6-19　浮选工况趋势识别策略

小、速度、纹理、稳定性、流动性等特征，并提供泡沫图像实时显示、特征曲线及工艺参数曲线实时显示，实现浮选泡沫状态的分类、识别与综合评价和自动生成生产报表等功能。该系统能有效改善工人工作环境和劳动强度，为现场浮选操作提供指导信息，提高了浮选过程的自动化技术水平。

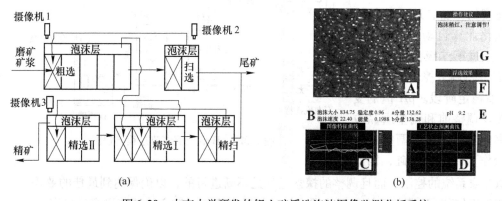

(a)　　　　　　　　　　　　　　　　　　　　(b)

图6-20　中南大学研发的铝土矿浮选泡沫图像监测分析系统
(a) 铝土矿浮选流程泡沫图像监控布置；(b) 提取的泡沫图像特性和浮选工况评价

6.3.4　浮选矿浆 pH 值的控制

矿浆 pH 值可以影响矿物表面的物理化学性质，另外，药剂在合适的 pH 值范围内才

能发挥作用，所以矿浆 pH 值会影响浮选指标。因此，矿浆 pH 值的实时检测和控制非常重要。一般 pH 值的调节有两种方式，一种是定值调节，另一种是变量调节，以第一种调节用的最多。

国内外普遍采用定值（或者一个区间）调节来保持矿浆 pH 值的稳定，因为其自动调节系统比较简单也容易维护，主要由酸度变送器、工业酸度计、PID 调节器、伺服放大器和执行器组成，如图 6-21 所示。

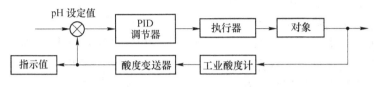

图 6-21　矿浆 pH 值的定值调节系统框图

工业酸度计检测出的矿浆实际 pH 值，由酸度变送器将信号送至系统计算偏差情况，然后经 PID 调节器发送调节命令，通过控制加酸或加碱量来调节矿浆的 pH 值。

但是由于矿浆量大和浓度具有波动性，以及矿浆中可能存在消耗酸或者碱的矿石，会导致滞后调节，从而造成超调和振荡。为了克服上述缺陷，现在常用的方法是增加一个采样的时间调节器，即在整个调节过程中间断调节，而不是一次性把药加到位，从而保证 pH 值的动态稳定。

定值调节多为模糊控制，这样可避免调节滞后造成的干扰。图 6-22 所示是 pH 值调节过程流程图。

pH 值变量调节方式多跟生产现场的矿石性质有关，一般是用于矿石性质改变比较大的选厂。为了确保最佳的品位和回收率，需要根据矿石性质的变化对 pH 值做出适度的调整，通过监督计算机的优化计算自动改变 pH 的给定值，经过第二级直接数字控制 DDC 计算机调节控制进入一个新的 pH 值稳定阶段。pH 值的变量调节涉及调整前和调整后品位和回收率的比较，以及调整前已有的经验作为调整的基础，因此

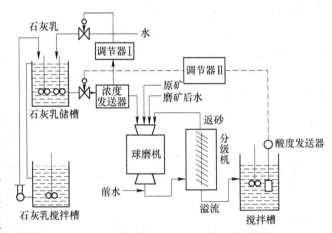

图 6-22　pH 值定值调节过程流程图

需要类似专家系统的控制，而且调整的探索过程是不断进行的，以确保达到最佳的效果。

具体采用何种 pH 调节系统需要根据现场的情况来定，一般定值调节更容易稳定。

在系统的安装过程中，需要注意的是 pH 计探头的位置选取要能代表整个浮选过程的 pH 值，不能离加酸或碱的位置太近，也不能太远，以免造成调节滞后。另外需要注意的是 pH 计的维护，由于矿浆离子以及药剂的影响，pH 计探头可能结钙、结垢等，从而导致电极被污染、毒化等问题，造成测量不准。尽管现在的探头都增加了定时自动提出清洗浸

泡装置和采用复合材料，但仍需定期用手持标准 pH 计进行误差校准。

6.3.5　浮选加药控制

浮选药剂加药的准确与否会直接影响浮选指标，因此加药量的控制也是非常重要的。加药控制的方法常用的有两种：一种是静态的定量加药，另一种是动态的变量加药。

需要说明的是定量加药指的是用微机加药机加药，但药剂不是一直不变的，当矿石性质发生改变时，药剂用量的给定值会重新设定，然后微机加药机就会在新的药剂制度下供药，这种方法在生产过程中相对更稳定，因此应用比较多。

目前，药剂添加控制系统主要分为控制部分和执行部分，其中工业中多采用 PLC 进行控制，执行部分主要有电磁阀式和加药泵式两种。由于电磁阀成本较低、维护方便，国内选矿厂现场应用最多的是电磁阀式控制（见图 3-100）。国外则主要应用加药泵式。

图 6-23 所示是浮选药剂添加定量调节系统。该方案的特点是根据对产品（包括原矿、精矿和尾矿）品位的检测来调节给药量，因此不论干扰来自何方都能达到较好的调节效果。常用于调节抑制剂、活化剂、起泡剂，有时也用于调节捕收剂。需要注意的是品位的准确快速检测是调节的关键。

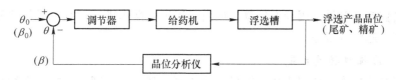

图 6-23　浮选药剂添加定量调节系统

θ—尾矿品位；β—精矿品位

由于浮选过程的复杂性，往往难以构建准确的浮选过程数学模型，所以采用自动调节方式控制浮选药剂添加并不多见。常见的方法是采用开环控制形式的操作指导控制，如图 6-24 所示。

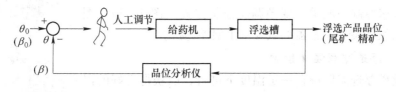

图 6-24　浮选药剂添加的操作指导控制

对于未安装在线品位测定的选厂会采取取样然后化验品位的方法，这必然会增加调节的滞后性和工人的劳动强度，所以目前许多选厂尤其是国内的选厂，一般是由有经验的工人师傅用白瓷碗取样并摇样淘析来快速判断出尾矿矿浆和精矿矿浆的品位范围。此法虽然快速简单，能定性观察和粗略定量分析，但不能准确测算出品位，不过对于实时地大致调节浮选药剂添加量，还是有指导意义的。

6.3.6　浮选机风量、转速和浮选过程温度控制

6.3.6.1　浮选机风量控制

浮选风量对浮选泡沫现象有较大影响。浮选风量一般是在浮选机充气管上安装风量

表，直接测算和结合风阀自动控制，如图 6-25 所示。

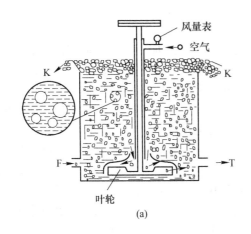 

　　　　　　　　(a)　　　　　　　　　　　　　　　　(b)

图 6-25　浮选机风量控制

（a）浮选机风量控制原理示意；（b）浮选机风量表和自动控制风阀

　　浮选风量控制一般是采用稳态控制，或由人工进行操作指导控制。风量控制应当与浮选机液位控制一起综合考虑。

6.3.6.2　浮选机转速控制

　　对于某些氧化矿物，如铝土矿、铁矿、磷矿等，其不同粒度矿粒的浮选往往需要不同的浮选机转速，细粒需高速；粗粒则需低速，高速时粗粒往往难浮。为此，往往在浮选工艺中设置不同的浮选机组转速组合。

　　合适的浮选机组转速及组合，应使浮选机组具有良好的泡沫现象和浮选指标。通过调节浮选机组不同浮选槽的转速，控制和保证产出浮选泡沫质量，并达到节能降耗的目的。

　　浮选机转速控制一般采用变频调速控制方式（图 5-35）。图 6-26 所示是安装了变频调速器的试验室小型浮选机。

6.3.6.3　浮选过程温度控制

　　某些氧化矿浮选需保持在一定温度下进行，以获得良好的浮选泡沫现象和浮选指标。例如相当部分的赤铁矿和铝土矿浮选需保持矿浆温度在 30℃ 左右，某些磷矿和萤石矿在冬天时也需加温矿浆或采用特殊低温捕收剂以保证浮选指标。白钨矿浮选通常采用加温精选方法。

图 6-26　变频调速试验室小型浮选机

　　浮选矿浆温度控制采用闭环控制系统，依检测温度自动改变用于加热的蒸气流量，使浮选矿浆的温度保持在要求的范围内。

6.3.7　浮选过程控制优化软件

　　不同种类和地区的矿石性质是多种多样的，根据矿石性质确定的工艺流程也各不相同。单一参数的在线检测已经不能满足选矿自动化的要求，一种新的、智能的优化控制被提出来，这种控制以复杂过程多变量融合的过程信息的软测量技术为基础，并融合了单一参数检测方法，即整合各单一参数的检测和控制，从整体上对过程控制进行优化。

在本书 6.8.1 节里介绍的 PlantStar 系统（工厂之星系统）、Advanced Control Tools（ACT，先进控制工具）和 Profit Controller 系统（利润控制器系统），都包含了浮选过程控制优化子系统软件。

南非国家矿物研究院（Mintek）研发的 PlantStar 系统中有一个浮选之星（FloatStar）系统，它包括浮选机液位控制模块、基于浮选时间控制的流量优化模块和品位-回收率优化模块。上述模块的组合使用可通过液位控制稳定浮选作业，抑制干扰；缩短流程稳定时间；开车后流程稳定时间将由 3h 缩短到 1h；优化精矿产率、浮选时间、浮选机液位/充气量设定值、药剂添加量；稳定精矿品位；提高回收率 1%。目前，该软件控制平台已在南非、津巴布韦、博茨瓦纳、澳大利亚、巴西、墨西哥等 8 个国家成功安装 50 多套。

芬兰奥图泰公司（Outotec）开发的 ACT 先进控制工具系统，首先利用 ACT 优化各个控制回路的设定值，达到流程稳定控制的目的；然后利用 EXACT-Level 工具实现整个浮选流程液位对干扰的同步及超前补偿，从而使得整个流程的稳定性达到最佳，这是达到最佳浮选生产指标的最重要的保证；再依靠 FrothMasterTM 检测浮选泡沫属性，如泡沫的破裂情况、泡沫移动速度等；最后结合 Courier 系列在线 X 荧光品位分析仪数据，按照一种全新的品位/回收率优化算法实现浮选的优化控制。从 Outotec 浮选优化控制的整体架构中看，浮选液位稳定控制是优化控制的主要执行关键。

我国矿山众多，矿石种类和浮选对象复杂，构建浮选整体优化系统需要很多专业方面的人才进行协作，如矿物加工、电气自动化、软件、光学和机械设备专业等。目前，国内浮选整体控制系统已较多，如北京矿冶研究总院和清华大学合作，共同设计了一款基于前馈控制的串联浮选槽液位 PID 参数整定方法，一定程度上解决了浮选多个作业协调抑制干扰的目的。该技术与传统分立式作业 PID 控制效果相比较，整个流程的液位稳定性要优良得多，取得了一定的效果。

图 6-27 是我国东方测控公司研发的浮选机整体控制系统。图 6-28 是我国长沙有色冶金设计研究院研发的浮选柱整体控制系统。

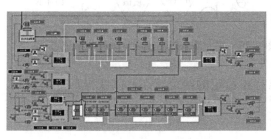

图 6-27　浮选机整体控制系统

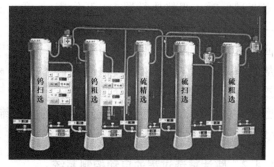

图 6-28　浮选柱整体控制系统

6.4　物理分选工艺过程控制

物理分选（physical separation）工艺主要有重选和磁选，其次还有电选和特殊分选（如色选、摩擦弹跳分选、涡电流分选和黏附分选等）。

6.4.1　选煤过程的重介质悬浮液密度控制

选煤工艺主要为重选，包括跳汰重选和重介质分选，对于重选用水浓缩沉积的微细粒煤泥则用浮选。重介质分选是选煤工艺的主要方法。有关重介质悬浮液的组成、配制、密度计算参见本书3.7.1节。重介质悬浮液的密度检测仪表，我国以往常采用双管差压吹气式密度计（图3-89），现多用超声波密度仪（图3-73）或同位素密度仪（图2-27）。

重介质选煤过程中，重介质悬浮液的密度直接影响实际分选密度。为了提高分选过程的工艺效果，实际分选密度的波动应尽可能小。一般要求进入重介质分选机中的悬浮液，其密度波动需小于 $\pm 0.1 \text{g/cm}^3$。悬浮液的密度根据对精煤灰分指标的要求确定。但由于分选机中流体运动的影响，悬浮液密度与实际分选密度有差别，对于上升介质流的块煤重介质分选机，悬浮液密度比实际分选密度一般要低 $0.03 \sim 0.1 \text{g/cm}^3$。若用重介质旋流器，悬浮液密度比实际分选密度要低 $0.2 \sim 0.4 \text{g/cm}^3$。

在日常生产中，检查重介质悬浮液密度的方法有两种：一是人工检查，即用浓度壶测定；另一种方法是用仪器自动检测。

图6-29 所示是重介质悬浮液密度自动控制系统。采用 γ 射线密度仪测定从合格介质桶流出的重介质悬浮液的密度，传送至密度控制器，与给定值比较，再将控制输出信号传输给执行机构。当重介质悬浮液密度过高时，调整执行器2，增加补加水即可降低密度至给定值；当重介质悬浮液密度过低时，调整执行器1，可分流一部分悬浮液到稀介质处理系统磁选回收磁铁矿，再补加回合格介质桶，从而提高重介质悬浮液密度；也可直接补加干磁铁矿粉提高重介质悬浮液

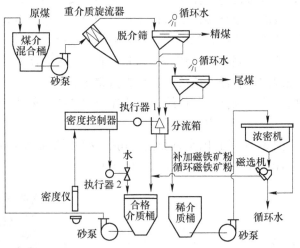

图6-29　重介质悬浮液密度自动控制系统

密度。总而言之，应使重介质悬浮液的密度维持在稳定的给定状态，以获得良好的分选效果。

6.4.2　跳汰重选过程的自动控制系统

跳汰分选是在垂直交变水流中使轻重物料分层分选的方法。跳汰重选主要用于选煤，以及钨、锡、铁矿的分选。

6.4.2.1 跳汰机的 PLC 顺序控制与风阀控制

跳汰选煤具有系统简单、操作维护方便、处理能力大和投资少等优点，是首选的选煤方法。选煤用的跳汰机多为筛下空气室跳汰机，如图 6-30 所示。

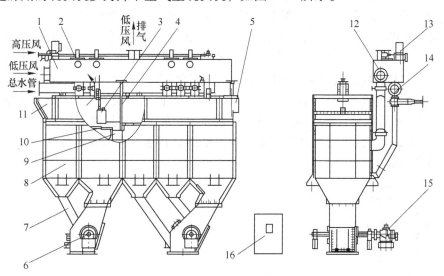

图 6-30 SKT 选煤筛下空气室跳汰机结构图

1—风箱；2—多室共用风阀；3—入料筛；4—单room室组合式机体；5—浮标装置；6—随动溢流堰；
7—筛板；8—排料道；9—透筛料管；10—排料轮；11—溢流端；12—总风管；
13—高压风集中净化装置；14—总水管；15—电机和减速机；16—PLC 控制柜

筛下空气室跳汰机工作时，通过控制风阀进行进气、膨胀、排气、休止等 4 个过程，通过水介质推动筛上入选物料松散分层，完成一个跳汰脉动周期，如图 6-31 所示。跳汰选煤指标与给料量、水量、工作风量、床层松散度、排料量、跳汰周期和频率等多种因素相关。

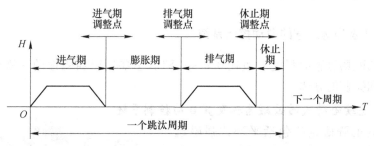

图 6-31 选煤用筛下空气室跳汰机风阀周期与跳汰周期示意图

以 SKT 型选煤跳汰机控制系统为例，其采用触摸屏人机界面，以文字或图形、指示灯、按钮等形式监视和修改 PLC 内部数据，可任意调节跳汰制度。

系统启动顺序为：（1）启动系统总电源；（2）选择自动控制或手动控制；（3）启动各段变频器和风阀开关；（4）需手动控制时可进入手操器控制画面。

系统停止顺序为：（1）关闭各段变频器和风阀开关；（2）关闭系统总电源；（3）柜门上"急停"钮按入急停位置；（4）紧急情况按柜门上的"急停"钮。

采用 PLC 数控电磁风阀对工作风量和跳汰脉动周期曲线进行控制调整，可在触摸屏人机界面启动时选择设定初始参数。运行时屏幕上有相应风阀的运行显示和数据显示。

6.4.2.2 跳汰机的自动床层厚度检测与排料控制

图 6-32 所示是采用角位移传感器的跳汰机的床层厚度自动检测装置。

进入跳汰机的原煤在脉动风和水的作用下，在筛板上跳跃前进，同时按密度大小分层，密度大的重产物在最下层，形成重产物床层。在跳汰周期、脉动风量和水量确定之后，为使筛上物料跳跃前进的速度和幅度稳定在最佳状态，从而获得最佳的分选效果，最下层的重物料床层厚度应保持相对稳定。床层太厚，会使重产物进入轻产物，降低轻产物（精煤）质量；床层太薄，会使轻产物随重产物排出，降低煤炭回收率。

图 6-33 所示是跳汰机排料自动控制系统方框图，其通过调节排料轮转速来控制跳汰机的床层厚度稳定。

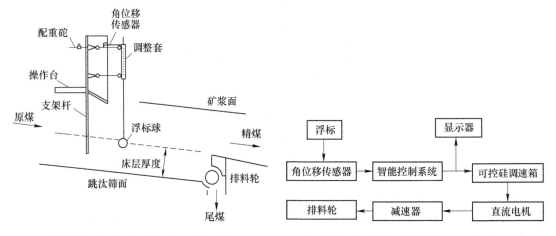

图 6-32　采用角位移传感器的跳汰
机床层厚度自动检测装置

图 6-33　跳汰机排料自动控制系统方框图

6.4.3　强磁选机及磁选工艺的自动控制系统

强磁选机的磁场磁感应强度一般在 0.8 ~ 1.8T，主要用于弱磁性的赤铁矿、褐铁矿、镜铁矿、锰矿和钛矿的分选。

6.4.3.1 连续给料式的强磁选机及其自动控制系统

连续给料式的强磁选机包括平环式强磁选机、立环式强磁选机和滚筒式强磁选机。平环和立环式强磁选机为湿式，用于分选细粒矿浆状物料；滚筒式强磁选机为干式，主要用于分选粗粒干物料。

平环式强磁选机的典型类型有长沙矿冶研究院生产的 SHP 强磁选机，其外观结构如图 6-34 所示。SHP 强磁选机安装在一个钢制框架内，由 2 个 U 形磁轭和 2 个转盘构成矩形闭合磁回路。

图 6-34　SHP 平环式强磁选机

分选过程为电机带动转环在磁轭之间慢速旋转，矿浆经筛子隔渣后进入齿板分选箱，非磁性颗粒随矿浆流迅速穿过分选齿板间隙流下成为尾矿；磁性颗粒被吸引在齿板的尖端上，在给矿点后60°位置用压力水清洗出中矿，再转60°角即到了磁中性点时用高压水冲洗出精矿。

立环式强磁选机的典型类型有赣州金环磁选设备公司获得专利并生产的SLon高梯度强磁选机，其外观如图6-35所示，其主要特点是能使分选室内料浆产生上下脉动和采用有序排列的 $\phi 2 \sim 3mm$ 的圆棒介质，有效地克服了介质被堵塞的问题。目前最大规格者为 SLon-$\phi 4m$ 高梯度强磁选机。

SLon强磁选机的脉动机构、激磁线圈、铁轭和转环是关键部件。脉动机构由碗型橡皮膜、中心传动杆、冲程箱和电机组成，脉动冲程和冲次可随意调节，激磁线圈采用空心铜管绕制，工作时以水内冷方式冷却线圈。当该机工作时，立式转环沿顺时针方向旋转，矿浆从给

图6-35 SLon 立环式
高梯度强磁选机

矿斗给入后，沿着上铁轭的穿孔通道流经转环，经过分选区时，矿浆中的磁性颗粒即被磁介质所吸附，并随转环带至上部无磁场区，被冲洗水冲入精矿斗。非磁性颗粒则沿下铁轭穿孔通道进入尾矿斗。

湿式强磁选机的自动监测控制系统主要包括：

（1）设备工作电压稳压控制系统，可保证设备分选磁场稳定，由可控硅稳压装置构成；

（2）冷却水欠压欠流自动报警系统，由导电指针式水压表构成；

（3）激磁线圈温度检测和过热自动报警系统，由热敏电阻传感器组成。

6.4.3.2 周期给料式的高梯度强磁选机及其自动控制系统

周期式高梯度磁选机主要用于高岭土、长石和石英等非金属矿物除铁，增加白度。目前有常规周期式高梯度磁选机，分选磁场为1.8T。近年来山东华特磁电科技公司开发了零挥发5.5T低温超导磁选机，赣州金环磁选设备公司开发了SLon 9T低温超导高梯度磁选机。

周期式高梯度磁选机主要由铁铠装螺线管线圈、充填有铁磁性介质的分选罐、出口、入口和阀门等部分组成，其结构如图6-36所示。螺线管由空心扁铜线绕成，通水冷却，外部设备有激磁电源，加压冷却水泵及分选过程全自动控制系统。

分选过程是周期式进行的。接通激磁电流后，经过充分分散的料浆从下部进入分选区，非磁性颗粒随流体从上部出浆管排出成为非磁性产品，磁性颗粒吸附在钢毛表面上，至饱和吸附时，停止给料，从下部给入清洗水，清洗出磁性物中的非磁性夹杂物，然后切断直流电，从上部给入高压冲洗水，反向冲洗出磁性物。激磁、给料、清洗、断磁和反向冲洗的全过程称为一个工作周

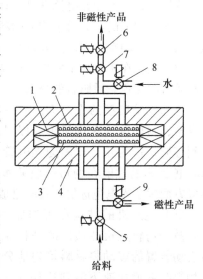

图6-36 周期式高梯度磁选机简图
1—螺线管；2—分选箱；3—钢毛；
4—铁铠装壳；5—给料阀；6—排料阀；
7—流速控制阀；8，9—冲洗阀

期。上一周期结束后，磁选机立即开始下一周期的工作。

周期式高梯度磁选机的自动监测控制系统与湿式强磁选机的基本相同，此外还增加了工作周期的顺序控制机构。

6.4.3.3　磁选工艺的自动控制系统

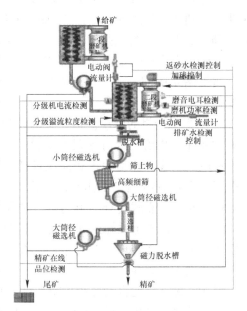

图 6-37　磁铁矿"提铁降硅"工艺

【例 6-3】"提铁降硅"技术及其应用

2000 年后，我国著名选矿专家余永富院士及其研究团队提出"提铁降硅"和"铁前成本一体核算"的新思想，目标是铁精矿品位 $w(\text{TFe}) \geqslant 67.5\%$，$w(\text{SiO}_2) \leqslant 4\%$。"提铁降硅"的技术手段主要包括：

（1）强化磨矿过程的检测控制，保证磨矿细度和有用矿物与脉石之间的解离；

（2）对磁铁矿，采用新型磁选设备磁选柱精选，细筛设备脱除连生体矿物，再磨再选，如图 6-37 所示；

（3）对磁铁矿-赤铁矿混合矿和赤铁矿，应用"弱磁-强磁-阴离子反浮选"选矿新工艺。

"提铁降硅"技术的应用，使我国铁矿山选矿出现了新局面，产生了巨大经济效益。

6.4.4　色选机（光电拣选机）及其自动控制系统

色选机，亦称为光电拣选机，是一种利用颗粒状物料的光学及色度学特性，将颜色不同或表面有缺陷的次品及杂物从物料中自动分选剔除的新型机械，主要用于颜色差异大的颗粒状矿石、塑料、农产品和食品的分选，尤其是可以分选出粮食中的恶性杂质，故有着广泛的应用。在矿物加工领域，色选机主要应用于块状黑钨矿与石英的分选，以及陶瓷用长石矿脱除深色杂质脉石的分选。

色选机是典型的光、机、电一体化的高新技术设备，目前国内色选机市场以日本、韩国、意大利等国产品为主，原多为光电管色选机，由于 CCD 色选机的性能在物料处理量和机器的通用性等多方面优于光电色选机，目前已成为主流。

CCD 色选机的结构和工作原理如图 6-38 所示。被选物料从机器顶部的进料斗进入机器，通过震动装置的震动将物料均匀地分配到斜槽，被选物料沿斜槽加速下滑到达分选室。照明光源一般根据被测正常物料和瑕疵物料的光谱曲线特性（反射光、透射光、激发的荧光或类似的各种组合等）设计检测分选光源。采用 CCD 数字摄像机获

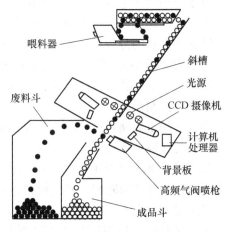

图 6-38　CCD 色选机的结构与工作原理

取物料的颜色和形状信息，传送给计算机处理器，通过高效的图像处理算法区分出正常物料中的瑕疵物料，然后通过控制高频电磁阀装置开启，用高速喷嘴喷射出的压缩空气将次品吹到接料的废料斗内，成品继续下落到成品斗，从而达到剔除瑕疵物料的目的。显然，CCD 色选机的原理类似于人眼的视觉判断分选，故称为智能视觉分选技术。

CCD 色选机技术上的发展已可去除小至 0.14mm 的微小杂质。每 32 个通道采用 2 个 CCD 摄像头进行双面识别，增加了物料处理能力。高频电磁阀（1500 次/s）控制 4mm 小口径压缩空气枪，喷射准确无误。

6.5 化学选矿工艺过程控制

化学选矿（chemical mineral processing）工艺过程控制，可按化学选矿的作业工序分为矿物原料焙烧（roasting）过程控制、矿物浸出（leach）过程控制、固-液分离洗涤过程控制、浸出液处理过程控制和化学分离过程控制。

6.5.1 焙烧过程控制

某些矿物原料在浸出之前需要进行焙烧。焙烧的目的是为了改变矿石的化学组成或除去有害杂质，使目的组分转变为容易浸出或有利于物理分选的形态，为下一作业准备条件。矿物原料焙烧的主要设备有竖井焙烧炉、多层焙烧炉、沸腾炉和回转窑等。图 6-39 所示是回转窑焙烧工艺流程示意图。

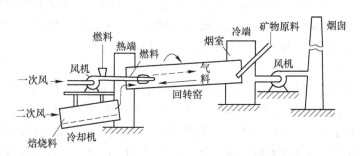

图 6-39 回转窑焙烧工艺流程示意图

矿物原料焙烧过程控制主要是对温度和炉内气氛的控制。根据化学热力学原理，矿物焙烧过程要求在合适的温度和炉内气氛中进行。在气相成分不变的情况下，焙烧温度是影响焙砂浸出率的主要因素，如含镍红土矿的还原焙烧最合适温度为 700℃左右。焙烧温度闭环控制系统通过改变燃料的添加量，使焙烧温度控制在工艺要求的范围内。焙烧温度易受鼓风量影响，一般采用定值控制使鼓风量保持定值。

回转窑的温度控制参见本书 6.7.3 节。

在还原焙烧过程中，为了获得最优还原度，对炉内气体成分有一定的要求，如含镍红土矿还原焙烧要求炉气中 CO_2 和 CO 的含量比或 H_2O 和 H_2 的含量比接近 1。在焙烧过程控制系统中，应根据检测的炉气成分改变水煤气的供给量，使炉气成分控制在要求的范围内。

在氧化焙烧过程中，鼓风量和炉膛负压直接影响焙烧过程。一般采用定值控制以稳定鼓风量和负压。控制系统根据测量值自动变频调节风机转速来控制鼓风量，自动改变烟道闸板的位置来控制炉膛负压，使其稳定在工艺要求的范围内。具体案例参见例 6-5。

6.5.2　浸出过程控制

浸出工艺可分为搅拌浸出工艺和堆浸工艺。图 6-40 所示是搅拌浸出工艺的主要设备双叶轮浸出搅拌槽。图 6-41 所示是堆浸工艺原理示意图，堆浸工艺适合于渗透性好的氧化矿石，如果矿石含泥高则应先洗矿。

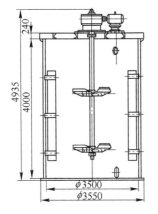
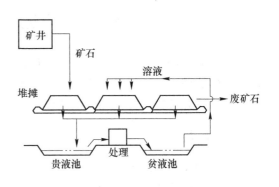

图 6-40　QC3500 双叶轮浸出搅拌槽   图 6-41　堆浸工艺原理示意图

浸出过程控制对不同的矿物浸出工艺有不同的控制要求。按主要被控参数分为浸出过程 pH 值控制、浸出剂浓度控制、氧化还原电位控制、温度控制，以及浸出液处理过程控制。这些工艺过程控制均采用定值控制系统以实现稳定化控制。

浸出过程 pH 值控制参见 6.3.4 节。

氰化物浓度是黄金氰化浸出工艺中的重要参数，一般在搅拌浸出时氰化物浓度为 0.03%～0.06%。氰化物浓度太低会影响金浸出率和生产效率；氰化物浓度过高会增加生产成本。氰化物浓度在线分析仪是基于电化学分析、机电一体化和自动控制技术的设备，国外已有较成熟的氰化物浓度在线分析仪器，如南非 Mintek 的 Cynoprobe 仪器已经在国内十几家黄金冶炼企业应用并带来可观的经济效益。国内近年已经研制成功 BOTA 型氰化物浓度在线分析仪，并已实现工业应用。该设备结构包括控制系统、仪器测量主机和过滤取样器三大部分，其中仪器测量主机部分包括滴定单元、流道切换装置、样品室和试剂单元。

黄金氰化浸出工艺中，为避免氰化物在酸性和中性条件下产生氢氰酸有毒气体逸出，浸出体系应为碱性，一般采用石灰作为保护碱。浸出贵液在采用炭吸附提金后，贫液返回浸出，此时应检测 pH 值，并可采用自动控制添加少量液碱的方式保证返回贫液的 pH 值在 9.5～10.5 之间。

罗克韦尔自动化公司（Rockwell Automation）和曼塔控制公司（Manta Control）向澳大利亚高峰金矿提供了一系列自动化控制方案，包括如图 6-42 所示的曼塔氰化浸出控制模块（Manta Cyanide Leach Cube）。该控制模块可对金氰化浸出工段进行优化控制，可在保证金浸出回收率的前提下，将氰化钠用量从 1.8kg/t 矿降低至 1.45kg/t 矿，降低成本，提高经济效益。

对于含泥高的矿石，固-液分离洗涤过程往往成本高昂，此时常采用炭浆法（carbon-in-pulpprocess，CIP），即在浸出完成矿浆中加入大颗粒活性炭（不小于1.0mm）吸附浸出成分，然后用空气提升矿浆，通过筛网筛分出载金活性炭，吸附完毕的矿浆即作为尾矿排弃。载金活性炭进行解吸金属，再生活性炭回用。图6-43所示为含泥金矿的氰化浸出炭

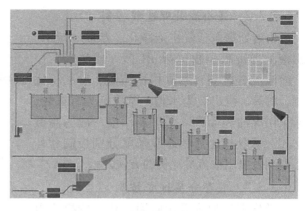

图6-42 曼塔氰化浸出控制模块

浆法。炭浆法过程控制除了氰化浸出的一般方法外，还包括活性炭添加量控制和吸附时间控制等。

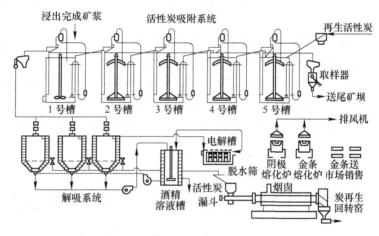

图6-43 含泥金矿的氰化浸出炭浆法（CIP）

某些浸出过程中会发生氧化还原反应，在这种情况下，氧化还原电位直接影响浸出质量。控制系统根据测量的氧化还原电位值自动改变氧化剂（或还原剂）的添加量，使氧化还原电位达到工艺要求值。如镍精矿的氯化选择性浸出时要求电位值一段为+350mV，二段为+420mV。控制系统根据测量值改变氯气加入量，使电位自动保持在工艺要求的范围内。

温度是浸出过程的重要工艺参数。温度控制采用闭环控制系统，依检测温度自动改变用于加热的蒸气流量或电功率，使浸出液的温度保持在要求的范围内。

6.5.3 固-液分离洗涤过程、浸出液处理和化学分离过程控制

6.5.3.1 固-液分离洗涤过程控制

化学选矿的固-液分离洗涤过程通常采用多层洗涤浓密机逆流洗涤，图6-44所示为三层洗涤浓密机结构示意图。此外还有采用过滤机固-液分离洗涤方式。固-液分离洗涤过程控制方法参见本书6.6节。

6.5.3.2 浸出液处理过程控制

浸出液处理包括浸出液净化、萃取和反萃。浸出液处理过程控制包括 pH 值（或酸度）控制、溶液成分控制、萃取相比控制、反萃相比控制，等等。浸出液为水相。萃取剂为有机相，通常采用煤油和 Lix984 等。反萃液一般为高酸度水相。萃取相比控制通常采取分别控制和计量萃取剂及浸出液流量比例的方法。

6.5.3.3 化学分离过程控制

化学分离过程为采用吸附、化学置换或电解的方法，从浸出液或反萃液中分离获得优质化学精矿产品或金属产品。化学分离过程控制

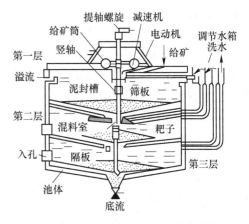

图 6-44　三层洗涤浓密机结构示意图

包括 pH 值（或酸度）控制、溶液成分控制、吸附活性炭用量控制、置换金属量控制和电解电流密度控制，等等。

图 6-45 所示是硫化锌精矿的硫酸盐化焙烧-浸出-电积工艺。锌电解液锌含量闭环控制系统，根据电解液中锌离子浓度检测值，改变新补充的循环低浓度电积液流量，自动保持锌含量为 45~55g/L，获得较高的电解电流效率。将电解电流密度控制在要求范围内，能提高电解的质量、电解生产率和降低电解的电耗。锌电解电流密度采用闭环控制系统，通过对电解电流的测量，自动调整整流器参数，使电流密度控制在 500~550A/m² 范围内。

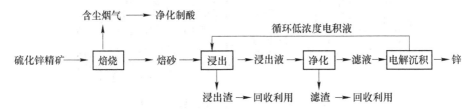

图 6-45　硫化锌精矿的硫酸盐化焙烧-浸出-电积工艺

【例 6-4】　紫金山金铜矿的金矿堆浸、炭浸和低品位铜矿石"微生物堆浸-萃取-电积"工艺

紫金山金铜矿是紫金矿业集团的核心企业，是紫金矿业发展壮大的发祥地、利润中心和人才基地，矿区占位于上杭县，占地面积约 30km²，员工约 1800 人，下辖金矿和铜矿两大生产系统。

紫金山金铜矿是我国 20 世纪 80 年代发现并探明的特大型有色金属矿山之一，是一个典型的上金下铜，金矿床和铜矿床均达到特大型规模的斑岩型矿床。截至 2015 年底，累计探明可利用黄金资源储量 317.5t；累计探明铜矿资源储量 208.6 万吨。

紫金矿业从 1992 年开始对紫金山金矿进行科学合理开发，在中国南方潮湿多雨的环境下开创了低品位、大规模露天堆浸提金的成功典范，堆浸矿石规模达 40000t/d。矿石先经破碎洗矿，块矿堆浸，矿泥搅拌炭浸。其主要经济和技术指标达到国际先进水平，创造了黄金可利用资源量最多、黄金产量最高、采选规模最大、入选品位最低、单位矿石成本

最低和经济效益最大等多项全国第一。

紫金山低品位铜矿石由铜湿法厂采用"微生物堆浸-萃取-电积"湿法冶金生产工艺进行处理，生产 99.99% 阴极铜，堆浸矿石规模达 20000t/d。高品位铜矿石采用"分步优先浮铜再选硫"的浮选工艺，生产出优质的铜精矿和硫精矿，现有规模为 8000t/d 的铜一选厂、10000t/d 的铜二选厂，规模为 25000t/d 的铜三选厂于 2016 年 9 月试生产，采用"粗碎-半自磨-球磨-优先浮铜-浮硫"工艺。

2015 年，紫金山金铜矿产金 9.1t，产铜 4.84 万吨。

在紫金山金铜矿的金矿堆浸、炭浸和低品位铜矿石"微生物堆浸-萃取-电积"工艺中，均综合采用了本节所述的多种过程检测与控制技术。

6.6 脱水和尾矿工艺过程控制

固液分离（solid-liquid separation，or dewatering）是指从悬浮液中分离出固相物料和液相。

精矿脱水一般采用浓密机（thickener）和过滤机（filter）串联进行。尾矿的处理一般采用尾矿库（tailings pond）堆存。精矿溢流水和尾矿库回水均应考虑循环回用。

6.6.1 浓密机浓缩过程控制系统

浓密机的主要作用是脱水浓缩，包括精矿脱水、尾矿脱水等，其结构和检测控制点如图 6-46 所示。对浓密机的要求是上面溢流水尽量澄清，用以回水利用；下面底流矿浆浓度较高且较稳定，这一点尤其重要，因为稳定的底流矿浆浓度有助于精矿过滤工艺的稳定和降低尾矿输送能耗。

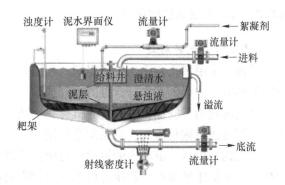

图 6-46 浓密机结构和检测控制点示意图

6.6.1.1 浓密机负荷的有效检测

浓密机底流浓度自动控制的基础是浓密机负荷的有效检测。浓密机负荷主要指的是存泥量，通过测量耙架扭矩、耙架电流、泥床压力、泥层厚度等手段均可以间接反映。泥床压力检测通常需要预先在浓密机锥底进行安装时预埋压力传感器，泥层厚度可以通过超声波物位计或浸入式红外浊度仪来实现，这两种方式的优点是显示存泥量更直接，缺点是需要做大量的标定工作。利用耙架扭矩、耙架电流判断浓密机存泥量很简洁实用，但是反应的设备状态信息很有限，失真率也较高。随着大型高效浓密机的应用，浓密机的稳定控制和优化控制变得异常重要。

6.6.1.2 浓密机底流输送浓度稳态控制

浓密机控制的目的在于底流输送满足工艺要求的浓度，并保持底流输送浓度的稳定。在控制系统中采用浓度计检测底流浓度，通过 PID 稳态调节器和电动调节阀调节浓密机底流阀开度，改变浓密机底流输送量，从而改变精矿（或尾矿）在浓密机中的沉降时间，可达到恒矿浆浓度底流输送。

6.6.1.3 浓密机工作状态优化控制

对于浓密机的自动控制，国内外都有较多研究，控制系统也不像磨浮控制系统那么复杂。如国内的北京矿冶研究总院开发了浓密机负荷软测量及效率优化技术。该系统根据浓密机的工作原理和输入输出物料、浓密机电流、扭矩等信号进行泥床厚度的预报，并且根据物料平衡和沉降试验数据，建立浓密机负荷预测模型和优化控制模型，对絮凝剂添加量和底流排矿速度给出最优操作值，保证浓密机最佳储泥量和稳定生产状态。

东北大学进行了浓密机生产过程综合自动化系统的研究，将建模与控制相结合，提出了浓密机生产过程底流矿浆浓度智能优化控制策略等。

国外的如南非国家矿物研究院 Mintek 的 LeaehStar 软件中包含了对浓密机优化控制模块，该模块旨在减小絮凝剂的消耗，改善浓密机溢流水的澄清状况。通过减少泥床下滑或高扭矩出现的几率来稳定浓密机生产，通过稳定底流流量和矿浆浓度来改善下游工序的表现等。澳大利亚 AMIRA 开发了新的仪器和控制策略来优化矿山行业的浓密机操作。芬兰 Outotec 公司提供了 SUPAFLO 高生产率高效浓密机控制技术，其建立在两个基本简单的控制回路上：絮凝控制通过调节絮凝剂泵速来实现稳定的絮凝剂用量（g/t）；泥层高度作为反馈信号控制絮凝剂用量设定点；通过调节底流矿浆泵速获得稳定的泥层厚量和底流矿浆浓度。

6.6.2 过滤机自动控制系统

6.6.2.1 过滤概述

过滤是采用多孔介质构成障碍场，利用真空抽吸力或压力推动力从流体悬浮液中分离出固体颗粒，并降低其水分含量的过程。

常用的利用真空抽吸力的过滤机有真空圆盘过滤机，需与真空泵和反吹空压机配套使用。陶瓷过滤机则仅需与真空泵配套使用。

常用的利用压力推动力的过滤机有板框压滤机，需与砂泵配套使用，有时还用反吹空压机。由于加压砂泵产生的压力可为真空抽吸力的多倍，采用压滤机有利于降低过滤物料的水分。

6.6.2.2 板框压滤机工作过程的程序顺序控制和配套矿浆砂泵的变频调速节能控制

图 6-47 所示是板框压滤机结构。压滤机的每个压滤周期分为 5 个阶段：

（1）闭锁阶段。液压柱使滤布提起，过滤板密封。

（2）给矿过滤阶段。由滤室上部的给矿总管将矿浆分送到各滤室，直到其被滤饼充满。

（3）压缩阶段。向滤室通入压缩空气，进一步排除滤饼中的残留水分。

（4）卸饼阶段。液压柱拉开所有的过滤室和底部的卸料门，同时滤布下放，排出滤饼。

（5）冲洗滤布阶段。用水冲洗滤布时，液压柱使滤布复位，滤板闭合，卸料门也关闭。

板框压滤机工作阶段周期采用程序顺序控制方式，可用 PLC 控制，并可在压滤机操作

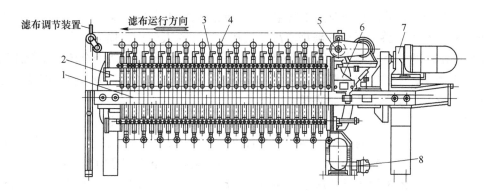

图 6-47　BAJZ 型板框式自动压滤机结构图

1—支架；2—固定压板；3—滤板；4—滤框；5—滤布驱动机构；
6—活动压板；7—压紧机构；8—洗刷箱

面板上用指示灯显示压滤周期阶段及时间。

压滤机工作的给矿过滤阶段往往采用两个不同的压力，初始时输送矿浆压力略低，后期加压过滤输送矿浆压力较高。一般情况下，可对浓密机底流的矿浆输送砂泵采用变频调速节能控制方式。

6.6.3　选矿厂尾矿库的自动监控

原矿进入选矿厂经过破碎、磨矿和选别作业之后，矿石中的有用矿物分选为一种或多种精矿产品。尾矿则以矿浆状态排出。精矿产率较小，有色金属选矿厂精矿产率一般只有 10% 左右，尾矿数量很大。以一个日处理 1 万吨原矿的选厂为例，尾矿产率以 90% 计，每日排出尾矿量有 9000t，其体积约有 5000m³。选厂服务 20 年，尾矿的体积约为 $4.0 \times 10^7 \, m^3$。所以必须有一个很大的场地堆放尾矿。

把尾矿堆存在专门修筑的尾矿库内，这是多数选矿厂目前最广泛采用的尾矿处理方法。尾矿库的型式可以分为三种类型：山谷型、山坡型和平地型。一般常用山谷型，如图 6-48（a）所示。尾矿坝的堆筑，初期坝为土石坝，子坝为粗尾砂，一般采用上游筑坝法，如图 6-48（b）所示。

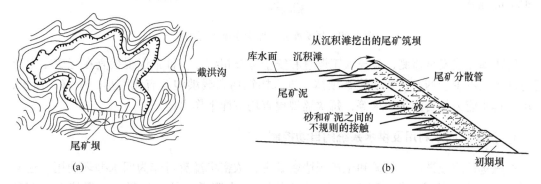

图 6-48　尾矿库的形式和堆筑方法

（a）山谷型尾矿库；（b）上游筑坝法建成的尾矿库

尾矿库的安全，关系到企业的正常生产、区域内人民生命财产及环境的安全。如2008年山西襄汾"9·8"特大尾矿库溃坝事故，直接造成254人死亡，损失巨大。

搞好尾矿库的安全监测意义重大。GB 51108—2015《尾矿库在线安全监测系统工程技术规范》中规定，尾矿库应监测坝体位移、浸润线、干滩、库水位、降水量，必要时还应监测孔隙水压力、渗透水量、混浊度。

采用现代检测、通信、电子设备及计算机技术实现对尾矿库监测指标数据实时、自动监测，是尾矿库安全监管的必由之路。尾矿库在线监测系统应包含数据自动采集、传输、存储、处理分析及综合预警等部分，并具备在各种气候条件下实现适时监测的能力。

接入在线监测系统的传感器应结构简单、传动部件少、可靠性高、稳定性好。位移监测应设置基点，布置监测断面、监测垂线和测点。库水位监测一般设置水尺或自记水位计。干滩监测包括长度和坡度，可设置测点和标尺。渗流压力监测一般选用测压管，测压管的埋设，除随坝体堆筑适时埋设外，可钻孔埋设。渗流量监测可选用容积法、量水堰法和测流速法。降水量监测可用自记雨量计。

在线监测系统软件应包括在线采集和安全监测管理分析两个模块。安全监测管理分析模块应具备基础资料管理、各项监测内容适时显示发布、图形报表制作、数据分析、综合预警等功能。

图6-49所示是尾矿库安全监测系统示意图。尾矿库在线监测系统运行期间，应做好监测系统和全部监测设施的检查、维护、校正、监测资料的整编、监测报告的编写以及监测技术档案的建立。监测数据如有异常，应及时响应，当影响尾矿库运行安全时，应及时分析原因和采取对策，并上报上级主管部门。

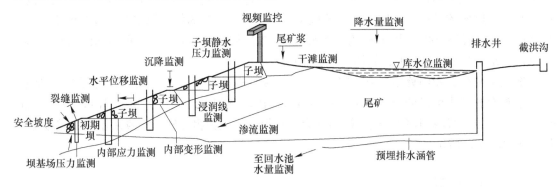

图6-49　尾矿库安全监测系统示意图

尾矿库在线安全监测，应与人工巡查和安全检查相结合。日常巡视检查在尾矿库生产运行期每周不少于两次，主要检查坝体、排水构筑物和截洪沟等有无变形、位移、损毁、淤堵，排水能力是否满足要求等，每次巡视检查均应详细作出记录。

6.6.4　选矿厂回水利用及供水系统的自动控制

在磁选厂或重选厂，精矿和尾矿经浓密处理，浓密机溢流可作为回水循环使用。这样做不仅对选矿过程不会发生不良影响，而且可以大大降低新鲜水的耗量，经济上是有利的。故磁选厂与重选厂均普遍使用回水。

浮选厂的情况就比较复杂，由于精矿浓缩溢流水和尾矿水中含有剩余药剂，可能会对浮选过程产生影响，故需通过试验确定回水能否添加和添加比例。某些情况下可能还需对回水进行预处理。尾矿水如经尾矿库沉降和药剂自然降解，回用影响会减小。

供水系统的水压恒定对选矿厂的磨矿分级生产环节至关重要。图 6-50 所示是回水利用和选矿厂供水水压恒定控制的示意图。浓密机溢流回水和补充新水一同加入供水池，供水泵采用水压表检测供水压强，并采用 PLC 稳压自控装置，通过调节变频调速电机的转速，调节供水泵的供水水压输出恒定。

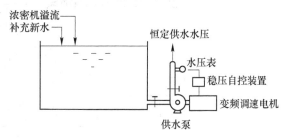

图 6-50　回水利用和选矿厂供水水压恒定控制示意图

6.7　团矿工艺过程控制

团矿工艺包括烧结和球团。

烧结工艺总体控制对象包括：（1）料量和配料控制；（2）料流控制；（3）给水量控制；（4）点火器的控制；（5）燃料量的自动调节；（6）烧结机速度控制；（7）风量控制；（8）余热利用控制，等等。

球团工艺总体控制对象包括：（1）配料自动控制；（2）磨矿粒度自动控制；（3）混合机控制；（4）造球过程水分控制；（5）造球机自动控制；（6）干燥控制；（7）焙烧过程控制：包括竖炉、带式焙烧机、链箅机-回转窑；（8）冷却机自动控制和余热利用控制，等等。

6.7.1　烧结工艺配料控制

烧结矿是靠熔融液相固结的，为了保证烧结矿的强度，要求产生一定数量的熔融液相，因此混合料中必须有燃料，为烧结过程提供热源。烧结工艺流程如图 1-10 所示。

烧结工艺配料包括铁精矿粉、熔剂、燃料和钢铁厂粉尘轧钢皮循环料。不同成分的铁精矿粉需要不同的配料比例，烧结自动配料控制有着重要的作用，如图 6-51 所示。

烧结自动配料控制系统依据工艺试验和生产数据所构成的烧结工艺配料数据库数学模型，自动计算出不同成分的铁精矿粉所需要的配料比例，并通过调节自动给料机的给料量来控制。

6.7.2　烧结机风量变频调速控制

国内外铁矿粉烧结生产中，广泛采用连续带式抽风烧结机，它具有劳动生产率高、原料适应性强、机械化程度高、劳动条件好、便于实现大型化和自动化特点，如图 6-52 所示。

烧结机在料层顶部点火，通过料层向下抽风烧结。烧结风量控制，应使料层行进至机尾时料层正好燃烧烧结至最底部，以获得最好的烧结效果。

烧结机主抽风机一般采用同步电机拖动，其电耗一般占整个生产线的 50%，主抽风机的风量控制准确程度直接决定烧结矿的质量、产量。

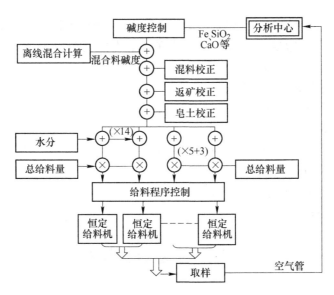

图 6-51　烧结自动配料控制系统图

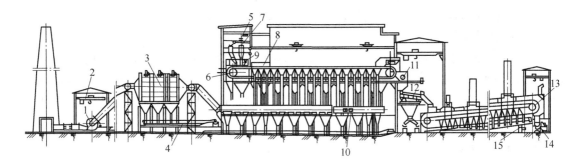

图 6-52　连续带式抽风烧结机系统

1—离心抽风机；2—桥式起重机；3—机头电收尘器；4—水封拉链机；5—带式运输机；
6—烧结机；7—带式布料机；8—点火器、保温炉；9—圆辊给料机；10—冷风吸入阀；
11—单辊破碎机；12—热矿振动筛；13—鼓风带式冷却机；14—板式给矿机；15—冷却鼓风机

　　烧结机主抽风机采用变频调速方式调节风量，可获得良好的调节效果和节能指标。大型烧结机主抽风机变频技术改造的难度较大，被喻为国内钢铁企业节能减排技术应用的"制高点"。具体来说，变频技术改造一方面要求改善电动机的启动性能，实现软启动，延长电动机的寿命，且减小对电网的冲击；另一方面要求，主抽风机可根据烧结料层的透气性及料层厚度进行变频调速，使风机运行在最佳工况点，起到节能的作用。在减产运行和临时停机、临时检修以及其他不需要关停主抽风机的情况下，可调速至最小功率，体现系统运行经济性。

　　【例 6-5】　柳州钢铁厂烧结分厂烧结机主抽风机的变频调速技术改造

　　柳州钢铁厂烧结分厂烧结机的主抽风机电机为一台 6kV、2000kW 的同步电机和一台备用的同步电机。风量调节原采用调节挡板装置开度来控制，电机始终在额定最高转速运行，效率不高，且风量风压不稳定，废品率 5%、回炉率 12%。

2001年4月采用罗克韦尔自动化公司（中国）的电机变频调速系统，风量稳定，节能63%，废品率下降至0%，回炉率下降至8%。年效益达40万美元。

6.7.3 球团工艺焙烧带温度控制

球团矿就是把细磨铁精矿粉或其他含铁粉料添加少量黏结剂和熔剂混合后，在加水润湿的条件下，通过造球机滚动成球，再经过干燥焙烧，固结成为具有一定强度和冶金性能的球型含铁原料。常用的球团矿焙烧设备是回转窑。

球团矿主要是依靠矿粉颗粒的高温再结晶固结的，不需要产生液相。球团焙烧过程温度控制十分重要，温度低球团强度不够，温度高回转窑易结圈。图6-53所示是回转窑球团焙烧带温度控制系统。

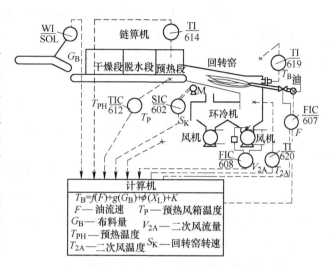

图 6-53 回转窑球团焙烧带温度控制系统
WI—质量指示；TI—温度指示；TIC—温度控制；
SIC—速度指示控制；FIC—流量指示控制

6.8 矿物加工全流程工艺自动化系统及应用实例

6.8.1 矿物加工全流程仿真建模和工艺优化控制专用软件系统

基于经典控制理论的基础自动控制技术已成功应用于矿物加工过程，主要应用于矿物加工单过程的单变量或单回路稳态控制。

由于矿物加工工艺的复杂性，优化控制难度较大。国内外针对选矿过程建模、软测量以及优化控制方面做了大量研究工作。

6.8.1.1 *矿物加工工艺流程仿真建模*

近年来，矿物加工工艺流程仿真建模的研究进展很快。

以磨矿过程为例，在传统的邦德功指数及其衍生的磨矿过程设计方法基础上，新的数值模拟技术、总体平衡建模方法以及混合模型的发展使得磨矿过程建模有了很大进步，为磨矿过程优化控制提供了大量的量化、可视化的数据知识。建模仿真主要方法有：

（1）磨矿过程 DEM（Discrete Element Method）离散单元法模拟；

（2）基于总体平衡模型的磨矿过程模拟；

（3）基于数据的混合建模研究方法。

澳大利亚 AMIRA 将离散单元法 DEM 建模方法和振动信号分析技术相结合，在多项磨机运行状态参数检测方面取得了进一步研究成果，包括磨机负载、磨矿粒度、磨机衬板磨损状况、磨机物料分布范围等，并在多个项目中获得可观经济效益。

澳大利亚联邦科学与工业研究组织（Commonwealth Scientific and Industrial Research Organisation，CSIRO）采用 DEM 模拟方法，开发了 CSIRO 精细化全尺寸三维半自磨机模型，可用于磨矿介质、物料运动状态分析，以及磨机衬板、格子板、排矿筛设计。

澳大利亚昆士兰大学 JK 矿物学研究中心（Julius Kruttschnitt Mineral Research Centre，JKMRC）开发了破碎磨矿流程模拟模型 JKSimMet。

芬兰美卓公司（Metso）是著名的矿业设备生产商，其生产的大型半自磨机和球磨机在全世界均有较多应用。美卓公司开发了 METSO DEM-CFD 半自磨机混合模型，可以模拟计算磨机不同转速和不同混合填充率条件下的磨矿物料分布模型，可用于不同衬板磨损状态软测量。

美国霍尼韦尔公司（Honeywell）研发了工艺流程模型 UniSim Design Suite。

6.8.1.2　国外较成熟应用的矿物加工全流程工艺优化控制专用软件系统

与国外矿石性质相对稳定，规模大的生产过程相适应，国外相关软件发展较快，应用较广，主要有以下几种。

A　Mintek PlantStar 系统（工厂之星系统）

PlantStar 是南非国家矿物研究院（Mintek）结合大量的工业实践生产数据开发的选冶过程优化控制系统，其中集成了多种先进控制技术，如模型预估控制（MPC）、神经元网络和模糊逻辑等。

PlantStar 控制系统中有多个针对矿物加工过程的分支系统，包括：

（1）MillStar（磨矿之星）。MillStar 是针对磨矿过程的分支系统，包括给矿控制模块、加球控制模块、质量控制模块和功率优化模块。

（2）FloatStar（浮选之星）。FloatStar 是针对浮选过程的分支系统，包括浮选机液位控制模块、基于浮选时间控制的流量优化模块和品位-回收率优化模块。

（3）LeachStar（浸出之星）。LeachStar 是针对化学选矿浸出过程的分支系统，包括浸出过程 pH 值控制模块、浸出剂浓度控制模块、温度控制模块以及浸出液处理过程控制模块。

上述优化控制分支系统模块的组合使用，可稳定和优化矿物加工工厂的工艺技术参数，提高生产指标，增加经济效益。

B　Outotec Proscon 和 Outotec ACT（Advanced Control Tools，先进控制工具）系统

Outotec Proscon 系统是芬兰奥图泰公司（Outotec，原名奥拓昆普 Outokumpu）针对冶金生产过程开发的专用控制系统，具有 40 多年的历史。

近年来，Outotec 又针对破碎、磨矿、浮选、脱水、熔炼等过程开发了 Outotec ACT 先进控制工具系统，包括基于规则的控制（rule-based control）和模糊控制。基于规则的控制利用传统逻辑和清晰规则，而模糊控制将基于规则的控制与人的推理结合起来，ACT 的模糊控制易于使用和理解，逻辑和模糊规则的结合构成用户解决方案。ACT 还包括历史数据存储和仿真模块（testbench），控制策略在使用前可以离线、半在线、在线进行仿真，以测试和验证算法的有效性。

C Metso OCS 和 Metso DNA CR 系统

Metso OCS（Optimizing Control Software）系统是芬兰美卓公司（Metso）推出的先进控制软件，系统中有多个针对矿物加工过程的分支系统，包括 VisioRock 和 VisioFroth 等。控制工具和方式采用带有统计模型的在线数据分析系统、线性规划控制、神经网络、模糊逻辑和软测量算法，具有较好的实用性。

MetsoDNA CR 是新一代自动化和信息系统的平台。在这个单一的平台中，涵盖了过程控制、机器控制、质量控制、传动控制及设备运行状况监测系统。MetsoDNA CR 可以从微小系统（包括世界上最小的完备功能的用户界面）自由扩展到厂级和支持全球组织的工厂网络系统。

D Honeywell Profit Controller 系统（利润控制器系统）

Profit Controller 系统是美国霍尼韦尔公司（Honeywell）推出的先进控制、优化和监督软件（software for advanced control, optimization and monitoring），其应用鲁棒多变量预测控制技术（RMPCT），以优化过程运行产生最大经济效益为目标。它可以分析过程的动态因素，包括操作模式、产量、进料质量等，在保证过程约束的同时，达到操作人员设定的目标。

6.8.1.3 国内矿物加工全流程工艺优化控制专用软件的发展

中国矿物加工行业面临着处理的矿石对象复杂多样的局面，矿石成分和品位趋于贫、细、杂，所以中国矿物加工选矿工艺往往较复杂。其次，中国的人工成本长期较低，自动化技术发展滞后。此外，中国企业有重视硬件投入、轻视软件投入的积习，中国较长时期曾对计算机软件知识产权的保护观念和措施有所欠缺。所有这些因素都影响了中国矿物加工选矿全流程工艺优化控制专用软件的发展。

目前中国尚没有成熟通用商品化的选矿工艺优化控制专用软件产品，主要是各个研究院所和自动化厂商根据具体矿山的矿石性质、选矿工艺流程特点等，定制专用的自动化软件系统。

丹东东方测控技术股份有限公司（DEMC）可提供选矿全流程自动化控制系统。

北京矿冶研究总院（BGRIMM）可提供选矿全流程自动化控制系统。

团矿工艺与选矿工艺相比较为简单和通用。中国已有团矿工艺优化控制专用软件，见6.8.5节。

6.8.2 PLC 和 FCS 相结合的选矿厂工艺自动化系统

【例6-6】 新疆钢铁雅满苏矿业 5500t/d 选烧厂工艺自动化系统

选厂规模为 180 万吨/a，工作制度为 330d/a。选矿工艺流程为"磨矿—螺旋分级—弱磁粗选—再磨—细筛分级—弱磁精选—精矿浓缩—过滤—尾矿浓缩"，流程产品为含 Fe 品位大于 65% 的铁精矿，选矿比为 1.95，TFe 回收率为 75%。设计循环水利用率达到 95% 以上。

采用 PLC 系统对生产过程进行集中监控。在选矿主厂房配电室、一段循环泵房、二段循环泵房、过滤间配电室等处设采集操作站，分别对各工艺过程进行监控。检测参数转换成标准信号后送入 PLC 系统，完成检测参数的采集、显示、连锁和报警。

该工程选用了西门子公司的 SIMITIC S7-400PLC、光纤网络和计算机构成自控系统，系统结构图如图 6-54 所示。该系统是基于工业以太网和 ProfiBus 现场总线的分布式控制系统（FCS），系统最低层是设备控制层，主要完成生产设备的现场控制与监测，第二层是监控层，主要完成选矿系统的在线监测和向设备控制层下达控制指令。

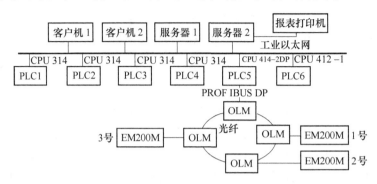

图 6-54 PLS 和 FCS 控制系统网络结构图

中控室采用两台高性能计算机作为服务器，两台中等配置计算机作为客户机，组成客户机/服务器架构，并配置有打印机打印报表。软件采用西门子公司的 WINCC 组态软件，它具有工艺画面显示、操作控制、数据采集、趋势记录、语音报警、报表打印等功能。中控室设有 8 个 42 英寸液晶电视组成的监控系统，能够对全厂的所有设备进行实时监控和远程录像。中控工通过这些设备详细了解全厂生产运行情况，指挥全厂生产，实现全厂自动化控制。

设备控制层有 6 个 PLC 控制站，PLC 之间通过工业以太网进行通信，其中 PLC1、PLC2、PLC3、PLC4 分别是 4 台球磨机的综合控制站，球磨系统由高低压润滑站控制、喷射油控制、空气离合器控制、慢传控制、磨机温度综合检测 5 个部分组成。PLC5 是全厂的主要控制站，采用西门子 CPU414-2DP，通过 4 个 OLM 组成一个冗余环形的 ProfiBus 网络，配备 EM200M 大屏幕显示。PLC6 是过滤车间的一个 CPU412-1，它通过 ProfiBus 网络和 12 台配备 S7-200 的陶瓷过滤机通信，并且通过工业以太网与主厂房 CPU414 进行连锁通信。

系统的软件设计采用结构化设计。结构化编程的特点是能将复杂的自动化任务分解为能够反映过程的工艺、功能或可以反复使用的小任务，这些任务由相应的基础程序块来表示，程序运行时所需要的大量数据和变量存储在数据块中。这些程序块是相对独立的，它们可被其他功能块调用。

软件是在西门子 STEP7 环境中编制完成的，共有 6 个基础功能块：（1）全压启动功能块，分为机旁启动、远程单动（无联锁）、远程联锁单动、远程集中自动启动 4 种模式；（2）软启动功能块；（3）变频启动功能块；（4）胶带机功能块；（5）电铃功能块；（6）正反转设备功能块。基础功能块 FB 中的所有参数和静态数据都储存在一个单独的被指定给功能块的背景数据块 DB 中，一台设备对应一个 DB 数据块。

根据工艺设备的控制方案要求，编写设备之间的连锁控制程序，下载到 PLC 后，先进行单机调试，再进行连锁空载调试，反复调试并不断修改程序趋于完善，最后带负荷进行调试，发现问题再进行不断完善。

6.8.3 DCS 选矿厂工艺自动化系统

【例6-7】 某13000t/d选矿厂工艺自动化系统

某13000t/d选矿厂主工艺流程分两个系列，产能各为6500t/d。工程于2011年竣工投产。

DCS控制系统是该项目的关键工程。该系统对粗矿堆、磨矿、顽石破碎、浮选、浓缩、精矿过滤、石灰乳制备、药剂添加、鼓风机房、空压机房、尾矿输送和回水加压流程的仪表及电气信号进行集中指示，对生产过程中的一般工艺参数进行监测，对于生产过程中的重要工艺参数设置必要的自动调节回路，对可能引起设备故障或人身事故的工况设置参数报警或联锁控制。例如磨音检测指示，磨机给矿量、加水量调节，旋流器给矿及溢流流量、浓度、干矿量指示，砂泵池液位调节，浮选加药、液位及充气量指示，鼓风机参数指示和浓密机底流浓度调节等。

DCS控制系统硬接线点数为模拟量508点、开关量786点，第3方设备通信点数约为模拟量400点、开关量600点。DCS系统的中央控制器采用冗余CPU配置，该CPU系统承担了全流程的控制计算，控制站及各远程子站均配置冗余电源，冗余模块间通过高速光纤进行同步通信。同时磨浮控制站与浮选远程I/O站、精矿过滤远程I/O站及充填加压泵站采用冗余的Control Net光纤环网，保证冗余CPU与远程I/O站的通信。工业以太网、操作员站局域网和上位机监控服务器均采用冗余配置，从网络构成和冗余配置上保证了系统的可靠性。DSC控制系统网络结构如图6-55所示。

完善的工艺参数自动调节回路及联锁控制保证了生产过程稳定和安全的运行。图6-56所示为DCS控制系统1系列磨矿界面图。

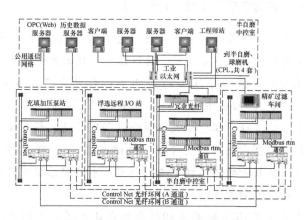

图 6-55 DSC 控制系统网络结构图

该项目建立了管理控制一体化网络。底层控制网、中间层工业以太网和信息管理应用层全部采用罗克韦尔自动化公司的设备硬件、控制软件和应用软件。信息层直接取用基础自动化系统数据和中间层数据，无需为工厂信息管理系统另外建立数据库，减少了重复建设。

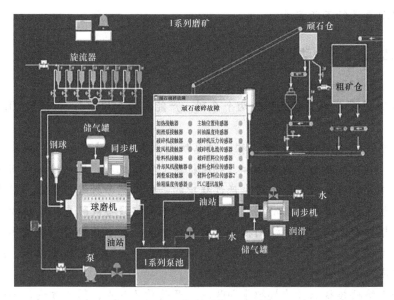

图 6-56　DCS 控制系统 1 系列磨矿

底层基础自动化系统为车间设备层，主要责任是采集数据，包括所有生产设备和在线检测分析仪表、执行机构等的数据。主要由 Control Logix 控制系统及一些第三方设备 PLC 组成。中间层是人机接口层，主要责任是控制和操作，采用基于客户/服务器结构的企业级分布式的 Factory Talk View SE 作为操作员接口。信息管理应用层采用历史数据库服务器（基于 PI 数据库的 FT Historian SE）及 Web 服务器，根据用户的个性化需求，建立生产流程网页浏览画面和自动生成的数据报表。

6.8.4　DCS 和 FCS 相结合的选矿厂工艺自动化系统

【例 6-8】　山东黄金矿业（莱西）有限公司采选 1000t/d 选矿厂工艺自动化系统

山东黄金矿业股份有限公司是一家集采、选、冶于一体的大型上市公司。

山东黄金矿业（莱西）有限公司 1000t/d 选矿厂，设计原矿 Au 品位为 2.8g/t，产出金精矿 Au 品位为 69.1g/t，Au 回收率 95%。工程于 2015 年投产。

全流程工艺自动化系统工程内容包括破碎筛分、磨矿浮选、精矿浓密脱水、尾矿输送等内容，在选矿磨浮厂房设有中央控制室（以下简称中控室），将上述几部分内容的主要设备运行情况、工艺过程参数等数据送到中央控制室，中控室根据生产状况和要求对工艺参数和工艺过程进行自动调节和控制。

该自动化系统主要采用了 DCS 和 FCS 相结合的搭建方式，车间低压电气设备的控制采用 DCS 方式集成，厂级监控管理信息则采用 FCS 方式集成。根据车间地理位置设置 2 台 PLC 主站，破碎段设置 1 台 GERX-3i 的 PLC 作为破碎段主站，置于破碎车间动力中心内；磨矿浮选段设置 1 台 GERX-7i 的 PLC 作为磨浮段控制主站，置于中央控制室电子间内。全厂同样以车间地理位置为依据设置 2 个段级操作控制室，即破碎段自动化控制室、磨浮段自动化控制室（中控室），磨浮段自动化控制室暨全厂中控室集成全厂自动化信息。

为了保证自动化的可靠性，将较重要的磨浮主站配置为冗余结构。各 PLC 之间以及控制室之间通过工业以太网进行连接。

2 个 CPU 主站中的数据均进入布置于中控室冗余配置的 DAServer（数据采集服务器）里。操作员通过 DAServer 接收 PLC 集成的车间数据并对 PLC 给出控制命令。破碎段、磨浮段的自动化控制由放置于破碎段自动化控制室、磨浮段中控室内的操作员站分别进行处理。破碎段自动化控制室和磨浮段中央控制室之间利用以太网进行连接，构成全厂的管理网络。

由于磨矿和浮选车间段包含较多设备，因此除 CPU 主站外还设置有 2 台 I/O 从站，组成主-从站 PLC 控制系统。由于高位水 I/O 站距离主站距离较远，因此采用光纤连接，通过光纤终端盒、跳线、带光口交换机等实现光电转换，最终将该从站和总站连接起来。

该项目采用 DCS 和 FCS 技术相结合的方式，对于影响生产的关键设备采用 DCS 控制方式，而对于相对来说非关键的低压电气设备的更多信号信息读取则采用 FCS 方式进行集成，在充分节约电缆、减少施工量的前提下集成尽可能多的设备信号信息。在保证自动化系统控制可靠性的前提下充分利用了 FCS 系统中现场总线技术的优越性，达到了技术先进性和可靠性之间的平衡。

6.8.5　烧结球团自动化控制系统

烧结厂总体工艺流程如图 1-10 所示。

烧结工艺总体控制对象和参数众多。一般可采用 DCS 和 FCS 技术相结合的总体控制方式。图 6-57 所示是烧结厂的控制线路图。

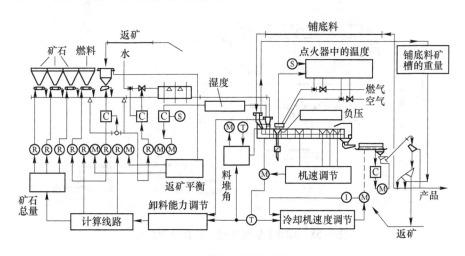

图 6-57　烧结厂的控制线路图

丹东东方测控技术股份有限公司（DFMC）研发的烧结球团自动化控制系统，针对烧结和球团作业流程长、控制环节多、系统复杂的特点，重点解决了烧结和球团生产过程控制的可靠性、准确性、及时性的问题，对稳定生产、稳定产品质量、降低消耗、提高产量具有重要意义。

　　DFMC 烧结球团自动化控制系统采用集散控制（DCS），整个生产过程根据工艺流程分为若干个闭环控制系统，并以最终产品反馈控制各生产环节，整体上形成一个大的闭环控制。为了实现最优化的控制，系统针对不同的控制内容采用了不同的控制方法，例如，利用滞后函数控制全流程大反馈；利用鲁棒控制方法控制点火等关键生产过程；利用 PID 自整定方法控制配水、配料等不稳定过程等，控制效果明显，系统控制范围包括原料熔剂及燃料的准备过程、配料过程、混料过程、布料和铺料、点火控制、抽风系统、余热利用系统等。

　　DFMC 系统硬件方面具有良好的通用性与可扩展性，便于系统规模扩充。在软件方面系统为厂级管理及厂级联网控制设计了数据接口，便于系统性能升级。系统具有全自动控制、软手动、手操器手动、人工操作等多种操作方式。

　　此外，我国还研发有 HMET 系列钢铁厂烧结 DCS 控制系统，其采用 OMRON 可编程控制器（PLC）作控制主机，双主机模块热冗余备份，上位采用两台客户机形式构成监控网络，选用组态王软件包作为人机界面（HMI）应用软件，具有数据采集、程序控制、显示、自诊断、自动报警和上位机管理等功能。

　　HMET 系统的操作界面见图 6-58。

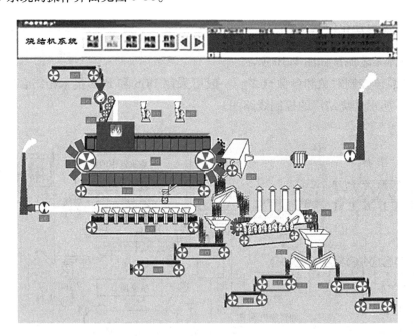

图 6-58　HMET 烧结球团自动化控制系统

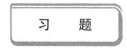

6-1　破碎系统的顺序控制有哪些内容和作用？

6-2　为什么要对圆锥破碎机和高压辊磨机进行挤满给矿控制，如何进行？

6-3　磨矿定值控制和粒度控制如何进行？

6-4　某选矿厂一段磨机，测得磨矿分级循环中的磨机排矿（分级机给料）-0.074mm 粒级含量 $\gamma_0 =$ 42%，分级机溢流 -0.074mm 粒级含量 $\gamma_y = 68\%$，分级机返砂 -0.074mm 粒级含量 $\gamma_f = 25\%$，求该磨机磨矿返砂比 R。

6-5　磨矿分级系统的优化控制有哪些？

6-6　简述浮选过程泡沫调节过程与浮选泡沫图像分析系统的作用。

6-7　简述浮选工艺控制的基本内容与方法。

6-8　简述重选工艺过程及设备控制的基本内容与方法。

6-9　简述强磁选设备及磁选工艺过程控制的基本内容与方法。

6-10　简述化学选矿过程控制的基本内容。

6-11　简述尾矿库安全监控的基本内容与方法。

6-12　简述团矿工艺过程控制的基本内容与方法。

6-13　矿物加工全流程工艺自动化系统主要采用哪些模式？

参 考 文 献

[1]　苏震. 选矿自动化 [M]. 第 2 版. 北京：冶金工业出版社，1995.

[2]　胡岳华，冯其明. 矿物资源加工技术与设备 [M]. 北京：科学出版社，2006.

[3]　孙传尧. 选矿工程师手册（第 2 册）[M]. 北京：冶金工业出版社，2015.

[4]　王毓华，邓海波. 铜矿选矿技术 [M]. 长沙：中南大学出版社，2012.

[5]　李世厚，何桂春，等. 矿物加工过程检测与控制 [M]. 长沙：中南大学出版社，2011.

[6]　周俊武，徐宁. 选矿自动化新进展 [J]. 有色金属（选矿部分），2011（增刊 1）：47 ~ 54.

[7]　Split-Online Rock Fragmentation Analysis System [EB/OL]. 美国 Split Engineering 公司官网，http：// www. spliteng. com.

[8]　Sandvik cone crushers [EB/OL]. 瑞典山特维克公司（Sandvik）官网，http：//mining. sandvik. com/en.

[9]　Metso semi- autogenous grinding mills [EB/OL]. 芬兰美卓公司（Metso）官网，http：//www. metso. com.

[10]　邓海波. 磨矿生产率与返砂比的相关分析 [J]. 矿业研究与开发，1998，18（2）：38 ~ 40.

[11]　陆朝波，朱文涛. 原矿锡品位波动对车河选矿厂影响及应对措施 [J]. 有色金属（选矿部分），2014（4）：44 ~ 47.

[12]　New Release of PlantStar Version 5 [EB/OL]. 南非国家矿物研究院（Mintek）官网，http：//www. mintek. co. za.

[13]　Grinding control solutions，Advanced Control Tools [EB/OL]. 奥图泰公司（Outotec）官网，http： //www. outotec. cl/.

[14]　杨丽君，陈东，沈政昌. 320m^3 充气机械搅拌式浮选机研究 [J]. 有色金属（选矿部分），2011 （2）：35 ~ 39.

[15]　桂卫华，阳春华，谢永芳，等. 矿物浮选泡沫图像处理与过程监测技术 [M]. 长沙：中南大学出版社，2013.

[16]　王亚南. 浮选柱自动控制系统设计 [J]. 机电信息，2014（21）：100 ~ 101.

[17]　天地科技股份有限公司唐山分公司跳汰选煤工程部. SKT 系列跳汰机 PLC 控制系统 [EB/OL]. 中煤科工集团唐山研究院有限公司官网，http：//www. tbccri. com. cn/.

[18]　SHP 强磁选机 [EB/OL]. 长沙矿冶研究院官网，http：//www. crimm. com. cn/.

［19］ 9T 低温超导周期式高梯度磁选机［EB/OL］. 赣州金环磁选设备公司官网，http：//www. slon. com. cn/.

［20］ 余永富，祁超英，麦笑宇，等. 铁矿石选矿技术进步对炼铁节能减排增效的显著影响［J］. 矿冶工程，2010，30（4）：27~35.

［21］ 国产铁精矿提铁降硅（杂）的系统研究与实践［EB/OL］. 长沙矿冶研究院官网，http：//www. crimm. com. cn/.

［22］ 郑宁. 高峰金矿自动化控制系统改造［J］. 中国有色冶金，2015（5）：1~3.

［23］ 紫金山金铜矿［EB/OL］. 紫金矿业集团股份有限公司官网，http：//www. zjky. cn/.

［24］ 杨慧，陈述文. φ50m 大型浓密机的自动控制［J］. 金属矿山，2002，318（12）：38~40.

［25］ GB 51108—2015《尾矿库在线安全监测系统工程技术规范》［S］. 中华人民共和国住房和城乡建设部网站，http：//www. mohurd. gov. cn.

［26］ BTSRP 型尾矿库安全监测与应急救援软件平台［EB/OL］. 北京矿冶研究总院官网，http：//www. bgrimm. com.

［27］ JKSimMet［EB/OL］. Julius Kruttschnitt Mineral Research Centre，http：//www. jkmrc. uq. edu. au/.

［28］ Metso DNA CR［EB/OL］. 芬兰美卓公司（Metso）官网，http：//www. metso. com.

［29］ Profit-Software for Advanced Control，Optimization and Monitoring［EB/OL］. 霍尼韦尔公司（Honeywell）官网，https：//www. honeywellprocess. com.

［30］ 赵勇. PLC 在选矿厂自动控制系统中的应用［J］. 信息化技术与控制，2010（2）：251~252.

［31］ 唐雅蜻. DCS 控制系统在 13000t/d 选矿厂的应用［J］. 冶金自动化，2013（S2）：17~20.

［32］ 仓冰南，王俊鹏，李云庆，等. 采用 DCS 和 FCS 相结合的自动化系统在黄金选矿厂中的应用［J］. 山东工业技术，2014（23）：58~60.

［33］ 傅菊英，姜涛，朱德庆. 烧结球团学［M］. 长沙：中南工业大学出版社，1996.

［34］ 烧结球团自动化控制系统［EB/OL］. 丹东东方测控技术股份有限公司官网，http：//www. dfmc. cc/.

7 工矿企业生产管理中的自动化系统应用

计算机具有强大的数据收集存储、统计分析计算和监控指挥能力，可构建各种自动化系统。

工矿企业生产过程中的自动化系统应用，主要利用计算机作为各种工业控制系统的监控主机，来完成各项工艺参数的控制工作，以及设备稳定运行的监控工作。

工矿企业管理过程中的自动化系统应用，主要利用计算机作为各种企业信息管理系统的管理主机，以及网络通信和电子商务的主要平台工具，来完成各项企业管理工作。

7.1 工矿企业生产管理的目标和工业自动化系统

7.1.1 工矿企业生产管理的目标

企业（enterprises）一般是指以营利为目的，以实现投资人、客户、员工、社会大众的利益最大化为使命，运用各种生产要素（土地、劳动力、资本和技术等），通过向市场提供产品或服务换取收入，实行自主经营、自负盈亏、独立核算的具有法人资格的社会经济组织。

工业（industry）是指采集原料，并把它们加工成产品的工作和过程。工业是第二产业的重要组成部分，分为轻工业和重工业两大类。轻工业主要是指生产消费资料的工业部门，如食品、纺织、皮革、造纸、日用化工工业等。重工业指为国民经济各部门提供物质技术基础的主要生产资料的工业部门，如矿业、冶金、机械、能源（电力、石油、煤炭、天然气等）、化学、建筑材料等。

工业企业是指依法成立的，从事工业商品生产经营活动，经济上实行独立核算、自负盈亏，法律上具有法人资格的经济组织。

矿业企业是工业企业中为国民经济各部门提供燃料、原料和材料的产业。它是国民经济的基础产业。从生产过程看，它包括了矿产勘查、采矿、选矿和冶金各环节的生产单位；从产业覆盖面看，它涉及煤炭、石油与天然气、钢铁、有色金属、化工、建材、核工业、地质勘查等众多行业。

工业企业和矿业企业有时候统称为工矿企业。

企业经营的最大目标就是要盈利，即在合法地向国家缴纳各项税收后，获取税后利润。为此需要通过各种技术创新手段来增加产出和收入，同时需要尽量降低成本等支出。

在企业的生产过程中采用生产自动控制系统，是提高劳动生产率、提高安全可靠性、保障生产过程稳定性、保障产品质量和降低成本的重要手段。

在企业的经营管理中采用管理信息系统，是提高劳动生产率、降低成本、保障经营决策的科学性和增加销售利润的重要手段。

7.1.2　工业自动化系统的结构与组成

7.1.2.1　工业自动化系统的结构

狭义上的工业自动化系统，是指对工业生产过程及其机电设备、工艺装备进行测量与控制的自动化技术工具（包括自动测试仪表、控制装置）的总称。

广义上，工业控制自动化将主要包含三个层次，从下往上依次是基础自动化、过程自动化和管理自动化，其核心部分是基础自动化和过程自动化。

国际标准化组织（ISO）对工业自动化系统模型按功能划分为六级，如图7-1所示。

在图7-1中，上面三级为管理级，涉及的高新科技主要是计算机技术、软件技术、网络技术和信息技术，随着互联网技术和信息技术的飞速发展，必将进一步促进企业管理级的改革。

图7-1下层三级为控制级，即基础自

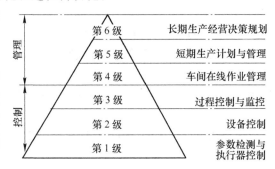

图7-1　工业自动化系统模型

动化以及过程自动化过程，涉及的高新科技主要是智能控制技术和工程方法、三电一体化技术、现场总线技术以及新器件交流数字调速技术，提供过程控制、设备管理、参数检测与执行器控制3个方面的功能，对提高企业产品质量和产量，优化生产过程，提高生产效率，起着最直接的保证作用。

图7-2所示即为一个典型的工业自动化系统的三层网络结构，其低层是以现场总线将智能测试、控制设备，以及工控机或者PLC设备的远程I/O点连接在一起的设备层网络；中间是将PLC、工控机以及操作员界面连接在一起的控制层网络；上层的Ethernet以PC或工作站为主完成管理和信息服务任务。三级网络各司其职，形成了工业自动化系统的典型结构。

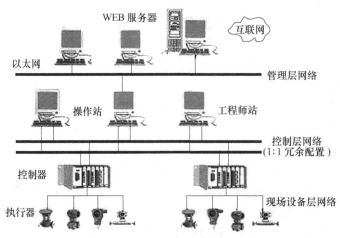

图7-2　典型的工业自动化系统的三层网络结构

7.1.2.2 工业自动化系统的组成

构成工业自动化系统的软、硬件，可分类为自动化设备、仪器仪表与测量设备、自动化软件、驱动装置、计算机硬件、通信网络等。

A 自动化设备

自动化设备包括 PID 调节器、可编程序控制器（PLC）、传感器、编码器、人机界面、开关、断路器、按钮、接触器、继电器等工业电器及设备。

B 仪器仪表与测量设备

仪器仪表与测量设备包括压力仪器仪表、温度仪器仪表、流量仪器仪表、物位仪器仪表、阀门等设备。

C 自动化软件

自动化软件包括计算机辅助设计与制造系统（CAD/CAM）、工业控制软件、网络应用软件、数据库软件、数据分析软件等。

D 驱动设备

驱动设备包括调速器、伺服系统、运动控制、电源系统、发动机等。

E 计算机硬件

计算机硬件包括嵌入式计算机、工业计算机、工业控制计算机等。

F 通信网络

通信网络包括网络交换机、视频监视设备、通信连接器、网桥等。

7.1.3 工业自动化控制的发展方向

工业控制自动化领域目前承担主要角色的仍然是"三剑客"：PLC、DCS、FCS。

7.1.3.1 以工业 PC 控制为基础的低成本自动化

工业控制自动化主要包含 3 个层次，从下往上依次是基础自动化、过程自动化和管理自动化，其核心是基础自动化和过程自动化。在传统的工业自动化系统，基础自动化部分基本被 PID 调节器、可编程逻辑控制器（PLC）和集散控制系统（DCS）所垄断，过程自动化和管理自动化部分则主要是由各种进口的过程计算机或小型机组成，其硬件和软件的价格之高令众多企业望而却步。

20 世纪 90 年代以来，由于工业计算机（简称工业 PC）的发展，以工业 PC、I/O 装置、监控装置、控制网络组成的自动化系统得到了迅速普及，成为实现低成本工业自动化的重要途径。改用工业 PC 来组成控制系统，并采用模糊控制算法，获得了良好效果。基于 PC 控制系统的自动化系统更易于安装和使用，有高级诊断的强大功能，为系统集成商提供了更灵活的选择，从长远角度看，PC 控制系统维护成本低。同时，PC 控制系统具有强大的运算能力、开放标准的系统平台、强大的组网能力，正在一步一步地占领更多的国内国际市场。以 PC 为基础的低成本工业控制自动化势必将成为主流。

按照低成本自动化的模式，在工业生产中，不同生产工艺过程可分别形成许多局部自动化的"独立岛"。在独立岛内，自动化的水平可以是先进的，但各岛之间只保持着必要的弱联系。各岛之间在信息管理上还依靠管理人员的介入，以充分发挥人的主观能动性。

低成本自动化不要求对已有生产工艺过程作重大改变，投资风险小，且其涉及的范围主要集中在基础自动化部分，即传感、检测、执行、供电以及过程自动控制等。

目前，商用计算机甚至个人计算机的性能已相对可靠。因此，目前大多数工业控制系统都直接采用商用计算机作为控制系统的监控主机。

7.1.3.2　PLC 向微型化、网络化、PC 化和开放性方向发展

长期以来，可编程序控制器 PLC 始终处于工业控制自动化领域的主战场，为各种各样的自动化控制系统提供非常可靠的控制方案，与 DCS 和工业 PC 形成了三足鼎立之势。同时，PLC 也承受着来自其他产品的冲击，尤其是工业 PC 所带来的冲击。

微型化、网络化、PC 化和开放性是 PLC 未来发展的主要方向。在基于 PLC 自动化的早期，PLC 体积大而且价格昂贵，但最近几年，微型 PLC 高速发展，且价格相对较低，同时，随着 PLC 控制组态软件的进一步完善和发展，安装有 PLC 组态软件和基于工业 PC 控制的市场份额将逐步得到增长。

当前，过程控制领域最大的发展趋势之一就是互联网技术的扩展。PLC 将继续向开放式控制系统方向转移。

7.1.3.3　面向测控管一体化设计的 DCS 系统

集散型控制系统（DCS）自 1975 年问世以来，生产厂家主要集中在美、日、德等国。我国主要行业（如电力、石化、建材和冶金等）的 DCS 基本上全部进口。20 世纪 80 年代初期在引进、消化和吸收的同时，开始了研制国产化 DCS 的技术攻关。其后，我国 DCS 系统研发和生产发展很快，而且产品技术水平已经达到或接近国际先进水平。国内产品的进步使得国外引进的 DCS 系统价格也大幅度下降，为我国自动化推广事业做出了贡献。

小型化、多样化、PC 化和开放性是未来 DCS 发展的主要方向。目前小型 DCS 所占有的市场，已逐步与 PLC、工业 PC、FCS 共享。开放性的 DCS 将同时向上和向下双向延伸，使来自生产过程的现场数据在整个企业内部自由流动，实现信息技术与控制技术的无缝连接。

7.1.3.4　控制系统正在向现场总线控制系统（FCS）方向发展

随着计算机、通信技术和控制技术的飞速发展，过程控制系统也逐渐由 DCS 发展到 FCS（field bus control system）。现场总线的出现标志着工业控制技术领域又一新时代的开始。现场总线控制系统是一种采用智能化现场控制设备实现开放式、数字化和网络化结构的新型自动化控制系统。大力发展 FCS 可以实现现场仪表、设备智能化统一控制，控制更加全面、智能、高效、自动，符合控制系统的技术发展趋势。FCS 具有很强的抗干扰能力和较强的网络适应性和连接性，而且成本较低，组合安装较为简单方便，是一个极具发展潜力的自动化控制系统。

我国的 FCS165 现场总线控制系统已经具备了先进的 DCS 的全部功能，是符合国际发展潮流的新一代控制系统，它不仅填补了国内的空白，而且技术更先进，运行更加稳定，质量更加可靠，整体上已经达到国际先进水平。未来 FCS 应该从改善系统实时性，克服对总线中节点数和电缆长度的限制，实现可互操作性和信息处理现场化这三个方面进行研究和探讨，努力将 FCS 发展到更高水平。

7.1.3.5　综合自动化系统 CIMS

综合自动化系统又称计算机集成制造系统或现代集成制造系统，均简称为 CIMS，是

计算机技术、网络技术、自动化技术、信号处理技术、管理技术和系统工程技术等新技术发展的结果。它是从企业的全局出发,通过将生产所需的各种信息,如控制、调度、管理、经营和决策等功能综合在一起,实现整个企业的生产和管理层层优化和全局优化。因此,综合自动化被认为是现代工业生产的一种先进科学的组织方法和自动化模式。

CIMS采用多任务分层体系结构,经过多年的发展,现在已经形成多种方案,如美国国家标准局自动化实验室提出的5层递阶控制体系结构、面向集成平台的CIMS体系结构、连续性CIMS体系结构及局域网型CIMS体系结构等。不管结构如何变化,其基本控制思想都是递阶控制。

但是综合自动化系统的价格成本较高。

7.2 计算机在工矿企业生产管理过程中的应用

7.2.1 开环控制类型的计算机控制

7.2.1.1 开环控制

开环控制是指无被控量反馈的控制系统。在开环控制系统中,向控制器输入期望达到的设定值,控制器控制系统达到理想控制效果,并接受输出结果,典型的开环控制系统如图7-3所示。

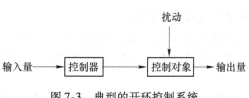

图7-3 典型的开环控制系统

由于输入到控制器的只有设定值,因此开环控制系统在控制过程中有明显的盲目性和单相性;由于没有接收到过程中的任何反馈信息,不能及时对外界干扰因素做出反应,结果存在不稳定性,因此,系统的控制精度难以保证,系统的抗干扰能力较差。

虽然开环控制系统存在不确定的因素,输出结果不可调整,控制精度也没有闭环系统高,但由于它的结构简单、成本低廉,所以在控制精度要求不高或者元件工作特性比较稳定而干扰又很小的场合应用较多。

7.2.1.2 顺序控制

顺序控制是对生产过程按一定的顺序或时序进行启动、停车等操作。

顺序控制主要通过顺序控制系统来完成,该系统最大的特点就是应用过程中规范性较强,适用范围较宽,无需进行针对性的编程工作,只需要对时间或者实际的工作步骤进行控制,并以此为依据,对整个活动进行控制和管理。

顺序控制目前多采用PLC控制系统。

7.2.1.3 数据采集与监控系统(SCADA)

数据采集与监控系统采集生产过程或各种检测装置的参数,并对参数进行处理,进行参数的越限报警,对于某些间接指标或参数进行计算加工,按照要求定时制表、打印或将数据处理的结果记录在外存储器中,作为资料保存和供分析使用。

7.2.1.4 操作指导控制(开环最优控制)

操作指导控制是基于数据采集系统的一种开环最优控制。计算机根据采集到的数据以及工艺要求，综合大量累积数据与实时参数值，进行必要的计算和逻辑判断，决定生产过程控制的方向和数值，显示或打印出来，操作人员据此决定改变控制仪表的给定值或操作执行仪表。其控制构成如图7-4所示。

操作指导控制多采用数据库系统、预测模型、专家系统等。

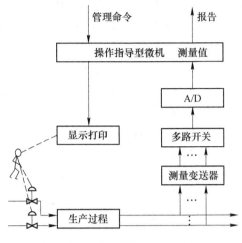

图7-4　操作指导控制原理框图

7.2.2　直接数字控制 DDC

直接数字控制属于闭环控制。闭环控制系统的组成如图4-3所示。

直接数字控制（direct digital control，DDC）的工作原理是：计算机通过输入通道对一个或多个物理量进行循环检测，并根据规定的 PID 规律、模糊逻辑规律或其他控制规律进行运算，然后发出控制信号，通过输出通道直接控制调节阀等执行结构控制生产，使各个被控量达到预定要求。

DDC 系统中的计算机参加闭环控制过程，它不仅能够完全取代多个模拟调节器，实现多回路的调节，并且不需要改变硬件，只需通过改变程序就能实现多种较复杂的控制规律。

直接数字控制 DDC 一般用于工业自动化系统最基础的第 1 级，即参数检测和执行器控制。直接数字控制 DDC 的构成原理框图如图7-5所示。

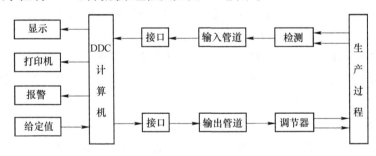

图7-5　直接数字控制 DDC 原理框图

DDC 系统一般是定值稳态控制系统。各控制环的给定值不能随变化的环境、条件自动地予以修正，即调节系统的给定值一旦给定后，就保持不变（除非重新给定）。

7.2.3　监督计算机控制 SCC

监督计算机控制（supervisory computer control，SCC）是操作指导控制和直接数字控制的综合与发展，由 2 级控制系统组成，第一级为监督控制，它按照生产过程的数学模型及现实工况，进行必要的计算，给出最佳给定值或最优控制量，送至第二级；第二级由模拟调节器或 DDC 计算机组成，具体实施由第一级下达控制任务，从而使生产过程始终处于最优工况。

监督计算机控制 SCC 一般用于工业自动化系统的第 3 级，即过程控制与监控。监督计算机控制 SCC 的构成原理框图如图 7-6 所示。

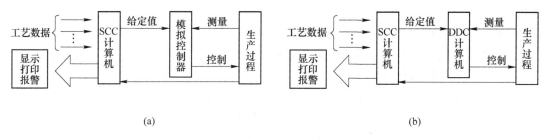

图 7-6　监督计算机控制 SCC 原理框图
（a）SCC + 模拟控制器系统；（b）SCC + DDC 控制系统

7.2.3.1　SCC + 模拟调节器控制系统

如图 7-6（a）所示，在此系统中，由计算机系统对各物理量进行巡回检测，按一定的数学模型计算出最佳给定值并送给模拟调节器，将此给定值在模拟调节器中与检测值进行比较，偏差值经过模拟调节器运算，产生控制量，然后输出到执行机构，以达到调节生产过程的目的。当 SCC 出现故障时，可由模拟调节器独立完成操作。

7.2.3.2　SCC + DDC 控制系统

如图 7-6（b）所示，这实际上是一个两级控制系统，一级为 SCC 的监督级，另一级为 DDC 的控制级。SCC 的作用是完成车间或工段级的最优化分析和计算，并给出最佳给定值，送给 DDC 级计算机直接控制生产过程。两级计算机之间通过接口进行信息交换，当 DDC 级计算机出现故障时，可由 SCC 计算机代替，因此大大提高了系统的可靠性。

监督计算机控制 SCC 系统，可以采用可编程序控制系统 PLC、集散型控制系统 DCS、现场总线控制系统 FCS。

SCC 系统可以是稳态监督控制系统，此时 SCC 系统相当于 DDC 系统。

SCC 系统也可以是随动调节系统，一般采用最优控制系统或自适应控制系统。最优控制系统能根据环境的变化和工作条件的变化，自动地寻找最优的工作条件（即自动寻找最优工况），从而使生产过程达到某个确定指标的最佳值。

最优控制和最优化方法参见本书 5.2 节。

7.2.4　管理信息系统 MIS

7.2.4.1　管理信息系统

管理信息系统（management information system，MIS），是一个以人为主导，利用计算机硬件、软件及其他办公设备进行信息的收集、传递、存储、加工、维护和使用的系统。它以企业战略竞优、提高收益和效率为目的，同时支持企业高层决策、中层控制和基层操作。

管理信息系统 MIS 给管理者提供需要的信息来实现对组织机构的有效管理。管理信息系统涉及三大主要资源：人（people）、科技（technology）和信息（information）。管理信息系统不同于其他用来分析组织机构业务活动的信息系统。

MIS 按组织职能可以划分为办公系统、决策系统、生产系统和信息系统。

一个完整的 MIS 应包括：决策支持系统（DSS）、工业控制系统（CCS）、办公自动化系统（OA），以及数据库、模型库、方法库、知识库和与上级机关及外界交换信息的接口。

管理信息系统 MIS 的发展经历了 5 个变革期。

（1）数据处理计算中心时期。计算机发展的初期价格高昂，只有大公司才能负担大型机的成本费用，MIS 难以普遍应用。

（2）个人计算机时期。相对成本较低的个人计算机开始逐渐取代小型机成为大众化的商品，并为后来互联网的出现和流行奠定了市场基础。

（3）互联网客户端/服务器时期。这一技术的出现使几千甚至几百万用户可同时通过互联网在服务器上存取信息。

（4）企业计算数据处理时期。由高速网络出现催生的企业计算数据处理技术，为各个管理机构提供高级访问权及大量的信息，并且使各个企业机构成为一个整体。

（5）云计算时期。数据的存储从此可以脱离于计算机并成为独立的一部分。在高速的手机和 Wi-Fi 网络下，管理者们可以从他们的笔记本、平板电脑或者智能手机上随时随地访问 MIS。

7.2.4.2　企业管理信息系统

企业管理信息系统面向工厂、企业，主要进行管理信息的加工处理，这是一类最复杂的管理信息系统。企业复杂的管理活动给管理信息系统提供了典型的应用环境和广阔的应用舞台，大型企业的管理信息系统都很大，"人、财、物"、"产、供、销"以及质量、技术应有尽有，同时技术要求也很复杂，因而常被作为典型的管理信息系统进行研究，并有力地促进了管理信息系统的发展。

企业信息管理的基本任务如下：

（1）以先进的信息技术为手段，有效组织企业现有信息资源，围绕企业战略、经营、管理、生产等开展信息处理工作，为企业各层次提供所需的信息。

（2）不断地收集最新的经济信息，提高信息产品和信息服务的质量，努力提高信息工作中的系统性、时效性、科学性，积极创造条件，实现信息管理的计算机化。

【例 7-1】　新桥矿业公司管理信息系统（XQM-MIS）的开发与设计

安徽铜陵化工集团新桥矿业公司为露天与井下联合开采的大型采选铜硫矿山，伴生金银。

新桥矿业公司管理信息系统（XQM-MIS）的建设目标，是以物流为基础，将生产经营活动中的采购、存储、生产、销售等活动中形成的物流、信息流和资金流统一起来。系统建设框架如图 7-7 所示。

系统采用客户机/服务器（client/server，C/S）体系结构。C/S 结构极大地利用 PC 机上现有的各类成熟软件，使软件功能分布更为合理，数据备份功能实现自动化和局部简洁化，大大降低了硬件的费用。

网络服务器 CPU 为 PⅢ900，操作系统为 WinNT，数据库为 SQL/SERVER2000。开发工具采用当时较好的前端开发工具 Power Builder 7.0。

XQM-MIS 已于 2003 年投入运行。运行情况表明，该系统具有集成度高、一致性好、

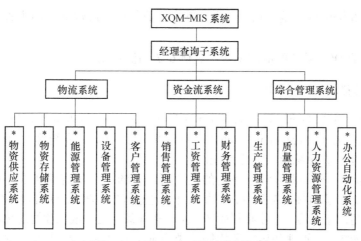

图 7-7 XQM-MIS 系统建设框架图

操作管理简洁、性价比高、可靠性和实用性强、界面友好等特点，基本实现了系统设计说明书拟定的开发目标。

7.2.5 计算机分级分布式控制系统 DCS

计算机分级分布式控制系统（distributed control system，DCS）是计算机监督控制 SCC 发展的更高一级，由直接数字控制 DDC、计算机监督控制 SCC、集中控制计算机 SCC 和经营管理计算机 MIS 等 4 个层次组成，如图 7-8 所示。

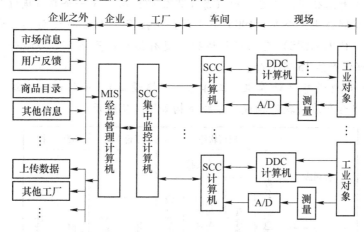

图 7-8 计算机分级分布式控制系统结构框图

第一级为现场级（DDC），是过程或装置的控制级，直接承担控制任务，直接与现场连接。

第二级为监督控制级（SCC），一般属于车间一级，通过 DDC 采集的过程数据，以及它本身直接采集到的过程或其他信息，再根据工厂下达的指令，进行优化控制。

第三级是集中控制计算机，一般属于工厂级，承担制订生产计划，进行人员调配、库房管理，以及工资管理等，并且还完成上一级下达的任务，以及上报 SCC 级和 DDC 级的情况。

第四级是经营管理级，一般属于企业级，除了复杂的生产过程控制和企业总调度管理外，还承担收集经济信息、编制销售计划、制定企业长期发展规划、向主管部门报送数据等任务。

有关工矿企业 DCS 系统的应用案例参见例 6-7 和例 6-8。

7.2.6 现代集成制造系统 CIMS

现代集成制造系统（contemporary integrated manufacturing system，CIMS），是由原来的计算机集成制造系统（computer integrated manufacturing system，亦简称 CIMS）在广度与深度上大大拓展而来，亦称综合自动化系统。

CIMS 是随着计算机辅助设计与制造的发展而产生的。它在信息技术自动化技术与制造的基础上，通过计算机技术把分散在产品设计制造过程中各种孤立的自动化子系统有机地集成起来，形成适用于多品种、小批量生产，实现整体效益的集成化和智能化制造系统。

CIMS 是一种组织、管理和运行现代制造类企业的理念。它将传统的制造技术与现代信息技术、管理技术、自动化技术、系统工程技术等有机结合，使企业产品全生命周期各阶段活动中有关的人/组织、经营管理和技术三要素及其信息流、物流和价值流三流有机集成并优化运行，产品上市快、高质、低耗、服务好、环境清洁，可提高企业的柔性、健壮性、敏捷性，使企业赢得市场竞争。

CIMS 通常由经营管理与决策子系统、工程分析与设计子系统、加工生产子系统及支撑平台子系统（如网络/数据库/集成框架）组成。

【例 7-2】　平果铝业公司 PGL-CIMS 系统开发与实施

中国铝业股份有限公司广西分公司（原平果铝业公司）是一个具有国际先进水平的特大型现代化铝冶炼联合生产企业。1995 年 9 月企业投产，2002 年大型铝冶炼联合企业现代集成制造系统（PGL-CIMS）全面投入运行。现有铝土矿产能 612 万吨/a、氧化铝产能 250 万吨/a、电解铝产能 15 万吨/a。

PGL-CIMS 由硬件设备（计算机、工作站、网络设备）、网络通信系统、数据库管理系统、开发支持平台和应用软件构成。系统结构如图 7-9 所示。

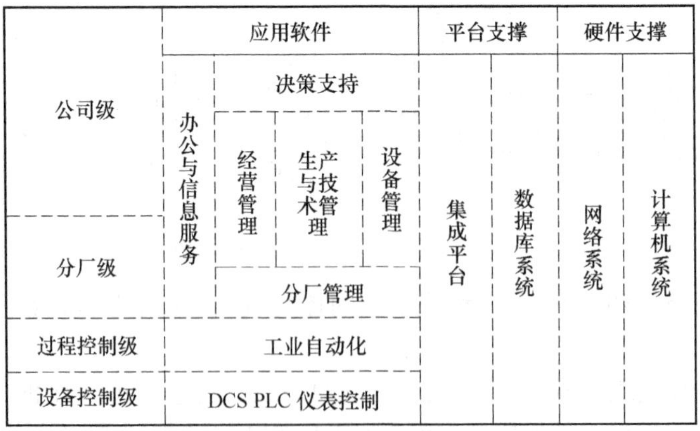

图 7-9　PGL-CIMS 系统结构

应用软件层。分 4 级递阶结构，即公司级、分厂级、过程控制级和设备控制级。公司级含决策支持分系统、经营管理分系统、生产与技术管理分系统、设备管理分系统；分厂级主要有分厂管理子系统；过程控制级主要为工业自动化分系统；在设备控制级包括 DCS、PLC、仪表控制子系统。办公与信息服务分系统适用于公司级和分厂级。

数据库系统。由私有数据库、共用数据库、过程控制数据库、市场信息库等相对独立的数据库组成。各数据库的信息通过数据接口进行数据交换与集成。

应用软件系统。由办公与综合信息服务分系统、经营管理分系统、生产与技术管理分系统、设备管理分系统、过程控制分系统组成。

办公与综合信息服务分系统包括办公自动化子系统、综合信息服务子系统和档案管理子系统。

经营管理分系统包括财务管理子系统、价格管理子系统、成本核算子系统、物资管理子系统、运输管理子系统、营销管理子系统和人事管理子系统。

生产与技术管理分系统包括计划统计子系统、生产总调子系统、计控管理子系统、安环管理子系统、理化管理子系统、质量管理子系统、技术管理子系统、分厂管理子系统。

设备管理分系统包括设备台账管理子系统、特种设备管理子系统、设备运行状况管理子系统、备件管理子系统、设备维护管理子系统、技改管理子系统。

过程控制分系统包括选矿监控子系统、氧化铝厂 DCS 控制子系统、电解铝厂 DCS 控制子系统、碳素阳极生产监控子系统、动力厂电网监控子系统、热电厂 DCS 控制子系统。

习　题

7-1　企业生产管理的目标是什么？

7-2　广义上的工业控制自动化系统分为哪些层级？

7-3　计算机开环控制类型的操作指导有何作用？

7-4　什么是直接数字控制 DDC？

7-5　什么是监督计算机控制 SCC？ SCC 与 DDC 有何关系？

7-6　什么是管理信息系统 MIS？

7-7　计算机分级分布式控制系统 DCS 是如何构成的？

7-8　简述现代集成制造系统 CIMS 的内容。

参 考 文 献

[1] 巨永峰，李登峰. 最优控制［M］. 重庆：重庆大学出版社，2005.

[2] 王根平，谢龙翔. SCC＋DDC 控制系统中的信息处理［J］. 湘潭大学自然科学学报，1994，16（1）：159～162.

[3] 黄启福，姜景莲. 分级计算机控制系统在企业中的应用［J］. 电气时代，2003（6）：92.

[4] 薛华成. 管理信息系统［M］. 北京：清华大学出版社，2003.

[5] 陈玉明，陈铁军. 计算机网络技术在生产信息管理中的应用［J］. 控制工程，2002，9（4）：29～31.

[6] 陈晓红. 管理信息系统［M］. 北京：高等教育出版社，2006.

[7] 杨卫红，曾华. 企业管理信息系统在企业中的应用［J］. 科技情报开发与经济，2005，15（3）：110～111.

[8] 姜立春，沈慧明，李丹，等. 新桥矿业公司管理信息系统（XQM-MIS）的开发与设计［J］. 化工矿物与加工，2004（3）：30～32.

[9] 戴牡红，瞿亮. PGL-CIMS 的设计与开发［J］. 自动化技术与应用，2003，22（2）：31～34.

冶金工业出版社部分图书推荐

书　名	作　者	定价（元）
中国冶金百科全书·选矿卷	本书编委会　编	140.00
中国冶金百科全书·采矿卷	本书编委会　编	180.00
选矿工程师手册（共4册）	孙传尧　主编	950.00
金属及矿产品深加工	戴永年　等著	118.00
选矿试验研究与产业化	朱俊士　等编	138.00
金属矿山采空区灾害防治技术	宋卫东　等著	45.00
尾砂固结排放技术	侯运炳　等著	59.00
地质学（第5版）（国规教材）	徐九华　主编	48.00
采矿学（第3版）（本科教材）	顾晓薇　主编	75.00
爆破理论与技术基础（本科教材）	璩世杰　编	45.00
应用岩石力学（本科教材）	朱万成　主编	58.00
金属矿床地下开采（第3版）（本科教材）	任凤玉　主编	58.00
碎矿与磨矿（第3版）（本科教材）	段希祥　主编	30.00
新编选矿概论（第2版）（本科教材）	魏德洲　主编	35.00
固体物料分选学（第3版）	魏德洲　主编	60.00
选矿数学模型（本科教材）	王泽红　等编	49.00
磁电选矿（第2版）（本科教材）	袁致涛　等编	39.00
采矿工程概论（本科教材）	黄志安　等编	39.00
矿产资源综合利用（高校教材）	张　佶　主编	30.00
选矿试验与生产检测（高校教材）	李志章　主编	28.00
选矿厂设计（高校教材）	周晓四　主编	39.00
选矿概论（高职高专教材）	于春梅　主编	20.00
选矿原理与工艺（高职高专教材）	于春梅　主编	28.00
矿石可选性试验（高职高专教材）	于春梅　主编	30.00
选矿厂辅助设备与设施（高职高专教材）	周晓四　主编	28.00
矿山企业管理（第2版）（高职高专教材）	陈国山　等编	39.00
露天矿开采技术（第2版）（职教国规教材）	夏建波　主编	35.00
井巷设计与施工（第2版）（职教国规教材）	李长权　主编	35.00
工程爆破（第3版）（职教国规教材）	翁春林　主编	35.00
金属矿床地下开采（高职高专教材）	李建波　主编	42.00
重力选矿技术（职业技能培训教材）	周晓四　主编	40.00
磁电选矿技术（职业技能培训教材）	陈　斌　主编	29.00
浮游选矿技术（职业技能培训教材）	王　资　主编	36.00
碎矿与磨矿技术（职业技能培训教材）	杨家文　主编	35.00